Martin Fröhlich | Kurt Glasner (Hrsg.)

IT Governance

Martin Fröhlich | Kurt Glasner (Hrsg.)

IT Governance

Leitfaden für eine praxisgerechte Implementierung

Bibliografische Information Der Deutschen Nationalbibliothek
Die Deutsche Nationalbibliothek verzeichnet diese Publikation in der
Deutschen Nationalbibliografie; detaillierte bibliografische Daten sind im Internet über
<http://dnb.d-nb.de> abrufbar.

Dr. Martin Fröhlich, Certified Information Systems Auditor (CISA), ist Partner im Bereich Process Assurance von PricewaterhouseCoopers WPG AG, Düsseldorf. Seine Schwerpunkte sind Prüfung und Beratung in den Bereichen Financial Service und IT-Governance.

Dr. Kurt Glasner, ebenfalls CISA, ist Partner bei der PricewaterhouseCoopers WPG AG, Essen. Er leitet den Bereich Performance Improvement. Die Schwerpunkte seiner Beratungstätigkeit liegen im Bereich IT-Effectiveness und Projektmanagement.

1. Auflage April 2007

Alle Rechte vorbehalten
© Betriebswirtschaftlicher Verlag Dr. Th. Gabler | GWV Fachverlage GmbH, Wiesbaden 2007

Lektorat: Ulrike M. Vetter

Der Gabler Verlag ist ein Unternehmen von Springer Science+Business Media.
www.gabler.de

Das Werk einschließlich aller seiner Teile ist urheberrechtlich geschützt. Jede Verwertung außerhalb der engen Grenzen des Urheberrechtsgesetzes ist ohne Zustimmung des Verlags unzulässig und strafbar. Das gilt insbesondere für Vervielfältigungen, Übersetzungen, Mikroverfilmungen und die Einspeicherung und Verarbeitung in elektronischen Systemen.

Die Wiedergabe von Gebrauchsnamen, Handelsnamen, Warenbezeichnungen usw. in diesem Werk berechtigt auch ohne besondere Kennzeichnung nicht zu der Annahme, dass solche Namen im Sinne der Warenzeichen- und Markenschutz-Gesetzgebung als frei zu betrachten wären und daher von jedermann benutzt werden dürften.

Umschlaggestaltung: Nina Faber de.sign, Wiesbaden
Druck und buchbinderische Verarbeitung: Wilhelm & Adam, Heusenstamm
Gedruckt auf säurefreiem und chlorfrei gebleichtem Papier
Printed in Germany

ISBN 978-3-8349-0325-9

Vorwort

Es gibt Worte und Begriffe, die sich innerhalb kurzer Zeit so in dem allgemeinen oder auch nur geschäftsbezogenen Sprachgebrauch ausbreiten, dass sie als selbstverständlicher Bestandteil des Sprachschatzes angesehen werden und unter günstigen Umständen sogar die Weihen der Aufnahme in den Duden erfahren dürfen. Gute Kandidaten hierfür scheinen sicherlich die Begriffe Governance, und hier speziell Corporate Governance und IT Governance sowie Compliance zu sein.

Nutzt man nun die derzeit wohl größte und leistungsfähigste Suchmaschine der Welt, um – bei aller gebotenen Vorsicht hinsichtlich der tatsächlichen Relevanz der Ergebnisse – den Gebrauch der obigen Begriffe im Zeitverlauf zu ermitteln, so erkennt man, dass sich international die Begriffe Governance und Compliance einer ungebrochenen Häufigkeit der Verwendung erfreuen. Unbestrittener Auslöser hierfür sind die viel zitierten Bilanzskandale um Enron und Worldcom, in deren Gefolge der Sarbanes-Oxley Act im Jahre 2002 verabschiedet wurde. Für den deutschen Sprachraum ist festzustellen, dass Compliance erst seit ca. zwei Jahren als häufig benutzter Begriff Einzug gefunden hat.

PricewaterhouseCoopers hat sich als führende Prüfungs- und Beratungsgesellschaft von Beginn an in die inhaltliche Arbeit in diesen Themengebieten aktiv eingebracht. So wurde im vorletzten Jahr eine Publikation zur Corporate Governance in Deutschland erarbeitet [PwC05], die die Grundlagen und aktuellen Entwicklungen zusammenstellt. Eine umfassende Darstellung, was diese Fragestellungen für die Corporate Compliance bedeuten und wie die Unternehmen diesen Anforderungen heute und in Zukunft möglichst umfassend, effektiv und effizient gerecht werden können, findet sich in [Menz06].

Governance und Compliance finden sich als Herausforderung und Aufgabenstellung allerdings nicht nur auf der Ebene der Unternehmensführung, sondern müssen innerhalb der Unternehmen auf alle Unternehmensteile heruntergebrochen und konkretisiert werden. Speziell die Informationstechnik (IT) spielt hier eine wesentliche Rolle, da heute in einem typischen Unternehmen kein relevanter Geschäftsprozess ohne mehr oder minder ausgeprägte IT-Unterstützung existiert. Interessanterweise teilt sich die Diskussion um diese spezielle Ausprägung von Governance und Compliance in zwei deutlich unterschiedliche Strömungen auf: Einerseits begegnen wir evaluierenden Aspekten um implementierte Governance und Compliance, die in dem Rahmenwerk CObIT des IT Governance Institutes bzw. der ISACA umfassend ausgearbeitet sind. Andererseits wird die Konstruktion, also Konzeption und Umsetzung von IT Governance, häufig mit dem ITIL Rahmenwerk in Verbindung gebracht.

Eine Recherche mit Hilfe der oben genannten Suchmaschine bringt übrigens wiederum ein recht interessantes Ergebnis: Der Begriff CObIT wird seit Jahren mehr oder weniger konstant genutzt, während ITIL sich einer steigenden Nachfrage erfreut. Die Vermutung liegt nahe, dass der Berufsstand der IT-Revisoren und damit verwandten Berufe als Community CObIT kennt und nutzt. Eine über diese Gemeinschaft hinausgehende Verbreitung gelingt scheinbar nicht, denn dies müsste steigende Referenzierungen zur Folge haben, wie es bei ITIL zu beobachten ist. PricewaterhouseCoopers als Dienstleister, der nicht nur Prüfung, sondern auch Beratung als Dienstleistung anbietet, möchte mit diesem Buch einen Beitrag dazu leisten, diese ungerechtfertigte Trennung in der Diskussion und im Umgang mit IT Governance zu überwinden.

Nach einer Einführung in die relevanten Rahmenwerke und Regularien im ersten Teil wird aufgezeigt, wie IT Governance in der betrieblichen Praxis sinnvoll implementiert werden kann. Mit erfolgter Implementierung ist allerdings die Aufgabe nur zur Hälfte erledigt, denn Unternehmens- und IT-Führung müssen Vorsorge treffen, dass Compliance und Performance sich erstens an veränderte regulatorische wie wirtschaftliche Rahmenbedingungen anpassen und zweitens ständige und stetige Verbesserungen die Wettbewerbsposition des Unternehmens optimieren. Diese Aspekte werden im dritten Teil des Buches zusammen mit ausgewählten Praxisbeispielen vorgestellt.

Frankfurt, im März 2007

Prof. Dr. Georg Kämpfer	Martin Scholich
Mitglied des Vorstands	Mitglied des Vorstands
Leiter des Geschäftsbereich Assurance	Leiter des Geschäftsbereich Advisory
PricewaterhouseCoopers AG	PricewaterhouseCoopers AG

Inhaltsverzeichnis

Vorwort 5

Abbildungsverzeichnis 11

Abkürzungsverzeichnis 15

Einleitung 17

I. Grundlagen **23**
   1. Einführung **23**
      1.1   Auslöser und Treiber 24
      1.2   IT Governance als Teil des Unternehmens 27
   2. IT als integraler Teil des Unternehmens **32**
      2.1   Umwelt 32
      2.2   Unternehmen 35
      2.3   Governance 38
   3. IT Governance-Framework **44**
      3.1   IT Governance 45
            3.1.1   Prinzipien 45
            3.1.2   Domänen 49
      3.2   IT-Management 55
            3.2.1   Entscheidungsfelder 55
            3.2.2   Steuerung 57
      3.3   IT-Produktion 58
            3.3.1   Projekte 58
            3.3.2   Regelbetrieb 59

II. Standards, Rahmenwerke und Best Practices **61**
   1. Standards und Normen **63**
      1.1   IT-Sicherheit 63
      1.2   IT-Service Management 66
   2. Regulatorische und gesetzliche Anforderungen **67**
      2.1   Sarbanes-Oxley Act 67

2.2 Transparente Leistungserbringung und deren Nachweis..........68
3. **Rahmenwerke für interne Kontrollsysteme**..........73
   3.1 COSO..........74
   3.2 CObIT..........77
4. **Optimierung der IT-Prozesse**..........83
   4.1 IT-Service Management..........85
   4.2 IT Infrastructure Library..........87
5. **Reifegradmodelle**..........96
6. **Fazit**..........99

III. IT Governance in der Praxis..........101
  1. **ISACA und ITGI**..........102
  2. **Umfragen und Studien von ITGI / ISACA und PwC**..........104
    2.1 Ziele der Studien..........104
    2.2 Auswahl der Teilnehmer..........105
  3. **Ergebnisse der Umfragen**..........107
    3.1 Reifegrad..........107
    3.2 Status der Implementierung nach Domänen..........109
    3.3 Wahrnehmung..........111
    3.4 Wahrgenommener Nutzen von IT Governance..........113
    3.5 Verbreitung von IT Governance..........114
    3.6 Verbindung zwischen IT Governance und Corporate Governance..........116
    3.7 Verbreitung von Frameworks..........117
    3.8 Übernahme der Verantwortung für IT Governance..........119
    3.9 Kommunikation als Erfolgsrezept..........120
    3.10 Fazit..........121

IV. Ausgestaltung des IT Governance-Frameworks..........123
  1. **Einleitung**..........123
  2. **Ausprägung der IT Governance-Prinzipien**..........125
    2.1 Methodischer Ansatz..........126
    2.2 Stellenwert der IT im Unternehmen..........129
    2.3 Die organisatorische Grundordnung..........131
       2.3.1 Klassifizierungsschema..........131
       2.3.2 Entscheidungsrechte..........134
       2.3.3 Organisation..........142
       2.3.4 Verantwortlichkeiten..........153
  3. **IT Governance-Domänen und Entscheidungsfelder**..........160
  4. **Entscheidungsfelder des IT-Managements**..........164
    4.1 Positionierung der Entscheidungsfelder..........166
       4.1.1 Umfang und Vorgehensweise..........166
       4.1.2 Positionierung am Beispiel von Anwendungen..........169
    4.2 IT-Business Management..........171

		4.2.1	IT-Strategie	174

- 4.2.1 IT-Strategie ... 174
- 4.2.2 Informationen ... 175
- 4.2.3 Anwendungen ... 176
- 4.2.4 IT-Organisation ... 178
- 4.2.5 Infrastruktur und Technologie ... 178
- 4.2.6 Sourcing ... 179
- 4.2.7 Sicherheit ... 180
- 4.2.8 IT-Service Management und Support ... 184
- 4.3 Investition und Priorisierung ... 186
  - 4.3.1 Business Alignment ... 190
  - 4.3.2 Business Case ... 191
  - 4.3.3 Priorisierung ... 192
  - 4.3.4 Projektportfolio ... 193
- **5. Steuerung ... 196**
  - 5.1 Überblick ... 196
  - 5.2 Rahmenwerk für Ziel- und Messgrößen ... 199
    - 5.2.1 Operationalisierung von Zielen ... 199
    - 5.2.2 Definition von Steuerungsgrößen ... 200
  - 5.3 Messverfahren ... 203
    - 5.3.1 Standortbestimmungen ... 205
    - 5.3.2 Interne Messung ... 207
    - 5.3.3 Externe Überprüfungen ... 210
  - 5.4 Verbesserung ... 216
  - 5.5 Fazit ... 217

V. IT-Produktion ... 221
1. **Projekte ... 221**
   - 1.1 Organisation von Projekten ... 222
   - 1.2 Nachhalten des geplanten Nutzens ... 224
2. **Regelbetrieb ... 226**
   - 2.1 Rahmenbedingungen ... 227
   - 2.2 Design von Prozessen und Kontrollen ... 229
   - 2.3 Modellierung eines Prozess & Kontroll-Rahmenwerkes ... 233
   - 2.4 Präzisierung anhand des Change Management-Prozesses ... 236
     - 2.4.1 Ziel und Umfang des Prozesses ... 236
     - 2.4.2 Kontroll- und Prozessziele ... 237
     - 2.4.3 Rollenkonzept ... 239
     - 2.4.4 Prozessaktivitäten ... 239
     - 2.4.5 Metriken ... 241
     - 2.4.6 Integration der ausgewählten Standards und Best Practices ... 242
   - 2.5 Fazit ... 249
3. **Softwareunterstützung für die Steuerung der IT ... 251**
   - 3.1 Einleitung ... 251

3.2 Typisierung der Software zur Steuerung der IT 252
3.3 Verknüpfung von Compliance und Performance 257

VI. Praxisbeispiele **261**
   1. **IT Governance bei einem IT-Service-Provider im Konzernverbund** **261**
      1.1 Kurzdarstellung des IT-Service-Providers 261
      1.2 Projektziele 263
      1.3 Projektorganisation 263
      1.4 Projektvorgehen 264
      1.5 Projektdurchführung 266
      1.6 Außenwirkung 268
      1.7 Ausblick 269
      1.8 Projekterfahrungen 269
      1.9 Fazit 271
   2. **Aufbau einer zentralen Betriebsorganisation** **273**
      2.1 Prozesse und Strukturen 273
      2.2 Digitalisierung des Service-Katalogs 277
   3. **IT Governance @ PwC** **281**
      3.1 Grundlegende Entscheidungen zur IT bei PwC 282
      3.2 Aufbauorganisation der IT-Abteilung von PwC 282
      3.3 IT Governance Arrangements Matrix 283
      3.4 Die IT Governance für den Regelbetrieb 285
      3.5 Die IT Governance für Projekte 286
      3.6 Fazit 288

Fazit & Ausblick **289**

Literaturverzeichnis **293**

Stichwortverzeichnis **297**

Die Autoren **299**

Abbildungsverzeichnis

Abbildung I-1:	Regelkreis zwischen Fachbereichen und IT-Produktion	25
Abbildung I-2:	IT als integraler Bestandteil des Unternehmens	28
Abbildung I-3:	IT als integraler Bestandteil des Unternehmens	31
Abbildung I-4:	Gegenüberstellung von Entscheidung und Ausführung	47
Abbildung I-5:	Dynamik und Komplexität des Geschäfts	48
Abbildung I-6:	IT Governance-Modell des ITGI	49
Abbildung I-7:	ValIT-Framework	52
Abbildung I-8:	Zusammenhänge zwischen Entscheidungsfeldern	56
Abbildung II-1:	Type I und Type II des SAS 70 Reports	69
Abbildung II-2:	Elemente eines IT-Systems	70
Abbildung II-3:	COSO-Würfel	76
Abbildung II-4:	Primäre und sekundäre Beiträge von CObIT	81
Abbildung II-5:	Themenbereiche von ITIL	89
Abbildung II-6:	ITIL-Prozesse/Themen und IT Governance Domänen	95
Abbildung III-1:	Reifegrad von IT Governance	108
Abbildung III-2:	Implementierungsstatus von IT Governance 2005	109
Abbildung III-3:	Implementierungsstatus von IT Governance 2003	110
Abbildung III-4:	Good IT Governance Practices 2005	111
Abbildung III-5:	Implementierung von IT Governance nach Firmengröße	115
Abbildung III-6:	IT Governance in Abhängigkeit der Unternehmensgröße	116
Abbildung III-7:	Ausgewählte IT Governance-Frameworks	118
Abbildung III-8:	Wichtigkeit der IT für die allgemeine Strategie	119
Abbildung III-9:	Kommunikation mit der Geschäftsleitung	120
Abbildung III-10:	Wichtigkeit der IT für die Strategie nach Managementtyp	121
Abbildung IV-1:	Positionierung und Umsetzung der Prinzipien	127
Abbildung IV-2:	Dynamik und Komplexität	128
Abbildung IV-3:	Das IT Governance-Kontinuum	130
Abbildung IV-4:	Gegenüberstellung von Entscheidung und Ausführung	132
Abbildung IV-5:	Entscheidungsrechte und Ausführungspflichten	133
Abbildung IV-6:	Zentrale Führung und dezentrale Ausführung	135
Abbildung IV-7:	Zentrale Führung und dezentrale Ausführung	136
Abbildung IV-8:	Zentrale Führung und zentrale Ausführung	137
Abbildung IV-9:	Zentrale Führung und zentrale Ausführung	138
Abbildung IV-10:	Dezentrale Führung und zentrale Ausführung	139
Abbildung IV-11:	Dezentrale Führung und zentrale Ausführung	140

Abbildung IV-12:	Zentrale IT, externe, geringer Reifegrad	141
Abbildung IV-13:	Dezentrale Führung und dezentrale Ausführung	142
Abbildung IV-14:	Notwendiger Reifegrad je Organisationsform	144
Abbildung IV-15:	Organisationsstruktur und Reifegrad	145
Abbildung IV-16:	Steuerungsmechanismen von Organisationsformen Teil 1	146
Abbildung IV-17:	Steuerungsmechanismen von Organisationsformen Teil 2	147
Abbildung IV-18:	IT Governance in der dezentralen IT-Organisation	148
Abbildung IV-19:	Kontroll- und Steuerungspflichten dezentraler IT-Organisation	150
Abbildung IV-20:	IT Governance bei externer IT-Organisation	151
Abbildung IV-21:	Kontroll- und Steuerungspflichten zentraler IT-Organisation	153
Abbildung IV-22:	IT Governance-Verantwortlichkeiten	154
Abbildung IV-23:	Governance-Gremium: IT-Board	156
Abbildung IV-24:	Governance-Gremium: Capital Approval Committee	157
Abbildung IV-25:	Governance-Gremium: IT Steering Committee	158
Abbildung IV-26:	IT Governance-Domänen und IT-Entscheidungsfelder	162
Abbildung IV-27:	Ebenen der IT Governance Entscheidungsfelder	165
Abbildung IV-28:	Segmente der IT Governance-Positionierung	167
Abbildung IV-29:	Beispiel eines Stärken- und Schwächenprofils	168
Abbildung IV-30:	Darstellung der Reifegradstufen	169
Abbildung IV-31:	Anwendungsmatrix	170
Abbildung IV-32:	IT-Business Management	172
Abbildung IV-33:	Sourcing und Sicherheit im IT-Business Management	173
Abbildung IV-34:	Geschäftssystemarchitektur	176
Abbildung IV-35:	Anwendungen entlang der Wertschöpfungskette	177
Abbildung IV-36:	Entscheidungsfeld IT-Sicherheit	182
Abbildung IV-37:	Investition und Priorisierung	186
Abbildung IV-38:	Prozessmodell der Investition und Priorisierung	187
Abbildung IV-39:	Herausforderungen beim Managen der IT-Investitionen	188
Abbildung IV-40:	Die Ebene Investition und Priorisierung	189
Abbildung IV-41:	IT-Investitionsentscheidungen und IT-Betrieb	194
Abbildung IV-42:	Steuerung unter IT Governance-Gesichtspunkten	197
Abbildung IV-43:	Zusammenhang zwischen Steuerungsgrößen und Zielen	202
Abbildung IV-44:	Rahmenwerk für Ziele und Steuerungsgrößen	203
Abbildung IV-45:	„Tickets with Severity 1 and 2"	208
Abbildung IV-46:	Vorgehensmodell SAS 70-Prüfung	212
Abbildung IV-47:	Performance-Messung bei Outsourcing	215
Abbildung V-1:	IT-Investitionsentscheidungen und IT-Betrieb	222
Abbildung V-2:	Lebenszyklusorientiertes Nutzenmanagement	224
Abbildung V-3:	Betriebsmodell zur Umsetzung von IT Governance	227
Abbildung V-4:	Das Betriebsmodell	228
Abbildung V-5:	Betriebsmodells und IT-Management, Beispiel	229
Abbildung V-6:	Ausprägung der Standards und Best Practices	230
Abbildung V-7:	Das Betriebsmodell	232

Abbildungsverzeichnis

Abbildung V-8:	Beispielprozesse eines Betriebsmodells	233
Abbildung V-9:	Modellierung der IT-Prozesse	234
Abbildung V-10:	Ableitung von Controls und Metriken	236
Abbildung V-11:	Kontrollziele des Change Management-Prozesses	238
Abbildung V-12:	Rollenkonzept des Change Management-Prozesses	239
Abbildung V-13:	Übergreifende Prozessrisiken	242
Abbildung V-14:	CM – Initiierungsphase	243
Abbildung V-15:	CM – Initiierungsphase, Risiken und Controls	244
Abbildung V-16:	CM – Implementierung	245
Abbildung V-17:	CM – Implementierung, Risiken und Controls	246
Abbildung V-18:	CM – Freigabe und Test	247
Abbildung V-19:	CM – Freigabe und Test, Risiken und Controls	247
Abbildung V-20:	CM – Nacharbeiten	248
Abbildung V-21:	CM – Nacharbeiten, Risiken und Controls	248
Abbildung V-22:	Prozessrisiken	249
Abbildung V-23:	Zusammenhang von Quellsystem und Informationsbedarf	253
Abbildung V-24:	Netzwerk-/Verzeichnisdienste (Perf. und Compl.)	258
Abbildung VI-1:	Demand-Supply-Organisation	262
Abbildung VI-2:	Projektorganisation	264
Abbildung VI-3:	Projektvorgehen	265
Abbildung VI-4:	Prozesslandkarte	267
Abbildung VI-5:	Nutzen	272
Abbildung VI-6:	Bestandteile des standardisierten Rechnungswesens	274
Abbildung VI-7:	Partnering der DSO	275
Abbildung VI-8:	Weiterentwicklung des Standards	276
Abbildung VI-9:	Prozessphasen der DSO	279
Abbildung VI-10:	IT-Organisation bei PwC	283
Abbildung VI-11:	IT Governance Arrangements Matrix	284
Abbildung VI-12:	Gremien und Entscheidungswege bei PwC	287

Abkürzungsverzeichnis

AICPA	American Institute of Certified Public Accountants
AS	Auditing Standard
BDSG	Bundesdatenschutzgesetz
BS	British Standard
BSC	Balanced Scorecard
CA	Computer Associates
CCTA	Central Computer and Telecommunications Agency
CEO	Chief Executive Officer
CFO	Chief Financial Officer
CIO	Chief Information Officer
CMM	Capability Maturity Model
CObIT	Control Objectives for Information and related Technology
COO	Chief Operations Officer
COSO	Committee of Sponsoring Organizations of the Treadway Commision
CSF	Critical Success Factor
CSO	Chief Security Officer
DCGK	Deutscher Corporate Governance Kodex
DOS	Director of Security
DSO	Demand & Supply Organisation
EU	Europäische Union
FAIT	Fachausschus der Informationstechnologie des IDW
FAQ	Frequently Asked Questions
FCPA	Foreign Corrupt Practices Act

GDPdU	Grundsätze zum Datenzugriff und zur Prüfbarkeit digitaler Unterlagen
IAASB	International Auditing and Assurance Standards Board
IDW	Institut der deutschen Wirtschaftsprüfer
IFAC	International Federation of Accountants
IFRS	International Financial Reporting Standards
IKS	Internes Kontrollsystem
ISA	International Standards on Auditing
ISACA	Information Systems and Control Association
ISACF	Information System and Control Foundation
ISO	International Organisation for Standardization
IT	Information Technology
ITG	IT Governance
ITGI	IT Governance Institute
ITIL	IT Infrastructure Library
ITSMF	IT Service Management Forum
KGI	Key Goal Indicator
KonTraG	Gesetz zur Kontrolle und Transparenz im Unternehmensbereich
KPI	Key Performance Indicator
OECD	Organisation für wirtschaftliche Zusammenarbeit und Entwicklung
OGC	British Office of Government Commerce
PCAOB	Public Company Accounting Oversight Board
PS	Prüfungsstandard
SAM	Strategic Alignment-Modell
SAS	Statement on Audit Standards
SEC	Securities and Exchange Commission
SigG	Gesetz zur digitalen Signatur (Signaturgesetz)
SLA	Service-Level-Agreement
SOA	Service-orientierte Architektur
SOX	Sarbanes-Oxley Act

Einleitung

IT Governance als Treiber der IT

Der Begriff IT Governance wird von einer Vielzahl von Parteien reklamiert, die sich mit den unterschiedlichsten Aspekten von IT in Unternehmen befassen. Beispiele sind Unternehmens- und Strategieberater, Hersteller von IT-Tools und Werkzeugen und sogenannte Standardsetter wie etwa das IT Governance Institute mit dem Standard CObIT. Ebenso vielschichtig sind die Inhalte, die Unternehmensorganisationen mit IT Governance verbinden. Der CIO definiert IT Governance als Strategiekomponente und Führungsleitlinie der zentralen und dezentralen IT. Für das IT-Management ist IT Governance ein Rahmenwerk zur Definition von Zielen, an denen sich die Ausgestaltung der IT mit Hardware, Software und IT-Prozessen messen lassen muss. Schlussendlich verbindet die IT-Produktion mit IT Governance die formale Implementierung von Standards und Best Practice wie ITIL, CObIT oder ISO 17799.

Gemeinsames Grundverständnis der unterschiedlichen Begriffsdefinition ist, das IT Governance die Organisation, Steuerung und Kontrolle der IT eines Unternehmens zur konsequenten Ausrichtung der IT-Prozesse an der Unternehmensstrategie umfasst. Letztendlich soll die IT analog zur Governance des Gesamtunternehmens in ein einheitliches Rahmenwerk eingebunden sein, das sich am Geschäftszweck des Unternehmens orientiert und Leitlinien und Standards setzt.

Mit den verschiedenen Aspekten von und Sichtweisen auf IT Governance sind auch die Autoren dieses Buches als Mitarbeiter der Wirtschaftsprüfungsgesellschaft PriceWaterhouseCoopers befasst. Die Spannweite der unterschiedlichen Projekte reicht von Strategie- und Prozessthemen (Process Improvement) bis zu Prüfungen von IT-Dienstleistern nach dem amerikanischen Prüfungsstandard SAS 70 (Process Assurance). Diese zwei Blickwinkel auf IT Governance – Performance und Compliance – zu einer Gesamtsicht zu vereinen ist Anlass und Aufgabe des vorliegenden Buches. Die unterschiedlichen Sichten von Beratung und Prüfung sowie die Erfahrungen aus Projekten sind Pate des Untertitels: Leitfaden für die praxisgerechte Implementierung.

Praxisgerecht deshalb, nicht weil die Autoren bewusst auf eine vertiefende Darstellung und Würdigung der Literatur zur IT Governance verzichtet haben, sondern die einzelnen Aspekte von IT Governance auf der Basis eines in der Praxis entstandenen Leitbildes darstellen, das IT als integralen Bestandteil des Unternehmens begreift.

IT als integraler Bestandteil des Unternehmens

Die Darstellung eines geschlossenen IT Governance Konzepts ist Gegenstand von Teil I dieses Buches. Die verschiedenen Sichtweisen auf IT Governance als Entscheidungs- bzw. Organisationskonzept bzw. als Rahmenwerk für die Umsetzung von Compliance Anforderungen werden zu einem schlüssigen Gesamtkonzept verbunden. Dabei gilt es zunächst die verschiedenen Einflussfaktoren auf IT zu skizzieren. Umweltfaktoren und daraus abgeleitete Geschäftsmodelle sind die Grundlagen unternehmerischen Handels. Das Geschäftsmodell kapitalmarktorientierter Unternehmen bedarf der Unterlegung durch eine Unternehmensgovernance, die Ausdruck einer verantwortungsvollen, transparenten und effizienten Unternehmenssteuerung ist. Diese Governance Grundsätze wie Zurechenbarkeit, Verantwortlichkeit, Transparenz und Fairness müssen auch Leitlinien der Unternehmensführung bei der Formulierung und Ausgestaltung der IT Governance sein.

IT Governance-Framework

Diese Faktoren bilden die Grundlage eines IT Governance-Frameworks, mit denen alle an IT Beteiligten in ein gemeinsames und abgestimmtes Rahmenwerk eingebunden werden:

- Die Unternehmensführung definiert mit Entscheidungsrechten, Rollen und Verantwortlichkeiten sowie Organisation den Rahmen, mit dem IT Governance entwickelt, eingeführt, gesteuert und überwacht wird. Diese Ebene des IT Governance-Frameworks bezeichnen wir als **IT Governance**.

- Der Organisationsbereich unterhalb der Unternehmensführung wird als **IT-Management** bezeichnet. Die Vorgaben der Unternehmensführung müssen in ein Zielsystem für die IT überführt und in konkrete Handlungsvorgaben übersetzt werden.

- Der **IT-Produktion** obliegt es schließlich, diese Vorgaben in Form von Projekten in den Regelbetrieb zu überführen und ein System zur Messbarkeit der Zielerreichung zur Verfügung zu stellen.

Durch die Einbettung in einen Regelkreis und definierte Schnittstellen zwischen den Beteiligten entsteht erst ein IT Governace-Framework.

Theorie und Praxis

Nach der Erläuterung der konzeptionellen Grundlagen des IT Governance-Frameworks müssen vor der Darstellung einer Implementierung zwei Fragen beantwortet werden:

Auf welche Standards und Best Practice kann bei der Einführung von IT Governance zurückgegriffen werden?

Welche Sichtweisen und Probleme kennzeichnen die Praxis bei der inhaltlichen Auseinandersetzung mit IT Governance?

Standards, Normen und Richtlinien nehmen zum einen Einfluss auf die Gestaltung der Governance-Prozesse, zum anderen können sie Anleitung und Handlungsempfehlungen für das Design von IT-Prozessen geben. Teil II stellt die wesentlichen Rahmenwerke und Standards vor, die einen Beitrag zur Ausgestaltung von IT Governance, zu den einzelnen Phasen eines IT Governance Umsetzungsprojekts oder zu wichtigen in Zusammenhang mit IT Governance stehenden Themen (z. B. IT-Security) liefern.

Der bewusst breit formulierte Kontext des IT Governance-Frameworks und die durch unterschiedliche Zielsetzungen bedingten systematischen und inhaltlichen Unterschiede in den Standards, Rahmenwerken und Best Practices erfordern eine Beschränkung der Diskussion von Umsetzungsthemen auf die aus der Sicht der Praxis relevanten Fragestellungen.

Die Erfahrungen der Praxis sind in mehreren Studien festgehalten, die vom IT Governance Institute (ITGI) und der Information Systems Audit und Control Association (ISACA) in Zusammenarbeit mit PricewaterhouseCoopers durchgeführt wurden. Diese Umfragen richteten sich u. a. auf den Bekanntheitsgrad von IT Governance bei der Unternehmensleitung, die Akzeptanz von IT Governance im Unternehmen und die unterschiedlichen Ausprägungen von Frameworks. In Teil III sind die wesentlichen Ergebnisse dieser Umfragen dargestellt.

Formulierung der IT Governance

Unser IT Governance-Konzept, die Standards, Rahmenwerk und Best Practice sowie die praktischen Erfahrungen von Unternehmen bei der Umsetzung von IT Governance-Projekten bilden den Rahmen für den vierten Teil des Buches, der sich im Detail mit der Umsetzung von IT Governance in der betrieblichen Praxis befasst.

Zu Beginn muss die Unternehmensführung den inhaltlichen und formalen Rahmen für die Implementierung von IT Governance definieren. Hierzu ist eine IT Governance konforme Organisationsstruktur einzurichten, die Rollen und Verantwortlichkeiten auf allen Hierarchieebenen definiert, Entscheidungsrechte vorgibt und dies in der Organisationsstruktur abbildet.

Ableitung des Entscheidungsbedarfs

Die jeweiligen Handlungsfelder der Unternehmensleitung zur Umsetzung von IT Governance lassen sich in Anlehnung an ITGI und CObIT in Form von fünf sogenannten Domänen zusammenfassen:

- Die IT-Strategie muss mit der Strategie des Gesamtunternehmens harmonisieren (Strategic Alignment)

- Der Wertbeitrag der IT zum Unternehmenserfolg ist zu messen und zu bewerten (Value Delivery)
- Risken sind zu ermitteln und zu managen (Risk Management)
- Die Ressourcen des Unternehmens sind zielgerichtet und effizient einzusetzen (Ressource Management)
- Der Grad der Umsetzung bzw. die Qualität der ersten vier Domänen ist zu messen und zu beurteilen (Performance Measurement)

In der Praxis erweisen sich diese Domänen zwar als geeignet, um aus der Sicht des Managements Zielvorgaben für IT Governance zu formulieren, also etwa eine IT-Strategie, Nutzenbeiträge der IT oder Risikostrategien. Für die Umsetzung in operationelle Ziele des IT-Managements sind die Handlungsfelder aber zu wenig konkret. Daher werden die Domänen in insgesamt zehn Entscheidungsfelder übersetzt, die das operative Tagesgeschäft des IT-Managements wiederspiegeln.

Entscheidungsfelder für das IT-Management

Die Entscheidungsfelder des IT-Managements betreffen die IT-Strategie, Informationen, Anwendungen, IT-Organisation, Infrastruktur und Technologien, Sourcing, Sicherheit und IT-Service Management.

Aufbauend auf der IT-Strategie werden über diese Entscheidungsfelder letztendlich die IT-Architektur und die IT-Prozesse eines Unternehmens definiert.

Die einzelnen Elemente der IT-Architektur sind dann über Investitionsentscheidungen zu priorisieren und umzusetzen. Basis dieser Investitionsentscheidungen sind die Unterstützung der Geschäftsfelder (Alignment) und ein positiver Beitrag zum Unternehmenserfolg (Business Case).

Jedes Unternehmen weist in den Entscheidungsfeldern einen mehr oder weniger großen Umsetzungsstand bzw. Reifegrad aus. Am Anfang der Bestimmung von Zielen und daraus abgeleiteten Handlungsempfehlungen steht deshalb eine Positionierung im Hinblick auf den gewünschten Grad an IT Governance. Diese Positionierung bestimmt letztendlich Art und Umfang der Aktivitäten, die in den jeweiligen Entscheidungsfeldern zur Erreichung einer vollumfänglichen IT Governance entschieden und umgesetzt werden müssen.

Steuerung

Die Steuerung der IT ist das Bindeglied und die Schnittstelle zwischen dem IT-Management und der IT-Produktion. Die aus der unternehmensindividuellen IT Governance abgeleiteten IT-Ziele und Handlungsempfehlungen müssen nicht nur implementiert, sondern auch gesteuert, d.h. gemessen und auf ihre Wirksamkeit hin überprüft werden. Dies ist keine spezielle Anforderung aus IT Governance heraus, sondern Tagesgeschäft der IT. Zwei Gesichtspunkte zeichnen allerdings ein Steuerungs- und Überwachungssystem in der IT mit Fokussierung auf IT Governance aus.

Zum einen der gleichzeitige Einsatz aller Steuerungsverfahren bestehend aus Standortbestimmungen, internen Messungen und externe Überprüfungen. Zum anderen die gleichgewichtige Formulierung von Messgrößen, mit denen sowohl die Performance der IT mittels Metriken als auch die Compliance in Form eines angemessenen Kontrollgefüges dargestellt werden kann. In diesem Zusammenhang bieten externe Überprüfungen sowohl zur Qualitätsmessung der unternehmenseigenen IT als auch zur Durchsetzung von Service Level Agreements (SLA) und Compliance-Anforderungen im Outsourcing-Verhältnis einen wesentlichen Beitrag zur Gewährleistung der IT Governance.

IT-Produktion

Die IT-Produktion ist der dritte Bereich des IT Governance-Frameworks und wird durch die Festlegungen der Unternehmensführung und des IT-Managements in zweifacher Weise beeinflusst. Die Projekte, die zur Umsetzung von IT Governance initiiert wurden, sind abzuwickeln und einzuführen. Zudem geht die Umsetzung von IT Governance nach den Erfahrungen aus einer Reihe von Beratungprojekten und Prüfungsaufträgen Hand in Hand mit der Ausrichtung der IT-Prozesse an gängigen Standards und Best Practice. Rein prozessorientierte Ansätze (z. B. ITIL) sind dabei nicht zielführend, da der Aspekt der nachhaltigen Kontrollierbarkeit der Einhaltung von Prozessaktivitäten zu wenig ausgeprägt ist. Zudem weisen die Standards in den verschiedenen Prozessen unterschiedlich ausgeprägte Stärken und Schwächen (z. B. hinsichtlich Security) auf. Die Darstellung des IT Governance-Frameworks schließt daher mit der Darstellung einer in der Praxis erprobten Vorgehensweise zur Gestaltung von integrierten Prozess- und Kontrollrahmenwerken, das die Stärken der einzelnen Standards gezielt nutzt und darüber hinaus offen ist für die Berücksichtigung unterschiedlicher nationaler oder branchenbezogener regulatorischer Anforderungen.

Art und Umfang der mit der Einführung von IT Governance verbundenen Aktivitäten lassen eine vollumfängliche Darstellung aller damit verbundenen Aspekte nicht zu. Daher haben sich die Autoren das Ziel gesetzt, dem Leser quasi in Form einer Landkarte die Wege aufzuzeigen, die zu einer IT Governance führen können. Die Erfolge, aber auch die Probleme, die Unternehmen bei der Einführung von IT Governance erfahren haben, runden in Form von Praxisberichten dieses Buch ab.

Danksagung

Unser Dank geht an das Team der Autoren und Beitragenden, das an der Erstellung dieses Buches mitgewirkt hat. Das Team der Autoren und Beitragenden wird am Ende des Buches in einem eigenen Kapitel näher vorgestellt. Darüber hinaus geht unser herzlicher Dank für die Unterstützung bei der Erstellung der Manuskripte an Hendrik Eichentopf, Daniela Kohl und Daniel Tobias Riesinger.

Die Ausrichtung der IT auf IT Governance ist ein langwieriger Prozess und bedarf der Unterstützung der gesamten Unternehmensorganisation. Wir freuen uns, unseren Lesern einen Leitfaden zur Verfügung zu stellen, der sie fruchtbar auf diesem Weg begleiten mag.

Dr. Martin Fröhlich	Dr. Kurt Glasner
Partner	Partner
Process Assurance	Leiter Performance Improvement
PricewaterhouseCoopers	PricewaterhouseCoopers
Düsseldorf, Februar 2007	Essen, März 2007

I. Grundlagen

1. Einführung

Zielsetzung:	In diesem Kapitel werden die wesentlichen Auslöser und Treiber für die Implementierung einer IT Governance kurz dargestellt. Dabei erfolgen eine Einordnung der IT in das Unternehmensumfeld sowie ein Überblick über das IT Governance-Framework.
Positionierung:	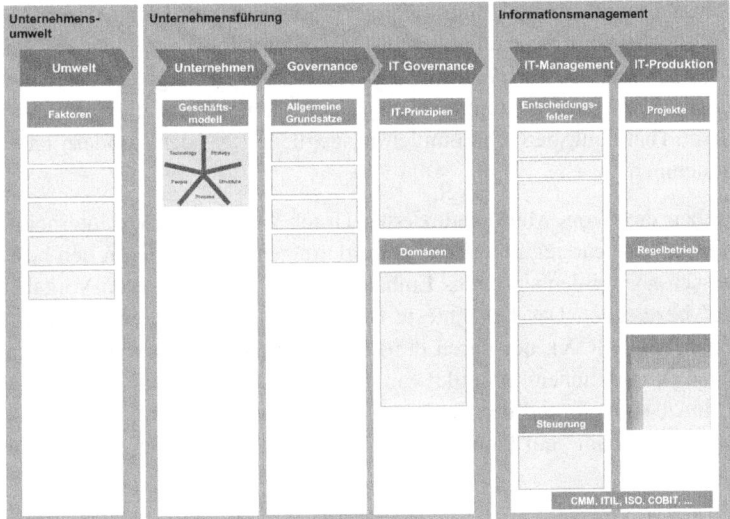
Voraussetzung:	–
Ergebnis:	Kenntnis der Komponenten des IT Governance-Frameworks: IT Governance, IT-Management, IT-Produktion. Verständnis über die Wirkungszusammenhänge des IT Governance-Frameworks im Unternehmen.

1.1 Auslöser und Treiber

Infolge der zunehmenden Globalisierung verstärkt sich der Wettbewerbsdruck auf Unternehmen und stellt sie vor die Herausforderung, flexibel und schnell auf neue Marktsituationen zu reagieren. Unternehmen müssen in der Lage sein, ihre Geschäftsprozesse rasch anzupassen. Das setzt wiederum voraus, dass Unternehmen in der Lage sind, schnell die richtigen Entscheidungen bezüglich der IT zu treffen. Da heutzutage nahezu alle Geschäftsprozesse durch IT unterstützt beziehungsweise durch IT überhaupt erst ermöglicht werden, lässt sich diese Herausforderung nur über transparente und flexible IT lösen. Dies betrifft nicht nur die Gestaltung der IT-Prozesse, sondern auch die – in den letzten Jahren aufgrund der Prozessfokussierung häufig vernachlässigten - Aufbauorganisation in mehr oder minder komplexen Unternehmensstrukturen.

IT ist für die meisten Unternehmen in den vergangenen zwei Dekaden zu einem echten Schlüsselfaktor für den Unternehmenserfolg geworden. Das Managen von IT ist heute existenzieller Bestandteil eines Unternehmens im Sinne eines kritischen Erfolgsfaktors und muss genauso professionell gemanagt werden wie jeder andere Erfolgsfaktor. Der wertschaffende Einsatz der IT gehört demnach zu den Kernaufgaben der Unternehmensführung. Die daraus resultierende Verantwortung der Unternehmensleitung kann nicht delegiert oder aus deren Handlungsbereich komplett ausgegliedert werden, sondern ist vielmehr intensiv wahrzunehmen.

Neben dem vom Markt induzierten Druck werden an die Unternehmen in immer kürzeren Abständen neue regulatorische Anforderungen gestellt, die in den bestehenden Geschäftsprozessen abzubilden sind. Das Einhalten dieser regulatorischen Vorgaben wird als „Compliance" bezeichnet. Das bekannteste Beispiel aus der jüngeren Vergangenheit ist der Sarbanes-Oxley Act (SOX), der durch die Implementierung eines umfassenden Kontrollumfeldes Bilanzmanipulationen im Stile von Enron in Zukunft einen Riegel vorzuschieben versucht [Menz04]. Aufgrund der Verflechtung von Geschäfts- und IT-Prozessen lässt sich die Frage, wie „compliant" ein Unternehmen ist, nur in Verbindung mit der Compliance der IT beantworten.

Mit der Integration von Prozessen und IT über Unternehmensgrenzen hinaus steigt zudem die Komplexität von Strukturen und Abläufen. Damit einher geht eine Steigerung des unternehmerischen Risikos. Dies erfordert die Etablierung eines Risikomanagements, das hilft, zunächst bei Entscheidungen mit IT-Bezug das Risiko zu identifizieren, zu bewerten und erforderliche, risikominimierende Maßnahmen zu treffen.

Vor diesem Hintergrund ist einer der wesentlichen Trends der jüngeren Vergangenheit zu sehen: Eine IT-interne Technologiefokussierung wird zunehmend ersetzt durch das sogenannte „Business Alignment" der IT. Damit gemeint ist die strikte Ausrichtung der IT an den Geschäftszwecken und -prozessen eines Unternehmens. Das Zusammenwirken der einzelnen Geschäftsbereiche und der IT lässt sich als Regelkreis darstellen, der die Wirkungszusammenhänge zwischen der marktorientierten Sicht der Fachbereiche und der IT verdeutlicht. Abbildung I-1 stellt diesen Regelkreis graphisch dar.

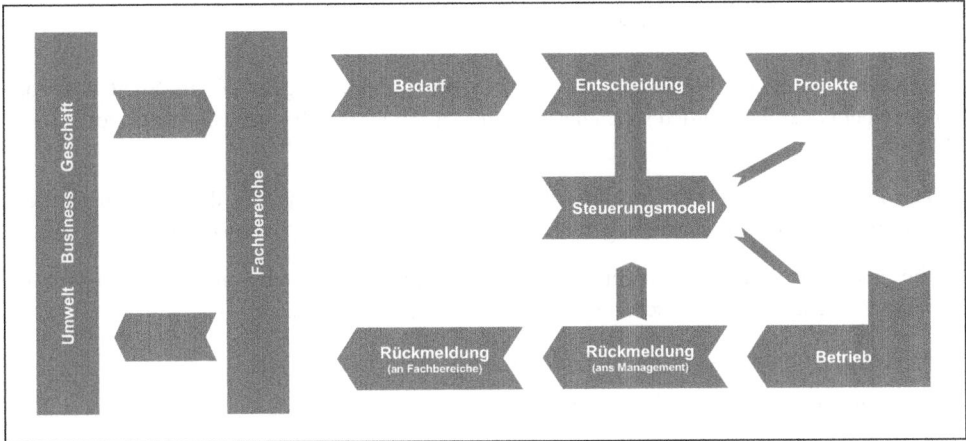

Quelle: PwC
Abbildung I-1: *Regelkreis zwischen Fachbereichen und IT-Produktion*

Die Fachbereiche formulieren – mit Blick auf den Markt – ihren Bedarf an IT-Unterstützung. Über die so entstandenen unterschiedlichen Bedarfe muss im Unternehmen entschieden werden. Mit der Entscheidung ist auch festzulegen, wie eine Umsetzung von Bedarfen durch Projekte und später im Betrieb gemessen werden soll. Die Projekte übersetzen Entscheidungen zur IT-Unterstützung in den Regelbetrieb der IT. Steuerungsinformationen werden an die Fachbereiche und die Entscheidungsebene zurückgemeldet.

Die Erfahrungen aus vielen Beratungsprojekten haben jedoch gezeigt, dass häufig nur isolierte Teile dieses Regelkreises in den Unternehmen konsequent betrachtet werden. Das sind die

- Entscheidungsstrukturen sowie die
- Betriebsmodelle für die IT-Produktion

mit den jeweils zugehörigen Steuerungsansätzen. Eine entsprechend auf bestimmte Themen konzentrierte Betrachtung findet sich auch in der Fachliteratur wieder [Lutc03].

IT Governance als Entscheidungs- und Organisationskonzept

Zum einen wird IT Governance dort vorwiegend als Regel- und Organisationswerk für effektive Entscheidungsprozesse definiert. Führende Vertreter dieses Ansatzes sind Weill/Ross, die IT Governance wie folgt definieren:

> „Specify the decision rights and accountability framework to encourage desirable behaviour in the use of IT. This definition of IT governance aims to capture the simplicity of IT governance – decision rights and accountability – and its complexity – desirable behaviours that are different in every enterprise. " [WeRo04]

Gegenstand der Betrachtungen ist dabei, innerhalb welcher Regeln IT aus Sicht des Top-Managements geführt werden soll. Diese Interpretation lässt sich auf zwei Kernaspekte reduzieren:

- Die klare Definition von Entscheidungsrechten in Verbindung mit der aus den Rechten resultierenden positiven wie negativen ökonomischen Haftung (Anreizsteuerung) sowie
- die Berücksichtigung der mehr oder minder komplexen Unternehmensstruktur (zentral versus dezentral, hierarchisch versus evolutionär oder anarchisch).

Aus dieser Interpretation resultieren typische Fragen:

- Wer darf in welcher Organisationseinheit was entscheiden?
- Wer trägt die Verantwortung für die Entscheidungen?
- Welche Randbedingungen sind zu beachten?

Vorgaben zur konkreten Umsetzung oder Messung von Ergebnissen werden nicht gemacht.

IT Governance auf Basis von Compliance-Konzepten

Insbesondere aus dem vom IT Governance Institute (ITGI) unter anderem in Zusammenarbeit mit namhaften Beratungs- und Wirtschaftsprüfungsgesellschaften entwickelten Rahmenwerk (Control Objectives for Information and Related Technology) lässt sich ein zweiter, grundsätzlich anderer Betrachtungsansatz ableiten:

> „IT governance is the responsibility of executives and the board of directors, and consists of the leadership, organisational structures and processes that ensure that the enterprise's IT sustains and extends the organisation's strategies and objectives." [ITGI03a]

IT Governance ist in CObIT eher an Aspekten der konkreten Umsetzung ausgerichtet, wobei ein starker Zusammenhang mit sicheren, risikominimierten IT-Betriebsprozessen existiert. Seit 2000 wird CObIT durch das ITGI, der Schwesterorganisation des internationalen Verbands der EDV-Prüfer (ISACA), zu einem Instrument der IT-Steuerung aus Unternehmenssicht weiterentwickelt. CObIT wurde allerdings ursprünglich von der ISACA als Instrument für IT-Prüfungen konzipiert. Eine damit einhergehende Konzentration auf Prüfungsaspekte ist bis zur aktuellen CObIT-Version 4.0 zurückgedrängt worden. Im Gegenzug ist ein nah an der Praxis ausgerichteter, umsetzungsorientierter Leitfaden für die Etablierung sicherer operativer IT-Prozesse entstanden. Gegenstand von CObIT ist nach wie vor eher, „was" bei operativen IT-Prozessen unter Risikogesichtspunkten zu tun ist: Wie wird ein Change Management durchgeführt und dokumentiert? Mit welchen Kennzahlen wird berichtet? Wie werden Prozesse überwacht? In der Version 4.0 (2005) ist CObIT dann in einer konsequenten Fortentwicklung um die Dimension „IT Governance" angereichert worden, wobei die Ausführungen hierzu noch wenig umfangreich sind und auf den operativen Kernelementen von CObIT aufsetzen.

Diese kurze Skizzierung der beiden wichtigsten Ansätze verdeutlicht, dass zwei weitgehend unterschiedliche, voneinander isolierte Elemente des Regelkreises aus Abbildung I-1 mit dem Begriff der „IT Governance" belegt werden. Das daraus resultierende „Vokabelproblem" ist dadurch aufzulösen, dass im Zusammenhang mit der Beschreibung ausführender, operativer IT-Ebenen nicht von Governance, sondern von Management gesprochen wird:

> „IT governance specifies the **decision-making** authority and accountability to encourage desirable behaviours in the use of IT. IT governance provides a framework in which the decisions made about IT issues are aligned with the overall business strategy and culture of the enterprise. Governance is about decision making per se - not about how the actions resulting from the decisions are executed."
>
> „Governance is concerned with setting directions, establishing standards and principles, and prioritizing investments; management is concerned with **execution**." [Gart06]

Durch diesen sprachlichen Kunstgriff lassen sich beide Ansätze überschneidungsfrei miteinander vereinbaren. Auf dieser Definition aufbauend wird im Folgenden das IT Governance-Framework dargestellt, das den Mittelpunkt des Buches bildet.

1.2 IT Governance als Teil des Unternehmens

In der unternehmerischen Praxis gibt es bisher keine konsequente Verbindung der beiden Ansätze, die man zur IT Governance derzeit vorfindet. Die Protagonisten des jeweiligen Ansatzes machen gleichermaßen vor der anderen Sicht beziehungsweise Ebene halt. Eine daraus folgende, zwangsläufig nur teilweise Abdeckung von IT Governance, IT-Management und IT-Organisation muss demnach immer zu Ineffizienzen führen: Entweder werden Entscheidungen nicht beziehungsweise nicht richtig getroffen oder deren Umsetzung ist nicht effizient. IT muss aber in allen Ebenen einer Unternehmensorganisation konsequent und angemessen vertreten sowie geregelt sein.

In dem nachfolgenden Modell wird die IT innerhalb des gesamten Unternehmens konsequent und durchgehend betrachtet und in allen Ebenen des Unternehmens über den Regelkreis verankert.

Abbildung I-2 skizziert das dem Buch zugrunde liegende Verständnis von IT als integralem Bestandteil des Unternehmens und bildet zugleich die methodische Grundlage aller nachfolgenden Ausführungen. An dieser Stelle soll nun der inhaltliche Zusammenhang des Rahmenwerks skizziert werden. Um der betrieblichen Praxis besser gerecht zu werden, wird der Begriff Informationsmanagement weiter in IT-Management und IT-Produktion differenziert.

Die **Umwelt des Unternehmens** determiniert seine Handlungsmöglichkeiten – sie gibt den Aktionsrahmen durch Marktpotenziale, Regularien, Konkurrenzsituationen usw. vor.

Aufgabe der **Unternehmensführung** ist in diesem Kontext die Definition des Geschäftsmodells, der allgemeinen Unternehmensgovernance und der IT Governance.

- Die Unternehmensführung richtet an den durch die Umwelt vorgegebenen Möglichkeiten das „**Geschäftsmodell**" aus, definiert die Strategie, damit die Geschäftsprozesse und unterstützt diese durch die Schaffung einer geeigneten Organisation. Es werden Vorgaben für die Personalpolitik und den Einsatz von Technologien gemacht.

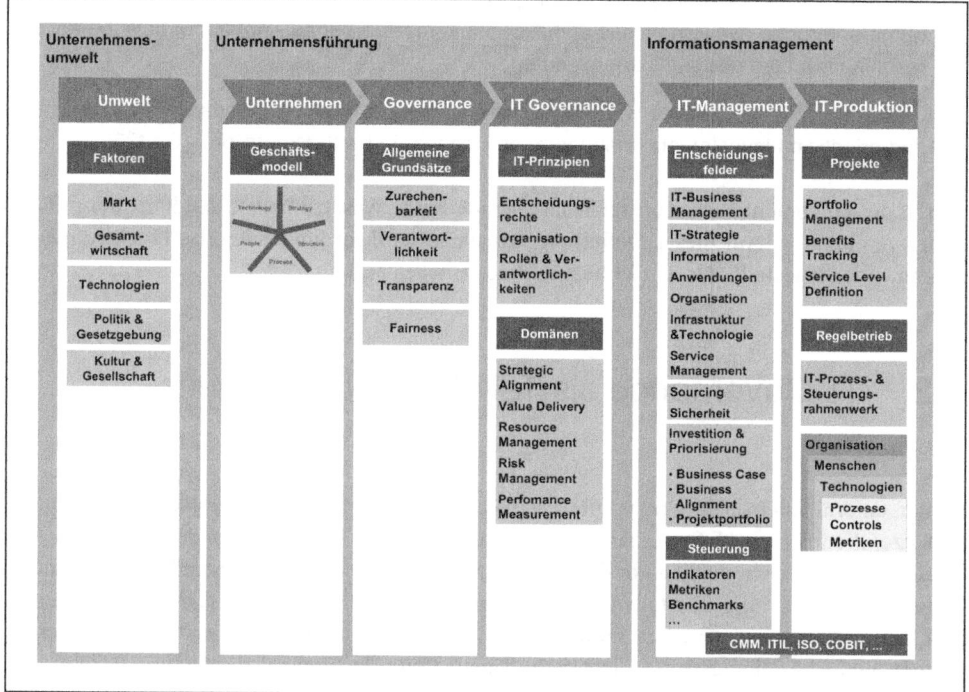

Quelle: PwC
Abbildung I-2: *IT als integraler Bestandteil des Unternehmens*

- Die Unternehmensleitung gibt dem Unternehmen eine „**Governance**". Diese enthält allgemeine Grundsätze zu Entscheidungskompetenzen und Verantwortung, Regeln für die Sicherstellung von Transparenz und Einhaltung moralischer Grundsätze (Fairness). Dies

Einführung

wird in Abschnitt I.2.1 ausführlich beschrieben. Die Governance regelt auch das Zusammenwirken der bereichsspezifischen Governances.

- Aufbauend auf dem Geschäftsmodell und der Unternehmensgovernance entwickelt die Unternehmensführung die spezifische **„IT Governance"**, die wie folgt definiert wird:

> **IT Governance** umfasst prinzipielle Regelungen zu Entscheidungsrechten, Rollen und Verantwortlichkeiten sowie zur Organisation der IT, die sich jeweils auf die Domänen Strategic Alignment, Value Delivery, Ressource Management, Risk Management und Performance Measurement beziehen.

Während durch die IT Governance der Rahmen definiert und damit die Art und Weise des Funktionierens der IT im Unternehmen bestimmt wird, umfasst die Ebene des **Informationsmanagements** das konkrete Handeln innerhalb des definierten Rahmens. Das Informationsmanagement ist seinerseits in „IT-Management" und „IT-Produktion" unterteilt. Entscheidungen werden im Rahmen des durch die Governance vorgegebenen Regelwerkes zu den relevanten Domänen gefällt, der operative IT-Betrieb mit allen Komponenten wird ausgeführt und gesteuert.

- Auf der Ebene des **„IT-Managements"** sind Entscheidungen zu bestimmten Themenfeldern zu fällen und deren Umsetzung zu initiieren.

> **IT-Management** beschreibt konkret die Felder, innerhalb derer das Management Entscheidungen zu treffen und Vorgaben für die IT-Produktion zu machen hat. Das IT-Management legt die Größen und Mechanismen fest, mit deren Hilfe die IT-Umsetzung der Entscheidungen und Vorgaben überwacht und gesteuert wird.

Unter dem Gesichtspunkt der Managementmethodik ist in einem ersten Schritt das Business Management zu sehen. Hier wird das Verständnis übergreifender Managementaspekte ausgeprägt. Dazu gehören: Leitgedanken zu Personal, Qualität, Beschaffung, Business Continuity, Finanzierung und interner Leistungsverrechnung an die Kunden der IT.

Dann ist die IT-Strategie in Anlehnung an die Unternehmensstrategie zu definieren. Die Anforderungen an die IT-Sicherheit werden – quasi als Rahmenbedingung – genauso wie das Sourcingkonzept festgelegt. Gleiches gilt für die Methodik des Managements der IT: Sie wird mit gleichen Konzepten gemanagt wie das Business. Hierzu zählt zum Beispiel ein Kosten- und Wertmanagement.

Basierend auf dem zuvor genannten wird die IT-Architektur definiert. Dies umfasst das Beschreiben der Geschäftsprozesse einschließlich der zugehörigen Daten/Informationen, die Applikationen, mit denen die Prozesse unterstützt oder ermöglicht werden, die Technologie, auf der die Applikationen aufgesetzt sind sowie die Klärung der grundsätzlichen Sicherheits- und Sourcingfragen sowie der Bedeutung des internen Personals.

Eine besondere Rolle spielt das Management des IT-Portfolios. Durch die Entscheidung über die Zusammensetzung des Portfolios werden das Business Alignment sichergestellt, die Investitionsplanung abgeleitet und die Services festgelegt, die dem Business gegenüber zu erbringen sind.

Die Steuerung all dieser Entscheidungsfelder erfolgt über definierte Metriken.
Das IT-Management wird in Kapitel IV erläutert.

- **IT-Produktion** umfasst die operative Durchführung und Steuerung der Projekte sowie deren Überführung in den IT-Regelbetrieb. Auf dieser Ebene sind Standards, Normen und Rahmenwerke wie Maturity Modelle, ITIL oder CObIT konkret einsetzbar (vgl. hierzu auch Kapitel II).

> **IT-Produktion** steht für die Umsetzung der Entscheidungen in Form von Projekten und für den Regelbetrieb der IT. In der IT-Produktion werden alle erforderlichen Kennzahlen erfasst und für Steuerungszwecke zur Verfügung gestellt.

Wie Standards, Normen und Rahmenwerke verwendet werden können, um ein Prozess- und Kontrollrahmenwerk für die IT-Produktion zu gestalten, wird in Kapitel V erläutert.

Der eingangs beschriebene Regelkreis und das gerade vorgestellte Modell lassen sich nun übereinanderlegen (siehe Abbildung I-3).

Die Fachbereiche setzen am Markt das Geschäftsmodell des Unternehmens um. Zur effizienten Unterstützung ihrer bestehenden oder neuen Geschäftsprozesse benötigen sie IT. Die entsprechenden Bedarfe werden im Rahmen der durch die Governance definierten Entscheidungsmodelle durch das IT-Management bewertet, priorisiert und entschieden. Gleichzeitig wird festgelegt, wie eine nachhaltig erfolgreiche Umsetzung gemessen werden soll (Steuerungsmodell). Die daraus resultierenden Projekte werden in der IT-Produktion umgesetzt und in den Regelbetrieb überführt. In der IT-Produktion werden der Projekterfolg und die Effizienz im IT-Regelbetrieb anhand definierter Kennzahlen gemessen. Die Ergebnisse werden an das IT-Management und die letztlich beauftragenden Fachbereiche zu Steuerungszwecken zurückgemeldet.

Einführung

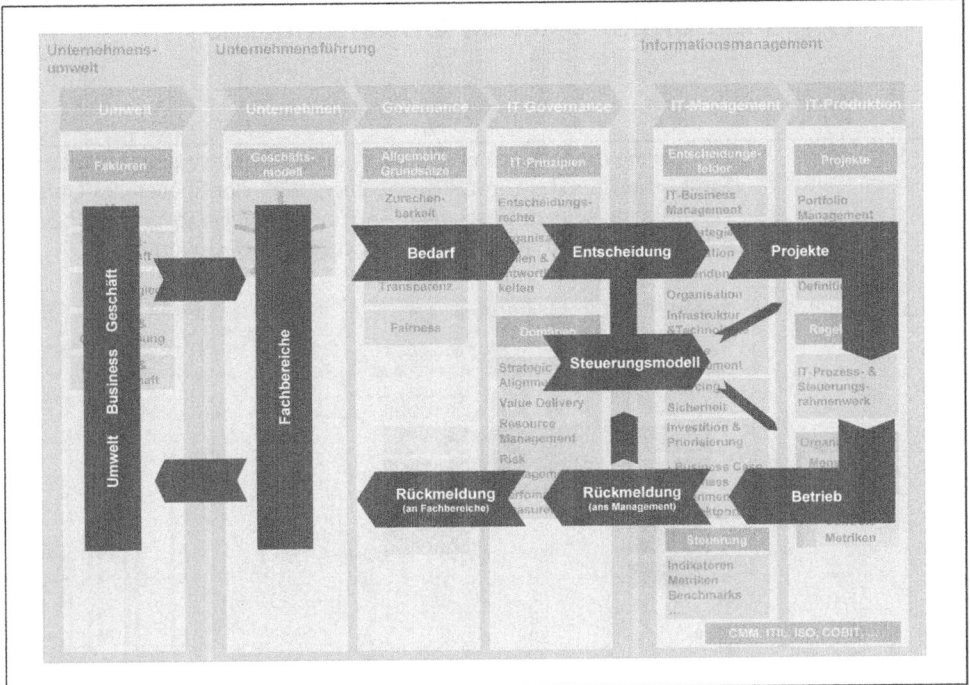

Quelle: PwC
Abbildung I-3: *IT als integraler Bestandteil des Unternehmens*

2. IT als integraler Teil des Unternehmens

Zielsetzung:	Es wird die Einbettung der IT und damit der IT Governance in externe Einflusssphären der Umwelt sowie übergeordneter Ebenen des Unternehmens mit seinem Geschäftsmodell sowie seiner Governance beschrieben. Hierdurch wird der Kontext für das IT Governance-Framework hergestellt.
Positionierung:	
Voraussetzung:	Beschreibung des Gesamtmodells sowie des Regelkreises und der IT als integraler Bestandteil des Unternehmens (Kap. I.1)
Ergebnis:	Einordnung des IT Governance-Frameworks Kenntnis der Grundprinzipien der Unternehmensgovernance

2.1 Umwelt

Sinn und Zweck eines Unternehmens werden ursächlich durch das Umfeld bestimmt. So kann etwa Handel nur dann erfolgen, wenn es Produzenten/Lieferanten und Kunden gibt. Wie einfach oder wie kompliziert sich das Geschäftsmodell eines Unternehmens darstellt, wird letztlich durch Umweltfaktoren vorgegeben. Ohne Anspruch auf Vollständigkeit seien an dieser Stelle einige Kategorien der Umweltfaktoren aufgelistet:

- Markt
- Gesamtwirtschaft
- Technologien
- Politik und Gesetzgebung
- Kultur und Gesellschaft

Einflußgrößen und Trends in jeder Kategorie können zumindest indirekt Auswirkungen auf die IT eines Unternehmens und damit auf die Ausgestaltung des IT Governance-Frameworks haben.

Markt

Mit dem Begriff Markt wird das engere wirtschaftliche Umfeld des Unternehmens bezeichnet. Im Markt oder genauer in der Branche agieren Wettbewerber mit ähnlichen oder teilweise gleichen Geschäftsmodellen im Kampf um die gleichen Kunden. Mit Glück und Kreativität lassen sich Nischen erkennen, in denen der Wettbewerb nicht oder nur schwach ausgeprägt ist, so dass Unternehmen eine attraktive Basis für eine erfolgreiche Entwicklung haben.

Der Markt beziehungsweise die Branche zeigen aber auch übergeordnete Spezifika und Entwicklungen, denen sich das Unternehmen ausgesetzt sieht. Regulierung und Liberalisierung sind Phänomene, die alle Unternehmen in einem Marktumfeld gleichermaßen betreffen. Während letztere durch übergeordnete Instanzen (Gesetzgeber) vorgeprägt werden, gibt es auch intrinsische Spezifika wie beispielsweise Preiskampf und Margenverfall.

Stark expandierende neue Märkte erfordern IT-Strukturen, in denen Entscheidungsrechte marktnah, das heißt dezentral, angesiedelt sind. Zentralisierung und Kosteneffizienz sind Aspekte, die üblicherweise erst in entwickelten Märkten mit hohem Wettbewerbsdruck und geringem Wachstum prägende Bedeutung haben.

Gesamtwirtschaft

Ein weiterer Umweltfaktor eines Unternehmens ist die Gesamtwirtschaft, die einen größeren Kontext als der zuvor skizzierte Markt darstellt. Auch in diesem Zusammenhang existiert eine Reihe von Faktoren (makroökonomisches Umfeld), die Auswirkungen auf ein einzelnes Unternehmen haben können. Beispielhaft seien hier einige Einflussfaktoren genannt:

- Wirtschaftswachstum
- Zinsniveau

- Arbeitslosenquote
- Weltwirtschaftliche Entwicklungsperspektiven

Diese Faktoren fließen häufig maßgeblich in Entscheidungen zu Standortfragen ein. Dies betrifft nicht nur Produktionsstandorte, sondern auch Rechenzentren und Service-Center (Sourcing).

Technologien

Technologien und ihre Verfügbarkeit oder Nicht-Verfügbarkeit können maßgeblich das Geschäftsmodell eines Unternehmens beeinflussen. Dies gilt nicht nur im engeren Sinne für die Informationstechnologie, sondern für Technologien allgemein.

So beeinflusst die ausreichende Verfügbarkeit von Energie viele Wirtschaftszweige. Energie wiederum wird auf unterschiedliche Weise gewonnen: Kernenergie wird beispielsweise derzeit in einer Reihe von Ländern kritisch beurteilt und steht dementsprechend langfristig wohl in abnehmendem Maße zur Verfügung, während regenerative Energiequellen zwar gefördert und ausgebaut werden, jedoch absehbar keine umfassende Bedarfsdeckung versprechen.

Dieses Beispiel hat gerade für die IT eine neue Bedeutung gewonnen, haben doch Rechenzentren heute zunehmend das Problem, die Energie- und Klimaversorgung für die geforderte Rechenleistung zu managen. In diesem Sinne sind Technologien nicht nur für ein Unternehmen allgemein, sondern auch für dessen IT im Speziellen ein relevanter Faktor.

Politik und Gesetzgebung

Politik und Gesetzgebung beeinflussen in hohem Maße das Umfeld eines Unternehmens. Dies geschieht auf vielfältige Weise:

- Über Gesetze ist geregelt, welche Rechtsform sich ein Unternehmen geben kann und welche Bilanzierungs- und Offenlegungspflichten es zu beachten hat.
- Steuergesetze regeln unmittelbar, welche wirtschaftlichen Freiheitsgrade oder Einschränkungen gelten.
- Liberalisierung und Regulierung sind in einer Reihe von Branchen durch den Gesetzgeber vorgegeben.

Über den Compliance-Aspekt ist unmittelbar einsichtig, dass dieser Teil der Unternehmensumwelt direkten Einfluss auf die Unternehmens-IT ausübt.

Kultur und Gesellschaft

Kultur und Gesellschaft bilden den weitesten Kontext, in den ein Unternehmen eingebettet ist. Hier sind keine unmittelbaren „harten" Einflussgrößen wirksam, jedoch sind die sogenannten „weichen" Faktoren oft nicht weniger wirksam:

- Gesellschaftliche Normen geben unter Umständen jenseits aller Gesetze leitlinienhaft vor, „was man nicht macht". Unternehmen, die derartige Einflüsse ignorieren, sehen sich dann mit Schäden an ihrer Marke konfrontiert. Derartige immaterielle Einflüsse materialisieren sich mitunter sehr schnell durch den Wert des Unternehmens an den Börsen.
- Kulturell bedingte Verhaltensschemata jenseits unterschiedlicher Sprachen beeinflussen die Zusammenarbeit in verschiedenartiger Weise:
  - Mitarbeiter unterschiedlicher Kulturkreise in einem Unternehmen
  - Unternehmensteile in verschiedenen Ländern
  - Kunden-/Lieferantennetzwerke über verschiedene Länder

So sind Entscheidungen zu Standortfragen für die IT-Entwicklungsabteilung, Rechenzentren und Service-Center immer unter anderem auch hinsichtlich kultureller oder sprachlicher Verträglichkeit zu prüfen, damit die Kommunikationsflüsse und damit die betroffenen Geschäftsprozesse nicht negativ beeinflusst werden.

2.2 Unternehmen

Grundlegend für ein Unternehmen ist das Geschäftsmodell. Dieses beschreibt, welche Ziele das Unternehmen verfolgt und wie diese Ziele erreicht werden sollen. In einer strukturierteren Form lässt sich das Geschäftsmodell durch fünf Dimensionen beschreiben:

- Strategie
- Struktur
- Prozesse
- Mitarbeiter
- Technologie

Es würde zu weit führen, diese Dimensionen erschöpfend zu diskutieren, da sie innerhalb dieses Buches nur den Kontext zur IT Governance herstellen. Gleichwohl soll auf einige kurze charakterisierende Beschreibungen nicht verzichtet werden.

Strategie

Die Strategie beschreibt, in welchem Kontext zum Umfeld sich das Unternehmen befindet und wie es Werte für seine Kunden und Anteilseigner schaffen will. Sie beschreibt weiterhin, wie sich ein Unternehmen differenzieren will, wie seine Prioritäten aussehen und wie die Treiber für Veränderungen aussehen. Diese drücken sich in unterschiedlichen Dimensionen wie Vision, wirtschaftliches und regulatorisches Umfeld, Wettbewerb und Branchenentwicklungen aus.

Es existiert eine umfangreiche Literatur zur Unternehmensstrategie, angefangen von der Wettbewerbsstrategie nach Michael Porter [Port80], die einen formalen Rahmen geschaffen hat zur Strategieentwicklung in einem Wettbewerbsumfeld, bis hin zur „Blue Ocean Strategie" von W. Chan Kim und Renee Maurborgne [KiMa05], die beschreibt, wie Unternehmen sich gänzlich neue Märkte ohne (anfänglichen) Wettbewerb erschließen können.

Die Strategiedimension ist grundlegend für das Geschäftsmodell und prägt daher die weiteren vier Dimensionen. Die Relevanz für die IT und deren Governance ist unmittelbar nahe liegend, leiten sich doch die IT-Strategie und damit alle nachgelagerten Entscheidungen letztlich aus der Unternehmensstrategie ab.

Struktur

Die Struktur leitet sich aus organisatorischen Überlegungen hinsichtlich zentraler Kontrolle und Steuerung oder dezentraler Prozessunabhängigkeit ab. Die Struktur gibt zudem strategische Entscheidungen bezüglich gemeinsamer Steuerung von Prozessen mit anderen Unternehmen wie Allianzpartnern, Kunden, Lieferanten oder Outsourcing-Anbietern wieder. Diesen Entscheidungen gehen Überlegungen hinsichtlich strategisch wichtiger Kompetenzen und Wettbewerbsvorteilen bei Prozessen voraus, die durch Andere entweder effektiver (beispielsweise schneller oder qualitativ besser) oder preisgünstiger ausgeführt werden können.

Die Struktur muss sich an der Strategie ausrichten. Änderungen können jedoch unter Umständen nur längerfristig erzielt werden. Die Struktur eines Unternehmens bestimmt maßgeblich die Struktur der IT. Es besteht jedoch nicht notwendigerweise eine starre 1:1-Beziehung. So ist es durchaus denkbar, dass angesichts der Verfügbarkeit des Internets ein stark dezentral operierendes Unternehmen eine zentrale IT-Struktur aufweist. Der umgekehrte Fall (zentral geführtes Unternehmen, dezentrale IT) ist jedoch kaum in der Realität vorstellbar.

Prozesse

Prozesse beschreiben, wie im Tagesgeschäft des Unternehmens Waren und/oder Dienstleistungen geschaffen und geliefert werden. Diese Wertschöpfungskettenprozesse sind es, in denen Werte für Anteilseigner des Unternehmens (shareholder value) geschaffen werden. In

I. Grundlagen

allen Unternehmen gibt es aber darüber hinaus auch weitere, sekundäre Prozesse, die die Wertschöpfungskette unterstützen. Beispiele für Bereiche mit Unterstützungsprozessen sind Rechnungswesen, Informationstechnologie, Steuern oder Personalwesen.

Prozesse werden von Mitarbeitern ausgeführt, durch Technologie unterstützt und laufen innerhalb einer definierten Struktur. Die Verbindung der verschiedenen Prozesse erfolgt über Informationen, die Ein- und Ausgabegrößen der diversen Prozessschritte darstellen. Durch ebendiese Informationen werden Prozesse auch gemessen und gesteuert. Da heutzutage praktisch alle Prozesse durch IT untertützt werden, ist dieser Aspekt als Bestimmungsgröße für die IT Governance offenkundig.

Mitarbeiter

Mitarbeiter stellen den menschlichen Produktionsfaktor eines Unternehmens dar. Alle Erfolge, die ein Unternehmen erzielt, sind letztlich das Ergebnis konzertierter Anstrengungen von Personen. Die Personaldimension beschreibt, wie Mitarbeiter organisiert sind und wie sie motiviert, gesteuert und geführt werden.

Diese Dimension beschreibt weiterhin die Rolle der Mitarbeiter hinsichtlich der Fähigkeiten zur Ausübung des Tagesgeschäfts, aber auch im Hinblick auf strategische Veränderungsprozesse. Führerschaft und Unternehmenskultur sind weitere Aspekte dieser Dimension.

Nicht zuletzt ist der „tone at the top", also die Grundhaltung der Unternehmensführung, ein wichtiger Teil dieser Dimension, bestimmt er doch wesentlich mit, wie gut und umfangreich regulatorische Anforderungen umgesetzt werden.

Eigenständige, gut ausgebildete und IT-kundige Mitarbeiter (= Enduser) sind – hinsichtlich Service-Support oder „Belieferung" mit IT-Anwendungen – anders zu behandeln als nur marginal und in engen Grenzen angelernte IT-Anwender. Dies hat notwendigerweise Konsequenzen hinsichtlich der IT-Strukturen.

Technologie

Technologie unterstützt die Geschäftsprozesse. Dies gilt insbesondere für Informationstechnologie, sollte aber nicht darauf beschränkt werden. Die Qualität der eingesetzten Technologie kann sowohl zu Vorteilen als auch zu Nachteilen im Wettbewerb führen. (Technologische) Infrastruktur und Geschäftsanwendungen unterstützen die Umsetzung der Strategie durch Zielstellungen wie Prozesseffizienz, Verfügbarkeit von Managementinformationen und Kommunikation sowohl zwischen Mitarbeitern als auch Geschäftsanwendungen unterschiedlicher Geschäftsbereiche.

Technologie verbindet nicht nur Prozesse, Anwendungen und Mitarbeiter eines Unternehmens, sondern stellt auch Verbindungen zu Geschäftspartnern her. Diese Verbindungen werden durch Informationsflüsse realisiert, die sorgfältig gemanagt werden müssen. Durch Informationen werden Prozesse und Technologie unlösbar miteinander verknüpft.

Neue Technologien können unmittelbare Konsequenzen für die IT Governance nach sich ziehen. So stellen sich unter Umständen Business Cases für Projekte oder die räumliche Verteilung von IT-Kapazitäten durch die Verfügbarkeit des Internets oder durch Virtualisierung von Server- und Speichersystemen anders dar und bedingen andere Betriebsstrukturen.

2.3 Governance

Governance im Sinne eines wirksamen Steuerungs- und Regelungssystems kapitalmarktorientierter Unternehmen ist zunehmend im Mittelpunkt einer verantwortungsvollen, transparenten und effizienten Unternehmensführung. Die Grundprinzipien sind dabei

- Accountability: Rechenschaftspflicht/Haftungsumfang/Zurechenbarkeit
- Responsibility: Verantwortlichkeit
- Transparency: Offenheit und Transparenz von Prozessen und Strukturen
- Fairness: Fairer Umgang im geschäftlichen Wettbewerb, Einhaltung von Regeln.

Accountability

Accountability betrifft die gesellschaftliche Verantwortung von Unternehmen im Sinne ihrer Rechenschaftspflicht und ihres Haftungsumfangs. Dabei geht es um globale Regeln für die Wirtschaft, um mehr Transparenz und Kontrolle auf verschiedenen Einflussebenen, strategische Allianzen von involvierten Organisationen und insbesondere um die soziale Verantwortung der Unternehmen. So wird zum Beispiel durch den „Standard for Social Accountability" (SA 8000) die soziale Verantwortung gegenüber Mitarbeitern, Kunden, Lieferanten und der Gesellschaft festgelegt, mit dem Ziel der Umsetzung und Kontrolle von sozialen Mindeststandards in produzierenden Unternehmen sowie der Zertifizierung von Produktionsstätten. International wird diese Diskussion auch unter dem Titel „Corporate Accountability" geführt.

Responsibility

Unternehmen stellen zunehmend ihr wirtschaftliches Handeln unter das Leitbild der Verantwortungsübernahme. Dies kann zum Beispiel die Übernahme der Produktverantwortung über den gesamten Lebenszyklus hinweg sein, von der Herstellung über die lange Phase seiner Nutzung bis hin zum Recycling. Dabei spielen einheitlich hohe Standards für Qualität, Ar-

I. Grundlagen

beitssicherheit und Umweltschutz in den Produktionsnetzwerken eine große Rolle. Die Verantwortungsübernahme in sozialen und ökologischen Bereichen wird von den meisten Unternehmen dabei durchaus als vereinbar mit ihrem Hauptziel eines profitablen Wachstums gesehen und entsprechend praktiziert. Praktische Beispiele der Verantwortungsübernahme sind aus den Nachhaltigkeits- oder Sustainability-Berichten großer deutscher Unternehmen ersichtlich. Einige Unternehmen definieren zum Beispiel ihre Leistungs-, Führungs- und gesellschaftspolitischen Leitlinien als „Corporate Principles" und betonen ihre Verantwortung gegenüber Kunden, Mitarbeitern, Kapitalgebern und Öffentlichkeit.

„Die METRO Group ist ein international tätiges Handelsunternehmen moderner Prägung. Unser nachhaltiger wirtschaftlicher Erfolg basiert auf der Leistungsfähigkeit unserer Vertriebskonzepte sowie auf der konsequenten Ausrichtung auf profitables Wachstum und internationale Expansion. Dies sind die strategischen Grundpfeiler, an denen wir unser unternehmerisches Handeln orientieren.

Unsere Geschäftätigkeit wird jedoch nicht allein von ökonomischen Aspekten bestimmt. Wir sehen uns vielmehr in der unmittelbaren Verantwortung, die Interessen unserer Kunden, Kapitalgeber und Mitarbeiter angemessen bei der unternehmerischen Entscheidungsfindung und -umsetzung zu berücksichtigen. Diesen selbst gestellten Anspruch erfüllen wir auf der Grundlage einer nach innen und nach außen offenen und vertrauensbildenden Kommunikation, einer respektvollen Anerkennung der Interessen unserer Mitarbeiter sowie einer an den Erwartungen des Kapitalmarkts ausgerichteten Unternehmensleitung und -kontrolle. Darüber hinaus wird die Geschäftätigkeit der METRO Group maßgeblich von Umweltbelangen und von der Wahrnehmung gesellschaftspolitischer Verantwortung im Umfeld ihrer Standorte bestimmt. In ihrer Gesamtheit prägen diese Elemente der Unternehmensführung die unverwechselbare Unternehmenskultur der METRO Group. Diese findet ihren sichtbaren Ausdruck in den Corporate Principles und im Corporate Governance Code unseres Unternehmens. Durch diese Regelwerke ist über die Grenzen einzelner Vertriebslinien und Gesellschaften hinaus eine konzernweit verbindliche Wertordnung geschaffen worden, die wir täglich neu mit Leben erfüllen."

Dr. Hans-Joachim Körber, Vorsitzender des Vorstands der Metro AG

Quelle: www.metrogroup.de; 2006

Transparency

Transparenz als Unternehmensleitbild gehört mittlerweile fast zum Standard international operierender deutscher Unternehmen. Dabei stehen eine transparente Unternehmensführung und -kontrolle sowie eine offene Kommunikation mit Kunden, Mitarbeitern, Lieferanten, Aktionären und Kapitalmärkten im Mittelpunkt. Dies wird demonstriert durch eine zutreffende Berichterstattung im Lagebericht sowie durch eine transparente und den Interessen der Finanzanalysten und Kapitalmärkte Rechnung tragende Finanzberichterstattung. Die Unternehmen haben dabei erkannt, dass sich Transparenz und Wahrhaftigkeit langfristig auszahlen und insbesondere zu einer nachhaltigen Performance am Aktienmarkt wesentlich beitragen.

Fairness

Innerhalb der Governance wird Fairness als wichtiger Beitrag zum langfristigen Wirtschaftserfolg gesehen. Die Sensibilität der Öffentlichkeit hat bei Fragen der ethischen Unternehmensführung in letzter Zeit stark zugenommen. Fairness nimmt bei dieser Diskussion eine besondere Stellung ein. Der Fairness-Gedanke findet zum Beispiel seinen Niederschlag im „Code of Conduct" vieler Unternehmen. Dabei wird betont, dass Respekt vor unterschiedlichen Meinungen, Fairness und Berechenbarkeit das Miteinander im Unternehmen bestimmen sollen.

Im Hinblick auf Werte und Grundsätze für eine gute und verantwortungsvolle Unternehmensführung hat sich zwischenzeitlich der Begriff der „Corporate Governance" herausgebildet. In Deutschland wurde im Jahr 2002 ein Deutscher Corporate Governance Kodex (DCGK) eingeführt, der zuletzt im Juni 2006 aktualisiert wurde und derzeit 81 Empfehlungen umfasst. Corporate Governance ist dabei nicht als starres System von Regeln und Vorschriften zu verstehen, sondern eher als ein Prozess sich weiterentwickelnder Grundsätze und Normen.

Die im Deutschen Corporate Governance Kodex festgeschriebenen Prinzipien werden zum Beispiel in einigen deutschen Unternehmen nach folgender Klassifizierung angewendet und verantwortungsvoll umgesetzt:

- Führungs- und Kontrollarbeit des Aufsichtsrates
- Directors- und Officers-Versicherung
- Meldepflichtige Wertpapiergeschäfte
- Systematische Kontrolle aller Transaktionen (Kontroll- und Risikomanagementsystem)
- Corporate Compliance-Programm (Gesetzmäßiges und verantwortungsbewusstes Handeln; Überwachung durch ein Compliance-Committee)
- Gemeinsame Werte und Führungsprinzipien
- Ausführliche Berichterstattung
- Anlegerschutz.

Auf europäischer Ebene verfolgt das European Corporate Governance Forum die Weiterentwicklung der Corporate Governance-Regelungen. Die Organisation für wirtschaftliche Zusammenarbeit und Entwicklung (OECD) hat ebenfalls Corporate Governance-Prinzipien aufgestellt. Zusammen mit der Weltbank engagiert sich die OECD innerhalb des Global Corporate Governance-Forum unter dem Leitsatz „Promoting Corporate Governance for sustainable development".

Corporate Governance ist jedoch kein international einheitliches Regelwerk, sondern bis auf einige wenige international anerkannte, gemeinsame Grundsätze ein länderspezifisches Verständnis verantwortungsbewusster Unternehmensführung. Neben länderspezifischer Corporate Governance-Bestimmungen existieren aber auch länderübergreifende branchenspezifische Regelungen (s. z. B. Basel I und II). Corporate Governance ist dabei sehr vielschichtig und umfssßt obligatorische und freiwillige Maßnahmen: die Einhaltung von Gesetzen und Regelwerken (Compliance), die Befolgung anerkannter Standards und Empfehlungen sowie die Entwicklung und Befolgung eigener Unternehmensleitlinien. Ein weiterer Aspekt der Corporate Governance liegt in der Ausgestaltung und Implementierung von Leitungs- und Kontrollstrukturen.

In den letzten Jahren hat sich insbesondere aufgrund der spektakulären Unternehmenszusammenbrüche, Bilanzskandale, Firmenschieflagen und des verschärften Monitorings des Gesetzgebers sowie der Kapitalmärkte die Diskussion um Managementpraktiken und das notwendige Kontroll- und Risikomanagement weiter intensiviert. Die verschiedenen Regulierungsinstanzen stehen dabei unter dem zunehmenden Druck der Unternehmen, neue und verschärfte Anforderungen unter das Leitbild einer effektiven und effizienten Corporate Governance- und Compliance-Struktur zu stellen. Neben dem primären Ziel, verlorenes Vertrauen der Investoren in die Kapitalmärkte und Unternehmen zurückzugewinnen soll gleichzeitig ein Übermaß an Regulierung im Detail vermieden werden. Die Governance- und Compliance-Instrumente sollen die Unternehmen und Kapitalmärkte jedoch in die Lage versetzen, proaktiv Unternehmenskrisen frühzeitig zu erkennen und helfen, diese zu vermeiden.

Da institutionelle Investoren und Banken zunehmend Corporate Governance in ihre Bewertungsüberlegungen einbeziehen, ist davon auszugehen, dass eine gute Corporate Governance den Unternehmen auch Möglichkeiten für verminderte Kosten bei der Kapitalbeschaffung eröffnet.

Corporate Governance sollte folgende Elemente umfassen, um eine verantwortliche, qualifizierte, transparente und auf den langfristigen Erfolg ausgerichtete Unternehmensführung gewährleisten und darüber das Vertrauen von Aktionären und Investoren in den Kapitalmarkt zu stärken:

- Effiziente Unternehmensleitung
- Wahrung der Aktionärsinteressen
- Zielgerichtete Zusammenarbeit der Unternehmensleitung und -überwachung
- Transparenz in der Unternehmenskommunikation
- Angemessener Umgang mit Risiken
- Ausrichtung der Managemententscheidungen auf eine langfristige Wertschöpfung

Vielfach wird hierfür auch der Begriff der guten Corporate Governance verwendet. Damit ist eine verantwortungsvolle Unternehmensführung gemeint, die alle rechtlichen Regelungen beachtet und hohe Verhaltensmaßstäbe für die Leitung und Überwachung eines Unternehmens anlegt. Dabei gilt die Zielsetzung, die Wettbewerbsfähigkeit eines Unternehmens fortlaufend zu sichern und den Unternehmenswert kontinuierlich und nachhaltig zu steigern.

Die Änderungen der 4. und 7. EU-Richtlinien sind eine wichtige Initiative zur Verbesserung der Corporate Governance europäischer Unternehmen. Insbesondere ergeben sich folgende Neuerungen:

- Abgabe einer Erklärung zur Unternehmensführung (so genannte Corporate Governance Erklärung) von Gesellschaften, deren Wertpapiere zum Handel an einem geregelten Markt zugelassen sind :
    - in einem separaten Abschnitt des Lageberichtes
    - Darstellung von Schlüsselinformationen zu
        - angewendeten Unternehmensführungspraktiken
        - den wichtigsten Merkmalen der vorhandenen Risikomanagementsysteme und internen Kontrollverfahren in Bezug auf den Rechnungslegungsprozess.
- Die Beschreibung der wichtigsten Merkmale des internen Kontroll- und Risikomanagementsystems unterliegen in jedem Fall der so genannten **Einklangsprüfung** durch den Abschlussprüfer (Beurteilung der Kohärenz mit der Finanzberichterstattung).

Darüber hinaus wird über die neue 8. EU-Richtlinie (sogen. Abschlussprüferrichtlinie) geregelt, dass jedes Unternehmen von öffentlichem Interesse (i.W. börsennotierte Unternehmen, Banken, Versicherungen) einen Prüfungsausschuss einrichten muss, der unter anderem folgende Funktionen ausübt:

- Überwachung des Rechnungslegungsprozesses
- Überwachung des internen Kontrollsystems, ggf. des internen Revisionssystems und des Risikomanagementsystems
- Überwachung der Abschlussprüfung

Damit wird die bisherige freiwillige Selbstverpflichtung aufgrund der Regelungen des Deutschen Corporate Governance Kodex zur Bildung eines Audit Committee durch den Aufsichtsrat künftig eine gesetzliche Pflicht.

Wirksame interne Kontrollsysteme und Risikomanagementsysteme rücken somit verstärkt in den Blickpunkt der Corporate Governance, ohne jedoch die verschärften U.S.-Anforderungen des Sarbanes-Oxley Acts als Maßstab für europäische Unternehmen zu übernehmen. Die genannten EU-Richtlinien sind innerhalb der nächsten zwei Jahre in nationales Recht umzusetzen.

Corporate Governance erfasst damit letztlich alle Prozesse eines Unternehmens und somit auch die IT-Unterstützungsprozesse für eine verantwortungsvolle Unternehmensführung und -überwachung. Damit ergeben sich auch wesentliche Auswirkungen auf die Steuerungs- und Regelungsfunktionen einer guten IT Governance.

CIO-Checkbox:

Erarbeiten Sie die wesentlichen Umwelteinflüsse auf Ihr Geschäft:

1. Haben Sie Zugang zu relevanten Marktstudien? Werden diese Fakten von Ihrem Unternehmen bewertet? Wie aktuell sind diese Informationen?

2. Haben Sie Zugang zu Studien über Technologien, die für Ihr Unternehmen relevant sind? Wer bewertet diese und unter welchen Gesichtspunkten? Wie aktuell sind diese Informationen? Sind Implikationen für die Informationsverarbeitung bereits enthalten?

3. Kennen Sie alle externen Regularien, die Ihr Unternehmen im Allgemeinen und Ihre IT im Besonderen betreffen? Gibt es eine (interne oder externe) Abteilung, die diese Fragen professionell und laufend bearbeitet? Wie IT-kundig sind diese Fachleute?

4. Ist Ihr Unternehmen international aufgestellt? Wenn ja, über welche Kenntnisse und Fähigkeiten im Bereich interkulturelles Management verfügt Ihr Unternehmen? Haben Sie darauf Zugriff?

Prüfen Sie das Geschäftsmodell Ihres Unternehmens hinsichtlich der Konsequenzen für die IT:

1. Gibt es eine schriftlich fixierte, kommunizierte und gelebte Strategie?

2. Ist die Aufbau- und Ablauforganisation Ihres Unternehmens dokumentiert?

3. Gibt es ein professionelles Personalmanagement? Sind die Anforderungen der IT entsprechend berücksichtigt?

Beleuchten Sie die Governance Ihres Unternehmens:

1. Gibt es eine Dokumentation der wirksamen Governance Prinzipien? Werden diese auch so gelebt?

2. Welche formalen Prozesse existieren? In welcher Weise sind Sie davon berührt?

3. IT Governance-Framework

Zielsetzung:	Gegenstand dieses Kapitels ist die Erläuterung des IT Governance-Frameworks mit den drei Elementen IT Governance, IT-Management und IT-Produktion.
Positionierung:	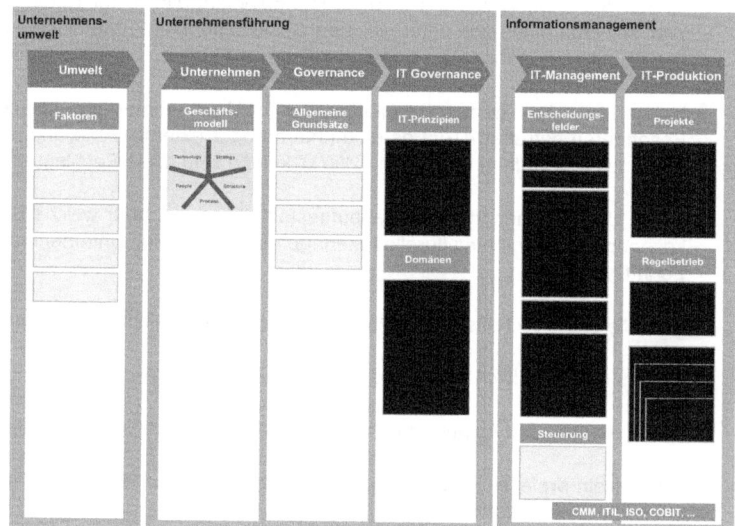
Voraussetzung:	Definitionen zum IT Governance-Framework, Ausführungen zur Umwelt, zum Geschäftsmodell und zur Unternehmensgovernance
Ergebnis:	Grundlegende Kenntnis der Elemente des IT Governance-Frameworks: ■ IT Governance-Prinzipien ■ IT Governance-Domänen ■ IT-Management Entscheidungsfelder ■ IT-Management Steuerungskonzepte ■ IT-Produktion Projekte ■ IT-Produktion Regelbetrieb

3.1 IT Governance

3.1.1 Prinzipien

Im Abschnitt I.1.2 ist IT Governance wie folgt definiert worden: „IT Governance umfasst prinzipielle Regelungen zu Entscheidungsrechten, Rollen und Verantwortlichkeiten sowie zur Organisation der IT, die sich jeweils auf die Domänen Strategic Alignment, Value Delivery, Ressource Management, Risk Management und Performance Measurement beziehen."

Gegenstand dieses Kapitels ist, zunächst die Mechanismen und Strukturen zu skizzieren,

- die zu Entscheidungen führen (IT Governance-Prinzipien: Wie wird IT gesteuert?), um danach
- die Entscheidungs-Domänen zu beschreiben (Domänen: Welche Themen sind zu bearbeiten?)

Entscheidungsrechte, Rollen und Verantwortlichkeiten

Unter dem Begriff **„Entscheidungsrechte"** ist das explizit vergebene Recht zu verstehen, Entscheidungen zu treffen. Dieses Recht kann sowohl an Personen als auch an Organisationseinheiten vergeben werden. Bei der Vergabe an Organisationseinheiten ist zusätzlich zu definieren, wie innerhalb der Organisationseinheit entschieden werden soll. Entscheidungsrechte sind elementare Grundlage jeder funktionierenden Organisation und Voraussetzung für das Tragen von Verantwortung und das Ablegen von Rechenschaft. Entscheidungsrechte, Verantwortung und Rechenschaftspflicht sollten immer in einer Organisationseinheit (Person, Gremium) gebündelt sein. Ist das nicht der Fall, wird jede darauf aufsetzende Organisation ineffizient arbeiten: Müsste ein Entscheider nicht die Konsequenzen seiner Entscheidung tragen, wären wirtschaftliche und ethische Mechanismen außer Kraft gesetzt.

Bei der Definition und der Ausprägung von Entscheidungsrechten ist der Fokus nicht primär auf Betriebssituationen zu legen, die eher den Status Quo darstellen. Vielmehr sollte er auf Projekte und damit auf das **Portfoliomanagement** gerichtet werden, denn hier wird die Art und Weise der Veränderung des Unternehmens bestimmt. Mit anderen Worten: Es muss auch definiert weden, wer über die Zusammensetzung des Portfolios entscheidet.

Häufig werden in der Praxis aber Steuerungsmodelle unter der impliziten Annahme entwickelt, der Status Quo des Unternehmens und der IT würde unverändert fortgeschrieben. Die Praxis zeigt, dass diese eher statische Betrachtungsweise nicht realistisch, sondern auch gefährlich ist, weil dadurch die Änderungsfähigkeit des gesamten Unternehmens eingeschränkt wird. IT Governance muss hier Grundsätze definieren, wie bei Änderung des Geschäfts, bei dem Abgang oder dem Zugang von Unternehmensteilen jeglicher Größenordung, bei der Entwicklung oder Abwicklung von Geschäftsfeldern zu verfahren ist.

Von den Entscheidungsrechten zu trennen sind die Pflichten beziehungsweise Rechte zur Umsetzung beziehungsweise **Ausführung** der Entscheidung. Nachdem einmal vorgegeben wurde, welches Ziel erreicht werden soll beziehungsweise was zu tun ist, muss dies umgesetzt werden. Während Entscheidungen eher unter dem Aspekt der Effektivität gefällt werden, geht es bei der Ausführung dann mehr um die Effizienz.

Die **Verzahnung der IT im Unternehmen** ist notwendiger Bestandteil der allgemeinen Governance – und nicht der IT Governance. Eine in sich gekapselte IT Governance gibt der IT einen vernünftigen Steuerungsrahmen, der jedoch wertlos wäre, wenn die IT nicht mit den operativen und administrativen Bereichen des Unternehmens vernetzt wäre. Die IT könnte zwar Best Practices durch Standardisierung oder Innovationen anstreben, versuchen die Kosten zu senken und sich mit dem Markt messen lassen. Wenn aber zum Beispiel Fachabteilungen Sonderlösungen im Applikationsbereich durchsetzen können, die zu mehr Kosten und/oder redundanten Systemen führen, dann ist dies aus Sicht der Fachabteilungen durchaus zu rechtfertigen – die Kosten entstehen jedoch in der IT, die dafür zur Verantwortung gezogen wird, solange keine interne Leistungsverrechnung an den Fachbereich erfolgt. Ähnliche Effekte treten natürlich auch in umgekehrter Richtung auf. Entsprechend müssen Rechte und Pflichten an der Schnittstelle zwischen Fachabteilung und IT eindeutig beschrieben werden. Eine gute Governance schafft Steuerungsgrundlagen, durch die das Zusammenwirken der einzelnen Unternehmenseinheiten geregelt ist. Konkrete Regelungen können sich auf die Pflicht zur Zusammenarbeit von Fachabteilung und IT, auf Veto-Rechte oder Durchsetzungsrechte der IT beziehen. IT und Fachbereiche müssen klar vorgegeben bekommen, welche Rechten und Pflichten sie haben. Aus der Zusammenführung von Entscheidungsrechten zu Organisationseinheiten innerhalb der IT und in der Unternehmung an den Schnittstellen zu den Nicht-IT-Bereichen entsteht das IT-Steuerungsmodell des Unternehmens.

In diesem Kontext sind die aktuellen Begriffe „**Business Pull**" und „**Technology Push**" zu sehen, die letztlich für die gerade beschriebenen Sachverhalte stehen. Business Pull steht für Anforderungen, die von Seiten der Fachabteilungen gestellt werden; Technology Push meint, dass Innovationen aus der IT die Prozesse der Fachabteilung verbessern oder neue Prozesse erst ermöglichen.

Zusammenfassend lässt sich festhalten, dass es bei der Definition von Entscheidungsrechten, Rollen und Verantwortlichkeiten letztlich schlichtweg um das Definieren von Steuerungsmodellen geht, die auf Entscheidungsbefugnissen und Haftung (Wem muss die positive/negative Konsequenz der Entscheidung zugerechnet werden?) basieren.

Einbettung von Entscheidungsmodellen in Organisationsformen

Ein unter diesen Gesichtspunkten zu definierendes Steuerungsmodell muss mit der Unternehmensstruktur abgeglichen werden. Dabei gilt es einige Fragen zu beantworten:

- Welches Gremium definiert die IT Governance?
- Wie wird die IT im engeren Sinne, also im Innenverhältnis des Unternehmens aufgebaut?

IT Governance-Framework

- Wer ist für das IT-Management verantwortlich?
- Wer führt den IT-Betrieb durch?

■ Wie wird die Zusammenarbeit mit den unternehmensinternen Kunden der IT (Fachbereiche) formal etabliert?

Die erste Frage ist leicht zu beantworten: die Unternehmensführung (Vorstand bzw. Geschäftsführung). Bei der in der Governance festzulegenden eigentlichen Organisation kann die Beantwortung der Frage sehr komplex werden. Denn es sind eine Vielzahl von Organisationsformen mit unterschiedlichen Ausprägungen der Steuerungskomponenten denkbar, die sich auf die Ebenen der IT Governance, des IT-Managements und des IT-Betriebs auswirken. Sie hängen ab von der Unternehmensgröße, der Konzernstruktur, dem Geschäftszweck der einzelnen Unternehmensteile, der Struktur einzelner Unternehmen, den Marktgegebenheiten, den tatsächlichen Machtverhältnissen in Unternehmen usw.

Zunächst lassen sich Entscheidungskompetenzen und Ausführungskompetenzen in folgenden Zusammenhang bringen:

		Entscheidung (Management)	
		Dezentral	**Zentral**
Ausführung (Betrieb)	**Zentral**	Entscheidung dezentral, freiwillige Nutzung zentraler Einheiten aus Effizienzgründen (shared services)	Maximale Zentralisierung von Entscheidung und Produktion
	Dezentral	Entscheidungen dezentral, Ausführung dezentral	Zentrale Entscheidungen (Standards bei Prozessen, Applikationen und Infrastruktur – Abweichungen möglich), Ausführung dezentral

Quelle: PwC
Abbildung I-4: *Gegenüberstellung von Entscheidung und Ausführung*

Abbildung I.4 zeigt auf, welche Varianten in der Kombination von Entscheidung und Ausführung möglich sind. Viele Zwischenstufen sind nicht nur möglich, sondern auch sinnvoll. So kann zum Beispiel eine Zentralisierung von Entscheidungs- und Ausführungskompetenz in einem Bereich sinnvoll sein, wenn dadurch sehr hohe Skaleneffekte erzielt werden können. Gleichzeitig kann in demselben Unternehmen die Entwicklung und der Betrieb bestimmter

Applikationen völlig dezentral organisiert werden, wenn diese eher individuellen Charakter haben und spezielle Geschäftsprozesse unterstützen.

Die bisherigen Betrachtungen sind eher statischer Natur, die den unterschiedlichen Dynamiken und Komplexitäten der einzelnen Geschäftsfelder eines Unternehmens nicht hinreichend Rechnung tragen. Um nun aber die IT über die Governance bestmöglich am Geschäftsmodell auszurichten, kann als eine weitere Strukturierungshilfe folgende Übersicht gewählt werden:

		Umgebung	
		Einfach	**Komplex**
Veränderung Business	Statisch	Standardisierte Geschäftsprozesse und Ergebnisse	Standardisierte Fähigkeiten und Normen, individualisierte Prozesse
	Dynamisch	Direkte individuelle Steuerung	Flexible Organisationsform, gegenseitige Abstimmung

Quelle: PwC
Abbildung I-5: *Dynamik und Komplexität des Geschäfts*

Je statischer das Geschäft ist, desto eher sind die Nutzung von Standards und eine Zentralisierung von IT-Leistungen sinnvoll. Eine differenzierte Betrachtung der IT-Leistungskomponenten „Applikation" und „Infrastruktur" ist hierbei sinnvoll. Infrastruktur ist eher komplex und statisch. Applikationen unterstützen sich schnell ändernde Geschäftsprozesse und müssen daher nach anderen Regeln (näher am Geschäft und damit am internen Kunden) betrieben werden.

Die zuvor beschriebenen Sichten sind ebenfalls beliebig kombinierbar. Betrachtet man die möglichen Varianten, wird schnell deutlich, dass einheitliche Standardlösungen für die Definition der Entscheidungsrechte und der Ausführungsmodelle nicht entwickelt werden können. Auf die eingangs gestellten Fragen gibt es keine vorgefertigten Antworten!

Zur Zeit sind am Markt jedoch unterschiedliche Strömungen erkennbar, die bei der Konzeption einer IT Governance helfen können: Abgekoppelt von den eigentlichen Unternehmen werden IT-Leistungen massiv zentralisiert und standardisiert, entsprechende Kompetenzen werden in neu gebildeten Shared Service Centern zusammengefasst. Dies setzt sich insbesondere bei so genannter „Commodity IT" durch, bei der kein direkter Wettbewerbsvorteil herstellbar ist. Andererseits stellt man zunehmend fest, dass die Grenzen der Konzentration erreicht zu sein scheinen und wieder dezentralere Organisations- und Betriebskonzepte etabliert werden,

IT Governance-Framework

um die Komplexität zu reduzieren. Je nach IT-Organisationsmodell sind dann auch Entscheidungs- und Steuerungsrechte verteilt. Eine Sonderrolle spielen vielfach junge oder sehr schnell wachsende Unternehmen: Dort gibt es keine klare IT-Strategie oder eine explizit ausgeprägte IT Governance.

3.1.2 Domänen

CObIT-Domänen-Modell

Das in Abschnitt I.1.2 entwickelte IT Governance-Framework beinhaltet auf der Ebene der IT Governance Strukturelemente des CObIT-Modells. Die nachfolgenden Erläuterungen verwenden den Grundgedanken des Domänen-Konzeptes. Für die grafische Darstellung des CObIT-Domänen-Modells dient folgendes Fünfeck:

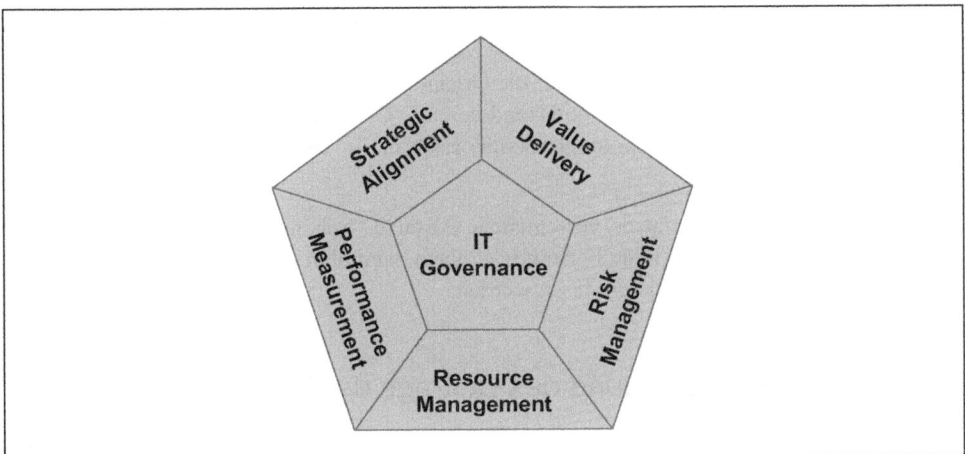

Quelle: CObIT 4.0
Abbildung I-6: *IT Governance-Modell des ITGI*

CObIT definiert fünf Domänen, mit der sich IT im Unternehmen auseinandersetzen muss. Diese Domänen werden unter Governance-Gesichtspunkten auf einer generischen Ebene beschrieben, spiegeln sich aber in den operativen Komponenten des CObIT-Modells wider.

Ziel jeglicher IT Governance-Bemühungen sollte es sein, Antworten und Lösungskonzepte für die nachfolgend aufgeführten Aspekte zur Verfügung zu stellen:

- Ausrichtung der IT-Strategie an der Unternehmensstrategie **(Strategic Alignment)**
- Ermittlung beziehungsweise Messung des Wertbeitrags der IT **(Value Delivery)**

- Risikomanagement und Risikovorsorge **(Risk Management)**
- Zielgerichteter, effizienter Einsatz aller Ressourcen **(Resource Management)**
- Prozess- und Serviceorientierung **(Performance Measurement)**

Strategic Alignment – Harmonisierung von IT und Business

Mit zunehmender Bedeutung der IT für den Gesamterfolg der Unternehmen rückt die Frage nach einer möglichst umfassenden Integration der bestehenden IT in die eigentliche Geschäftstätigkeit des Unternehmens immer mehr in das Blickfeld der Unternehmensleitung. Lösungsansätze, die einen möglichst hohen Grad der Unterstützung der Unternehmensprozesse durch die IT ermöglichen sollen, werden im IT Governance-Kontext als „strategic alignment" diskutiert. Hinter diesem Begriff verbirgt sich nichts anderes als die Abstimmung der Aktivitäten und Entscheidungen auf IT-Ebene mit den auf Ebene der Gesamtunternehmung festgelegten Zielen und Geschäftsstrategien. Die stetig zunehmende Dynamisierung der Absatz- und Beschaffungsmärkte stellt die Unternehmen vor ständig neue Herausforderungen. Die Notwendigkeit, auf das geänderte Marktumfeld flexibel und schnell reagieren zu können, hat erhebliche Auswirkungen auf die Organisation und Arbeitsweise der IT. Verstärkt wird dieser Veränderungsdruck auf die IT und deren CIOs zusätzlich durch den mit wachsender Dynamik verlaufenden technologischen Fortschritt im Bereich der Informations- und Datenverarbeitung.

Zum Strategic Alignment gibt es verschiedene Ansätze. Neben dem in Abschnitt IV.4.2.1 beschriebenen Entscheidungsfeld „IT-Strategie" kann exemplarisch auf das Modell von Henderson/Venkatraman [HeVe93] verwiesen werden.

Value Delivery – Bewertung des Beitrags der IT

Während in der Vergangenheit IT-Prozesse überwiegend als Unterstützungsprozesse für die primären Geschäftsprozesse erachtet wurden und dementsprechend die IT-Abteilungen als reine „Cost Center" geführt wurden, setzte sich in den letzten Jahren der Trend durch, IT-Prozesse in „Service Center" oder „Profit Center" abzubilden. Dies spiegelt wieder, dass IT zu einem wesentlichen Treiber des unternehmerischen Gesamterfolgs geworden ist. Die Informationstechnologie ist nicht mehr primär eine Kostengröße. Sie wird vielmehr als ein „Business Enabler" gesehen. Die gesteigerte Bedeutung, die der IT damit zukommt, zieht unweigerlich nach sich, dass sich die IT-Verantwortlichen nicht mehr nur und ausschließlich an den tatsächlich angefallenen Kosten der IT messen lassen müssen. Vielmehr wird von ihnen verstärkt und mit Recht gefordert, den von der IT zum Unternehmenserfolg beigesteuerten Wertbeitrag zu messen und explizit nachzuweisen. Dies führt zu folgendem Dilemma: Die IT-Kosten lassen sich anhand der tatsächlich verausgabten IT-Budgets messen. Der Nutzen wird in der Regel jedoch auf der Seite der Geschäftsprozesse, also des Business erzeugt.

IT Governance-Framework

Es besteht die Gefahr einer klassischen Fehlanpassung: Neue Prozesse, die durch neue IT unterstützt werden, erzeugen Betriebskosten in der IT, die Kosteneinsparungen oder höhere Deckungsbeiträge beziehungsweise Umsätze werden den Fachbereichen außerhalb der IT zugerechnet.

Auf den von der IT zu leistenden Beitrag zur Erlangung eines Wettbewerbsvorteils [Port99] soll im Folgenden etwas genauer eingegangen werden. Hierzu ist zunächst zwischen der operativen Effizienz und der strategischen Positionierung zu unterscheiden:

- **Operative Effizienz:** Hierunter ist die Fähigkeit eines Unternehmens zu verstehen, Aktivitäten und Prozesse, die branchentypisch und weitgehend standardisiert sind, besser auszuführen als die jeweiligen Wettbewerber.

- **Strategische Positionierung:** Hierunter fällt die Fähigkeit eines Unternehmens, andere (noch nicht in dieser Form auf dem Markt vorzufindende) Aktivitäten auszuführen beziehungsweise bereits von Wettbewerben ebenfalls ausgeführte Aktivitäten anders auszuführen.

Wettbewerbsvorteile durch operative Effizienz im Sinne von Zeit und Kostenvorteilen gegenüber der unmittelbaren Konkurrenz können sich beispielsweise durch die frühzeitige Adaption neuer technologischer Entwicklungen ergeben. Allerdings ist eine verbesserte Wettbewerbssituation, die primär auf der im Vergleich zu unmittelbaren Wettbewerben schnelleren Einführung und Integration neuer Technologien beruht, in der Regel nur von kurzer Dauer.

Langfristige Wettbewerbsvorteile sind hingegen eher im Bereich der strategischen Positionierung zu finden und ergeben sich immer dann, wenn es ein Unternehmen schafft, bestehende Technologien auf eine andere, innovative Art und Weise zu nutzen. Hier bietet die IT, insbesondere in der Funktion als „Business Enabler", ein immenses Potenzial, sich gegenüber dem Wettbewerb zu differenzieren. Allerdings gestalten sich IT-Investitionen, die darauf abzielen, die strategische Positionierung des Unternehmens gegenüber seinen Mitbewerbern zu verbessern, alles andere als unproblematisch. Zwar kann im Erfolgsfalle mit hohen Renditen gerechnet werden, aber im umgekehrten Falle eines Scheiterns ist ein hoher Abschreibungsbedarf nahezu vorprogrammiert. Eine im Jahre 2002 von Gartner durchgeführte Studie besagt beispielsweise, dass 20 Prozent aller IT-Ausgaben keinerlei Wertbeitrag für die Gesamtunternehmung leisten [Robe02].

Mit dem ValIT-Framework hat das IT Governance Institut einen Lösungsvorschlag präsentiert, anhand dessen sich die grundsätzliche Problematik erläutern läßt. Ein Governanceorientiertes Werte-Management im Sinne des ValIT-Frameworks zielt darauf ab, die Fragenstellungen

- „Are we doing the right things?" und

- „Are we getting the benefits?"

zu beantworten [ITGI06b]. Hinter der ersten Frage verbirgt sich die Frage nach der Effektivität und dem Business-Alignment.

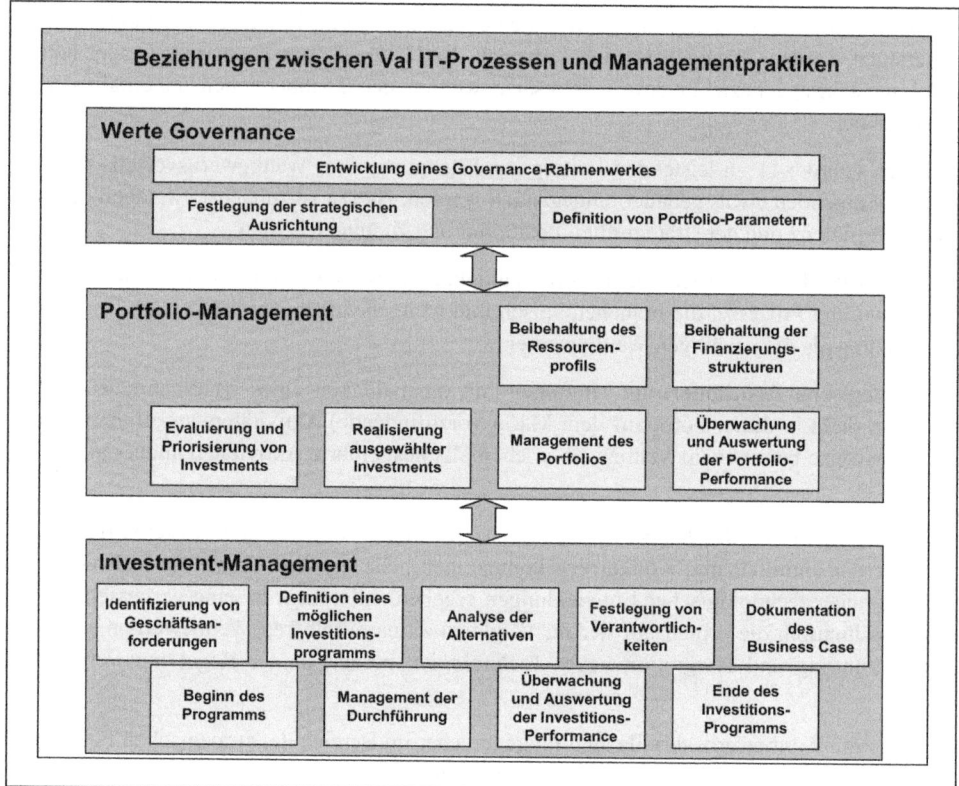

Quelle: [ITGI06b]
Abbildung I-7: *ValIT-Framework*

Zur Beantwortung der oben genannten Fragen stellt das ValIT-Framework eine Reihe grundsätzlicher Vorgehensweisen zur Verfügung, die in drei IT-Kernprozesse „Value Governance", „Portfolio Management" und „Investment Management" integriert sind.

In den späteren Kapiteln werden die gestellten Fragen vertieft aus der Sicht des IT-Managements und insbesondere im Entscheidungsfeld Investition und Priorisierung beantwortet.

Resource Management

Resource Management bezieht sich auf ein optimales Management- und Investitionsverhalten in Bezug auf kritische IT-Ressourcen:

- Informationen,

IT Governance-Framework

- Applikationen,
- Infrastruktur und
- Mitarbeiter.

Beim Resource Management muss eine Unterscheidung zwischen Projekten und Betrieb getroffen werden. Während der Betrieb dem Effizienzgedanken folgt und auf einen optimalen Ressourceneinsatz hinarbeitet, bedingen Projekte in der Regel eine strukturelle Veränderung des Ressourceneinsatzes. Das heißt zum Beispiel: Durch Industriealisierungsansätze wie Standardisierung oder Prozessverbesserungen werden mit Hilfe methodischer Analysen (Six-Sigma, Auswertung der Callstatistiken des Helpdesks) die Produktionskosten (Betriebskosten) gesenkt und/oder die Qualität verbessert. Um diese Ziele zu erreichen, müssen entsprechende Umstellungsprojekte aufgesetzt und durchgeführt werden. Hierfür werden jedoch normalerweise zusätzliche Ressourcen benötigt. Das Resource Management muss diese unterschiedlichen Anforderungen unter den vorgegebenen Rahmenbedingungen verbinden.

In diesem Kontext kommt der Frage des Sourcings eine zentrale Bedeutung zu. Hier ist zu klären, durch wen und in welcher Form die erforderlichen Ressourcen bereitgestellt werden. Hierhinter verbirgt sich die klassische Abwägung des In- versus Out-Sourcing beziehungsweise der Mischung verschiedener Sourcingformen.

Risk Management – Risikomanagement und Risikovorsorge

Die in den letzten Jahren kontinuierlich gestiegene Abhängigkeit der Unternehmen von ihren IT-Systemen zur Verwaltung und Verarbeitung von Daten sowie der Zwang zur Erfüllung von gesetzlichen, aufsichtsrechtlichen und regulatorischen Anforderungen, hat bei Stakeholdern (Mitarbeiter, Anteilseigner, Regulierungs- und Aufsichtsbehörden) zu einem erhöhten Risikobewusstsein geführt. Das nachweisbare Einhalten der einschlägigen Bestimmungen wird zu dem zentralen Treiber des IT-Risikomanagements. Die Unternehmen versuchen diesem stetig zunehmenden Risikobewusstsein mit Hilfe eines umfassenden Risikomanagementkonzepts zu begegnen. Auf Dauer lässt sich nämlich das Vertrauen der Anleger und der zuständigen nationalen und internationalen Regulierungsbehörden nur sichern, wenn die Unternehmen den Nachweis erbringen können, dass die IT mit einem akzeptablen Risiko die zentralen Geschäftsprozesse optimal unterstützt. Das Unternehmen beziehungsweise die Geschäftsleitung muss sich Gedanken darüber machen, ob und inwieweit der Fokus eher auf einer risikofreudigen oder einer risikoaversen Geschäftsstrategie beziehungsweise -politik liegen soll.

Risikomanagement bezieht sich daher auf das Erkennen von Risiken oder potenziellen Problemen, der Berechnung von Eintrittswahrscheinlichkeiten und Schadenshöhen. Außerdem erfolgt die Ableitung und Bewertung entsprechender Gegenmaßnahmen, das Einbringen dieser Risiken und der zugehörigen Maßnahmen in einen Entscheidungsprozess (Kosten der Maßnahme versus Risikominimierung). Die relevanten Risikosituationen sind zu kommunizieren. IT Governance sollte die entsprechenden Steuerungsparameter definieren und das Risikomanagement zur Kernaufgabe der IT machen. An dieser Stelle besteht eine große

Schnittmenge zu Compliance-Themen. Auf operativer Ebene, also der dritten Ebene des IT Governance-Frameworks, ist konsequent etabliertes Risikomanagement ein wesentlicher Baustein von Compliance.

Grundsätzlich kommt für jedes identifizierte Einzelrisiko eine der nachfolgend aufgeführten Maßnahmen in Frage:

- Risikovermeidung: Das Risiko wird komplett beseitigt beziehungsweise durch eine Veränderung im Prozess oder der Infrastruktur eliminiert.
- Risikoreduktion: Es werden mitigierende Kontrollen implementiert, die das vorhandene Risiko abmildern (z. B. Virenschutz, Zugangskontrollen, Berechtigungskonzept etc.).
- Risikotransfer: Das Risiko wird auf einen externen Dritten übertragen (Versicherungsschutz).
- Risikoakzeptanz: Das Risiko wird formal als existent akzeptiert und in der Folge überwacht. Es besteht die explizite Bereitschaft, das Risiko zu tragen.

Die tatsächliche Verinnerlichung eines Risikomanagements integriert einen dynamischen „Compliance"-Aspekt: Weg von der absoluten Gefahrenabwehr, hin zu einem bewussten Managen von beherrschbaren Risiken. Dies ist konsequent auf die IT zu übertragen. Es existieren Risiken nicht nur im Regelbetrieb (Business Continuity), sondern insbesondere auch bei der Durchführung von IT-Projekten: Hier gilt es die Risiken für Entwicklung und die Integration neuer Applikationen und Technologien zu minimieren [Bitt06].

Performance Measurement

Performance Measurement hat zum Gegenstand, das zuvor Beschriebene messbar zu machen und transparent darzustellen. Das betrifft:

- Grad der Strategieumsetzung
- Grad des Business Alignments
- Qualität des Projekt- und Changemanagement
- Realisierung des geplantern Nutzens (Mehrwerte) sowie
- Prozesseffizienz und Qualität der IT-Leistungen im Sinne von Service Delivery, unterteilt nach Compliance und Performance.

Eingesetzt werden hier bekannte und etablierte Instrumente wie IT-Controlling, mathematische Verfahren zu Unterstützung von Projekt- und Investitionsentscheidung oder Indikatorsysteme mit hierarchischen Ursache-Wirkungs-Ketten (Balanced Scorecard). Wichtig ist an dieser Stelle zu unterscheiden, dass es zwei Formen von Performance Measurement gibt, die kontinuierlich eingesetzt werden sollten:

I. Grundlagen

- Dauerhafte Messung und regelmäßiges Reporting steht für ein wöchentliches oder monatliches Vorgehen. Dies sollte bei Controllinggrößen, Qualitätskennziffern (Call-Zahlen) oder Mengengerüsten (Entwicklung Speichervolumen) erfolgen. Wichtig ist die Definition dieser Größen dergestalt, dass sie Aussagen über die Entwicklung des IT-Betriebes liefern. Schwellenwerte (kritische Wachstumsraten, Abweichungen) können je nach Berichtsebene unterschiedlich ausgeprägt definiert werden.

- Benchmarks und Prüfungen durch interne oder externe IT-Prüfer haben eher einen zeitpunktbezogenen Character und helfen, die IT mit einer neutralen Sicht von außen zu beleuchten. Insbesondere schleichende oder verdeckte Entwicklungen, die im Innenverhältnis nicht wahrgenommen werden, können so identifiziert werden.

3.2 IT-Management

3.2.1 Entscheidungsfelder

IT-Management beschreibt die Felder, innerhalb derer das Management Entscheidungen zu treffen und Vorgaben für die IT-Produktion zu machen hat. Insofern handelt es sich hier um eine Konkretisierung der in Abschnitt I.3.1.2 unter IT Governance beschriebenen Domänen. Das IT-Management legt die Größen und Mechanismen fest, mit deren Hilfe die IT-Umsetzung der Entscheidungen und Vorgaben überwacht und gesteuert wird.

Unter „IT-Business Management" werden klassische Elemente des Managements zusammengefasst. Konsequent eingesetzt führen sie dazu, dass die IT wie jeder andere Unternehmensteil geführt wird. Folgende Elemente zählen dazu:

- Wertorientierung (IT-Kosten und -Wertemanagement)
- Stakeholdermanagement (Kommunikationsorientiert)
- Marketing für die IT
- Risiko- und Qualitätsmanagement
- Personalentwicklung und -management

Wertorientierung steht einerseits für eine transparente Ermittlung der Plan- und Ist-Kosten der IT im Rahmen von Projekten und des Regelbetriebs. Dabei ist die Kostenrechnung so zu gestalten, dass IT-Produkte oder IT-Services (Beispiel: Kosten des Betriebs eines ERP-Systems, Kosten des Betriebs eines Client-Arbeitsplatzes – beides im Sinne klassischer Kostenträger) bepreist und dem unternehmensinternen Kunden weiter verrechnet werden können (interne Leistungsverrechnung). Andererseits sind die Kosten nur ein Element der Wertorientierung: es wird ihnen der Nutzen der jeweiligen Aktivität gegenübergestellt. Die Differenz ist der Wertbeitrag, den die IT liefert.

Stakeholdermanagement und IT-Marketing folgen dem Motto „Tue Gutes und rede darüber". Es reicht nicht, dass sich die IT auf technologische Aspekte konzentriert. Sie muss ihre Leistungen und ihre Bedeutung für das Unternehmen aktiv vermarkten und sich die Unterstützung der entscheidenden Personen oder Organisationseinheiten sichern.

Ein weiteres Element ist die bewusste Ausprägung des Risiko- und des Qualitätsmanagements. Das Management muss bewusst Entscheidungen zu Risikopositionen treffen (z. B. zulässige Ausfallzeit der IT) und definieren, welches Qualitätsniveau in der Bereitstellung von IT-Leistungen für das Unternehmen gewollt ist.

Motiviertes und leistungsfähiges Personal wird für die IT in den kommenden Jahren zum Schlüsselfaktor werden: Es muss nicht nur die ständig steigende Komplexität gesteuert und beherrscht werden, vielmehr müssen die zuvor genannten Elemente durch Mitarbeiter umgesetzt werden. Mitarbeiter müssen den Veränderungen des Unternehmens mit der IT nicht nur folgen, sondern diese auch treiben können. Daraus resultieren stark steigende Anforderungen an IT-Mitarbeiter, auf die mit einem aktiven Personalmanagement zu reagieren ist.

Im Wesentlichen folgt dieses Buch hier dem Ansatz „Managing IT as a business" [Lutc03].

Abbildung I-8 visualisiert den Zusammenhang innerhalb der weiteren Entscheidungsfelder.

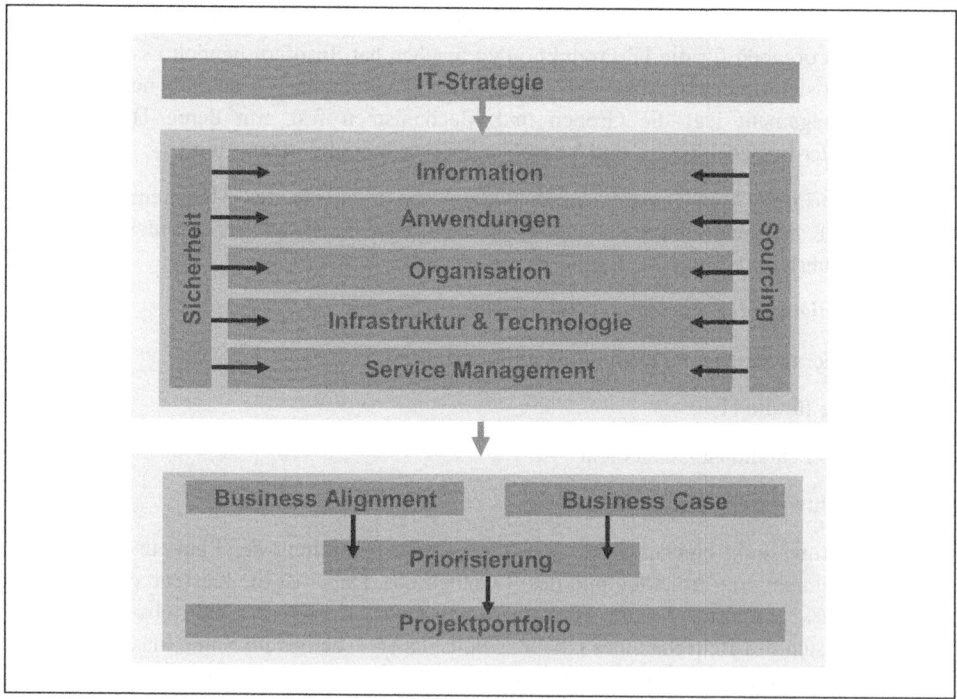

Quelle: PwC
Abbildung I-8: *Zusammenhänge zwischen Entscheidungsfeldern*

Die IT-Stragie ist im Rahmen der IT Governance-Prinzipien (Entscheidungsrechte, Organisations) als erstes auszuprägen.

Bei der Strategieumsetzung ist dann die IT-Architektur zu bestimmen: Zunächst wird durch die Fachbereiche beschrieben, welche Informationen in den Geschäftsprozessen verarbeitet werden. Darauf aufbauend sind die zugehörigen Applikationen auszuwählen und damit einhergehend die Prozesse der IT zu definieren. Anwendungen und Prozesse werden durch die Infrastruktur unterlegt – dies setzt aktive Technologieentscheidungen voraus. Letzter Schritt im Rahmen der IT-Architektur ist die Gestaltung des Service-Managements, das die betriebsorientierte Verbindung zwischen Fachbereichen und IT-Produktion darstellt. Bei allen Elementen flankieren Entscheidungen zum Sourcing und zur Sicherheit die Ausgestaltung im Detail. Das Sicherheitskonzept ist sowohl unter wirtschaftlichen Gesichtspunkten (Vermeidung von Schäden) als auch unter Compliance-Gesichtspunkten (Einhaltung formaler Vorschriften) festzulegen. Nach der Ausgestaltung der zuvor genannten Punkte ist über das Sourcing zu beschreiben, durch wen Leistungen erbracht werden sollen.

Im dritten Block der Entscheidungsfelder ist durch Entscheidungen über Investitionen zu priorisieren, welche Bedarfe der Fachbteilungen umgesetzt werden. Voraussetzung ist, dass für ein Projekt zunächst eine effiziente Unterstützung der Geschäftsprozesse (Business Alignment) sichergestellt wird und ein entsprechend positiver Wertbeitrag (Business Case) ermittelt ist. Projekte, die dies erfüllen, müssen priorisiert und im IT-Portfolio zusammengestellt werden. Die Umsetzung der Projekte findet in der IT-Produktion statt. Der Bestimmung des Projektprotfolios ist besondere Aufmerksamkeit zu schenken. Denn durch die Entscheidungen für oder gegen ein Projekt wird über die Ausrichtung des Unternehmens, damit einhergehend die der IT und damit der Veränderung des Unternehmens entschieden. Projekte sind sozusagen die Übersetzung der Unternehmensstrategie in das Tagesgeschäft. Sie stellen das Business Alignment sicher. Dies gilt sowohl für das Unternehmen im Ganzen als auch für die IT im Besonderen.

3.2.2 Steuerung

Im Rahmen der Steuerung muss das IT-Management Vorgaben ausgestalten, wie die IT für das Unternehmen gesteuert werden soll. Dazu zählt die Definiton der IT-Kennzahlen, der Berichtssysteme, der Berichtsperiodizität etc. Wichtig ist hierbei, dass im Rahmen der Projektgenehmigung direkt definiert wird, woran später der Nutzen (Mehrwert) aus der Änderung der Geschäftsprozesse beziehungsweise der Einführung einer Technologie gemessen wird.

In diesem Kontext sind „Metriken" und „Controls" zu unterscheiden.

- Unter **Metriken** werden wert- oder mengenbasierte Kennzahlen verstanden.
- **Controls** sind die Maßnahmen, die zur Risikominimierung in Prozessen aller Art dienen. Beispiel: 4-Augen-Prinzip.

IT Governance und IT-Management sind beim Abgleich mit den Zielen und den Geschäftsprozessen des Unternehmens immer an der Frage des „Was ist zu tun?" ausgerichtet. Der wesentliche Begriff lautet „Effektivität". Davon abgegrenzt wird der Begriff „Effizienz":

- Ziel eines jeden Unternehmens ist es dann, Entscheidungen möglichst Ressourcen schonend, also „effizient", umzusetzen. Dabei darf Effizienz nicht auf Schnelligkeit und niedrige Kosten reduziert werden. In solchen Denk- und damit auch Betriebsmodellen ist kein Platz für „Compliance". Deshalb wird im Rahmen des IT Governance-Frameworks für betriebswirtschaftlich optimiertes Handeln der Begriff **„Performance"** verwendet.

- Die in der IT etablierten und mit der IT unterstützten Prozesse müssen aber auch **„compliant"** sein, das heißt den regulatorischen Anforderungen (SOX, KonTraG usw.) entsprechen.

Effizienz ist demnach die paretooptimale Kombination der Zielgrößen Performance und Compliance.

Bei der Implementierung und Aufrechterhaltung eines IT-Betriebes sind Performance und Compliance elementare Bedingungen, die es einzuhalten und auszubalancieren gilt. Zurückgespiegelt auf die IT Governance heißt dies, dass die Berücksichtigung dieser beiden Aspekte in der IT Governance zu verankern ist.

Mit Metriken wird Performance gemessen, mit Controls wird Risikominderung betrieben und Compliance sichergestellt. Beides ist in ein Reporting einzubinden, das Transparenz herstellt. Effizienz ist in der Regel dann erzielt, wenn Performance- und Compliance-Aspekte möglichst widerspruchsfrei und ohne Redundanzen ausgeprägt werden. Das ist dann der Fall, wenn Prozesse gleichzeitig in einem Schritt sowohl dem Gedanken der Compliance als auch dem der Performance Rechnung tragen.

Wichtig ist, dass Steuerungsinformationen an das IT-Management und die Fachbereiche (Kunden) der IT zurückgemeldet werden, damit beide prüfen können, inwieweit Anforderungen und Entscheidungen umgesetzt wurden und eventuell korrigierende Maßnahmen einzuleiten sind.

Die konkrete Ausprägung der Entscheidungsfelder wird in Abschnitt IV.3 diskutiert.

3.3 IT-Produktion

3.3.1 Projekte

Die durch das IT-Management (gemeinsam mit den Fachbereichen) entschiedenen Projekte sind im Rahmen der IT-Produktion umzusetzen. Damit werden Entscheidungen in die Praxis umgesetzt. Zu Methodiken des Portfolio-, Programm- und Projektmanagements ist ausrei-

I. Grundlagen

chend Literatur vorhanden. Daher wird dieser Themenkomplex nicht weiter betrachtet. Wichtig ist bei der Umsetzung der Projekte, dass der Fokus von einer reinen Abarbeitung einzelner Projektaufgaben und -schritte hin zur Erzielung des geplanten Nutzens gelenkt wird.

3.3.2 Regelbetrieb

Sämtliche Projekte werden mit Abschluss strukturiert in den Regelbetrieb überführt. Bereits im Rahmen der Projekte muss der Regelbetrieb ausgeprägt werden. Dazu dient das IT-Prozess- und Steuerungsrahmenwerk, das auf gängigen Best Practices (ITIL, CObIT vgl. Kapitel II) basiert.

Das IT-Prozess- und Steuerungsrahmenwerk beschreibt

- Prozesse
- Controls
- Metriken

und umfasst die Dimensionen

- Organisation
- Menschen
- Technologien.

Eine ausführliche Beschreibung erfolgt in Abschnitt V.2.

Während im IT-Management Entscheidungen und Vorgaben getroffen werden, ist es Gegenstand des Betriebs, quasi unter industriellen Produktionsaspekten den Betrieb der IT auzugestalten. Dazu müssen Prozesse auf Prozessschrittebene beschrieben werden. Diese sind in eine Aufbauorganisation einzubetten, hinter der der handelnde Mensch steht, der die Technologie (Infrastruktur) betreibt. Die Prozesse werden über Metriken und Controls gemessen und die Ergebnisse werden zur Steuerung an den Kunden und das Management zurückgespiegelt.

An dieser Stelle schließt sich durch die Rückmeldung der in der Einleitung beschriebene Regelkreis.

CIO-Checkbox:

1. IT Governance:
   - Ist für die IT-Organisation definiert, wer was entscheiden kann (oder muss) und wer für die Umsetzung der Entscheidungen zuständig ist?
   - Ist die IT-Organisation an den Business Units und damit geschäftsunterstützend ausgerichtet?
   - Werden die Dynamik des Geschäfts und die komplexen Strukturen des Unternehmens hinreichend berücksichtigt?

2. IT-Management:
   - Sind Entscheidungsprozesse zu den nachfolgenden Elementen des IT-Managements definiert?
     - Strategie
     - Business Management
     - Architektur (Information, Anwendungen, Organisation, Infrastruktur/Technologie, Service Management)
     - Sourcing und Sicherheit
     - Investition und Priorisierung
     - Steuerungsmodell und Steuerungsgrößen
   - Wie sind diese Elemente inhaltlich aktuell ausgeprägt?

3. IT-Produktion:
   - Werden Projekte unter dem Primat des Nutzenmanagements durchgeführt?
   - Werden Performance und Compliance bei Projekten und im Rahmen des Betriebes synchronisiert bzw. gegeneinander abgewogen?
   - Kennen die Fachbereiche den Leistungsumfang der IT? Ist dieser zwischen Fachbereichen und IT abgestimmt?
   - Gibt es ein verständliches und transparentes Reporting-System für den IT-Regelbetrieb?

II. Standards, Rahmenwerke und Best Practices

Zielsetzung:	Das Kapitel stellt Bausteine vor, mit deren Hilfe die IT Governance im Unternehmen gebildet werden kann, um zum einen Zeit und Aufwand zu sparen, zum anderen die Erfahrungen aus anderen Unternehmen (so genannte „Best Practices") direkt zu nutzen. Darüber hinaus kommen auch Gesetze und regulatorische Vorgaben zu Sprache, die ihrerseits die Ausgestaltung der IT Governance stark beeinflussen und daher auch bekannt sein müssen.
Positionierung:	Innerhalb des Buches bildet das Kapitel die Grundlage für das Verständnis vieler nachfolgender Teile und kann – je nach Kenntnisstand des Lesers – auch zu einem späteren Zeitpunkt genutzt werden.
Voraussetzung:	–
Ergebnis:	Am Endes Kapitel sind die Themen IT-Sicherheit mit den zugehörigen Standards (z. B. IS 2700x), der Sarbanes-Oxley Act, Standards für die Prüfung von IT-Systeme und den Bericht darüber sowie die Grundlagen für „Interne Kontrollsysteme" als auch Vorschläge zur Gestaltung von IT-Prozessen nicht nur beschrieben, sondern auch in ihrer jeweiligen Bedeutung für IT Governance dargestellt. Das Ergebnis für den Leser ist ein Überblick darüber, welchen Beitrag diese Elemente leisten können, vor allem aber auch, was noch unternehmensspezifisch ausgestaltet werden muss, um zu einer angemessenen IT Governance zu gelangen.

Die Einführung und Etablierung von IT Governance bedeutet für Unternehmen einen nicht geringen Aufwand. Fast immer wird die Erweiterung oder auch Anpassung vorhandener Organisationsstrukturen, Entscheidungswege, Leistungs- und Verwaltungsprozesse sowie insbesondere der internen Kontrollsysteme erforderlich sein. Es stellt sich zudem die Frage, welche Standards, Normen und Richtlinien zu beachten sind und des Weiteren, welche Rahmenwerke oder Best Practices dabei hilfreich und angemessen sind. Treiber der Orientierung an unternehmensexternen Vorgaben sind einerseits die Reduktion des Entwicklungsaufwands durch Nutzung von Vorlagen, andererseits die Beachtung von Vorschriften, insbesondere wenn regulatorische Vorgaben zu erfüllen sind (z. B. Compliance gemäß Sarbanes-Oxley Act) oder Zertifizierungen (z. B. Leistungserbringung nach SAS 70) angestrebt werden.

Das Kapitel stellt Standards, Rahmenwerke und Best Practices vor, die entweder als Orientierungshilfe oder konkrete Vorgabe für die praxisorientierte Ausgestaltung von IT Governance dienen. Zu beachten ist, dass es sich dabei um eine Auswahl nach Wichtigkeit und Verbreitung handelt. Die unternehmensspezifische Anpassung ist in jedem Fall erforderlich und erst die Kombination mehrerer Rahmenwerke und Standards ist hinreichend, um IT Governance in der hier vorgestellten Breite und Tiefe zu realisieren. Die Auswahl erfolgt im Wesentlichen nach drei Kriterien: die Unterstützung bei der konkreten Ausgestaltung einer oder mehrerer Focus Areas von IT Governance (z. B. Control Framework für „Risk Management"), die erkennbare Eignung für einzelne Phasen bei IT Governance-Projekten (z. B. Maturity Assessment) oder die Erschließung wichtiger Themen der IT Governance (z. B. IT-Security).

Als Ordnungskriterium und vor allem zur inhaltlichen Einordnung dient die Gliederung dieses Kapitels in folgende Themengebiete:

- Standards und Normen

- Regulatorische und gesetzliche Anforderungen

- Rahmenwerke für interne Kontrollsysteme

- Optimierung der IT-Prozesse

- Reifegradmodelle

Die Anordnung gemäß dieser Gliederung zeigt, in welcher Form und an welcher Stelle die vorgestellten Standards, Modelle und Rahmenwerke ihren Beitrag zur IT Governance leisten, worin jeweils ihre Stärken und Schwächen liegen und welche Gestaltungsmöglichkeiten oder Alternativen bestehen. In jedem Abschnitt wird zunächst der Zusammenhang zur IT Governance hergestellt, der jeweilige Beitrag geschildert und abschließend eine Bewertung vorgenommen, worin der konkrete Nutzen für die Einführung oder Gestaltung von IT Governance besteht. Anschließend folgt ein Abschnitt, der die Beziehungen zwischen Standards, Rahmenwerken und Best Practices beschreibt. Der Kapitel schließt mit einer Zusammenfassung und einem Fazit über die Möglichkeiten und Grenzen, IT Governance auf der Grundlage vorhandener Standards und Rahmenwerke einzuführen.

II. Standards, Rahmenwerke und Best Practices

1. Standards und Normen

Standards und Normen dienen dazu, das Funktionieren von sozialen und technischen Systemen zu ermöglichen oder zu erhalten. Dazu wird in übergeordneten Instanzen oder Gremien zunächst versucht, für den als relevant eingestuften Sachverhalt ein gemeinschaftliches Verständnis herzustellen. Danach sind Geltungsbereich und Inhalt abzugrenzen, Regelungen zu treffen, Anwendungsfälle zu definieren und vor allem für wiederkehrende Aufgaben Lösungen anzubieten und zu veröffentlichen. Typischerweise bleiben die Ergebnisse – als Folge der zeitintensiven Abstimmung, Nivellierung und notwendigen Kompromissbildung – oft hinter dem Stand der aktuellen Entwicklung zurück. Das betrifft insbesondere Normen, die gegenüber einem Standard einen höheren Konsensgrad anstreben, von mehr Beteiligten erarbeitet und getragen werden und dementsprechend mehr Zeit erfordern. Demgegenüber kann ein Standard auch ohne öffentliche Beteiligung zunächst von zwei oder mehr Unternehmen erarbeitet werden, die damit oftmals eigene Interessen verfolgen und bewusst Fakten schaffen, bevor ein nationales oder internationales Gremium diesen Standard übernimmt.

Zwischen den bisher vorgestellten Best Practices und Rahmenwerken sowie den noch folgenden gesetzlichen und regulatorischen Vorgaben im Zusammenhang mit IT Governance nehmen Standards und Normen eine Mittelstellung ein, was die Notwendigkeit zur Einhaltung betrifft. Dedizierte Standards und Normen für IT Governance gibt es (noch) nicht, wohl aber für Teilaspekte oder bestimmte Inhalte, die Rahmen von IT Governance eine Rolle spielen und nachfolgend in ihrer Bedeutung für IT Governance erläutert werden.

1.1 IT-Sicherheit

Eines der Hauptanliegen von IT Governance ist es, die Leistungen der IT so weitgehend wie möglich auf das Unternehmen hin auszurichten und bestmöglich in seine Geschäftsprozesse zu integrieren. Je besser dies der IT-Abteilung oder auch dem externen Dienstleister gelingt, desto höher wird die Bereitschaft des Unternehmens sein, weitere Abläufe zu automatisieren, komplexere Applikationen einzuführen und sich noch tiefer in die Abhängigkeit von dieser IT zu begeben. Mit dieser Abhängigkeit steigt das Schutzbedürfnis der Daten und der sie umgebenden Technik. Ungeschützte Daten, ungesicherte Systeme oder Infrastruktur-Komponenten bergen erhebliche Risiken für das Unternehmen. Damit ist unstrittig, dass IT-Sicherheit ein integraler Bestandteil der Focus Area „Risk Management" von IT Governance sein muss.

ISO 2700x

Der ISO-Standard 27001:2005 („Information technology – Security techniques – Information security management systems – Requirements") nennt Anforderungen für Herstellung, Einführung, Betrieb, Überwachung, Wartung und Verbesserung eines dokumentierten IT-Security Management Systems. Dabei ist die Norm als Rahmenwerk zu betrachten, das für das jeweilige Unternehmen spezifisch ausgestaltet werden muss, um wirksam zu werden. Entstanden ist ISO 27001:2005 auf der Grundlage des British Standard 7799-2 (Information Security Management Systems – Specification with Guidance for Use). Mit seiner Hilfe wird das Unternehmen in die Lage versetzt, folgende Beiträge zur IT-Sicherheit zu erarbeiten:

- Formulierung von Anforderungen und Zielsetzungen zur IT-Sicherheit
- Management von IT-Sicherheitsrisiken unter Beachtung betriebswirtschaftlicher Aspekte
- Sicherstellung der Konformität mit gesetzlichen und regulatorischen Vorgaben
- Einführung von Maßnahmen zur Erreichung spezifischer Ziele zur Informationssicherheit
- Identifikation und Definition bestehender Informationssicherheits-Managementprozesse
- Definition von neuen Informationssicherheits-Managementprozessen

Darüber hinaus werden mittels ISO 27001 interne oder externe Auditoren darin unterstützt, den Umsetzungsgrad von Richtlinien und Standards beurteilen zu können. Es ist weiterhin vorgesehen, den BS 7799-1 (Information Technology – Code of Practice for Information Security Management) ebenfalls zu verwenden und als ISO 27002 zu publizieren.

ISO/IEC 17799:2005

Grundlage für den ISO/IEC Standard 17799:2005 ist der zweiteilige British Standard BS 7799 aus dem Jahr 1999 mit seiner Überarbeitung aus dem Jahr 2002. Dieser Standard gibt vor, wie IT-Sicherheit in einem Unternehmen umfassend „implementiert" werden kann. IT-Sicherheit muss dabei als Bündel von organisatorischen und technischen Maßnahmen gesehen werden, das unter anderem unternehmensinterne Standards, Vorgaben und Regelungen sowie Managementprozesse umfasst. Ausgangspunkt für alle Maßnahmen der IT-Sicherheit sind der gesetzlich verankerte Schutz und die Nichtoffenlegung, die personenbezogene Daten (personal data), Daten des Unternehmens und seiner Geschäftstätigkeit (internal information) und insbesondere die Daten genießen, an denen das Unternehmen spezifische Rechte hat und die seine Wettbewerbvorteile begründen (intellectual property).

Um diesen Schutz im Unternehmen realisieren zu können, schlägt der Standard insgesamt 127 Kontrollziele vor, die wiederum in zehn Bereiche gruppiert sind:

- **Security Policy.** Generelle Vorgaben durch das Management des Unternehmens sowie das Verständnis und die Einsicht in die Notwendigkeit für IT-Sicherheit.

- **Security Organization.** Die organisatorischen Voraussetzungen im Unternehmens für das Management der IT-Sicherheit, der Erhalt der Sicherheit von Systemen, Geräte und Komponenten die im Zugriff Dritter stehen und insbesondere die Aufrechterhaltung der Sicherheit in Bereichen, in denen Leistungen durch Dritte erbracht werden.
- **Asset Classification and Control.** Sicherstellung eines angemessenen Schutzes für die „Assets" (materielle und immaterielle Vermögenswerte) des Unternehmens.
- **Personnel Security.** Reduzierung von Risiken als Folge menschlicher Fehler oder Fehlverhaltens, insbesondere Diebstahl, Unterschlagung, Missbrauch von Einrichtungen des Unternehmens, Sicherstellung des Bewusstseins auf Seiten der Mitarbeiter um die Wichtigkeit von IT-Sicherheit, Sensibilisierung für Bedrohungen der IT-Sicherheit, Sicherstellung des Einsatzes aller Mittel zur Herstellung und/oder Erhalt der IT-Sicherheit im Rahmen der normalen Tätigkeit im Unternehmen, insbesondere zur Reduktion der Auswirkungen und Schäden als Folge von Sicherheitsvorfällen.
- **Physical and Environmental Security.** Schutz vor unberechtigtem Zugang, Beeinträchtigung und Beschädigung von Einrichtungen des Unternehmens, Verhinderung des Verlustes, der Beschädigung, der Verfälschung oder dem Diebstahl von „Assets".
- **Business Continuity Planning.** Die Geschäftstätigkeit des Unternehmens und die relevanten Geschäftsprozesse müssen vor Beeinträchtigung oder Störungen geschützt werden.
- **Computer and Network Management.** Sicherstellung der ordnungsgemäßen und sicheren Arbeitsweise aller Einrichtungen, Reduzierung des Risikos von Beeinträchtigungen und Ausfällen der Systeme, Schutz der Integrität von Applikationen und Daten, Gewährleistung der Integrität und Verfügbarkeit der Netzwerkdienste, Schutz der Informationen in Netzwerken und der zugehörigen Infrastruktur, Schutz der Einrichtungen, deren Ausfall die Geschäftstätigkeit des Unternehmens beeinträchtigen kann, Schutz der Informationen beim Austausch zwischen Unternehmen vor Verlust, Verfälschung und Missbrauch.
- **System Access Control.** Kontrolle über den Zugriff auf Daten, Schutz vor unberechtigtem Zugriff auf Informationssysteme, Schutz von Netzwerkdiensten, Schutz vor unberechtigtem Zugriff auf Computer, Erkennung von unautorisierten Handlungen und Aktivitäten, Schutz und Sicherheit der Nutzung mobiler Geräte.
- **System Development and Maintenance.** Sicherstellung, dass Informationssysteme mit der erforderlichen und angemessenen Sicherheit ausgestattet, Daten dieser Systeme vor Verlust, ungewollter Veränderung und Missbrauch geschützt, Vertraulichkeit, Authentizität und Integrität der Daten sichergestellt, Sicherheit auch bei IT-Projekten garantiert sowie die Sicherheit von Anwendungssystemen und Daten aufrecht erhalten wird.
- **Compliance.** Schutz vor Verletzung von Gesetzen, regulatorischen Vorgaben, vertraglichen Verpflichtungen oder anderen Sicherheitsanforderungen, Sicherstellung der Übereinstimmung der Systeme, Komponenten und Einrichtungen mit unternehmensinternen Sicherheitsrichtlinien und -standards sowie Optimierung der Effektivität des IT-Audits.

Eine umfassende Darstellung des Standards, seiner Umsetzung im Unternehmen und Bezüge zu IT Governance finden sich in [CaWa05].

1.2 IT-Service Management

Die inhaltliche Bedeutung des IT-Service Managements zur Implementierung von IT Governance wird später im Abschnitt II.4.1 noch ausführlich dargestellt, so dass hier die Beschränkung auf den zugehörigen Standard ISO 20000 möglich ist. Er ist aus dem British Standard BS 15000 abgeleitet und wurde nach einem „beschleunigten" Verfahren Ende des Jahres 2005 veröffentlicht. Im Kern spezifiziert ISO 20000 die Prozesse, die für die Erbringung und das Management von IT-Services mit messbarer und damit nachweisbarer Qualität erforderlich sind. ISO 2000 ist in zwei Teile gegliedert:

- **Service Management: Specification.** Teil 1 von ISO 20000 bildet die eigentliche Spezifikation des Standards. Darin wird definiert, was eine Organisation einführen und dann nachweisen muss, um für die Zertifizierung in Frage zu kommen. Unter anderem werden Geltungsbereich und Definitionen, Anforderungen an das Service Management, Planung und Einführung des Service Managements sowie das Verfahren für die Einführung neuer und die Änderungen vorhandener Services festgelegt.

- **Service Management: Code of Practice.** Teil 2 von ISO 20000 ist ergänzender Natur und umfasst Hinweise, Empfehlungen und Hilfen für das IT-Service Management. Dieser Teil dient der Vorbereitung auf die Prüfung des IT-Service Managements durch Dritte.

Unternehmen, die ISO 20000 eingeführt haben, können sich durch eine dazu ermächtigte Organisation (so genannte „Registered Certification Bodies") zertifizieren lassen. Das Zertifikat selbst hat keine Bedeutung für IT Governance, wohl aber die Tatsache, dass das Unternehmen ein IT-Service Management eingeführt hat, das in seiner Umsetzung eine erfolgreiche Prüfung durch qualifizierte und unabhängige Dritte erfahren hat.

2. Regulatorische und gesetzliche Anforderungen

IT Governance ist bisher weder Gegenstand der Gesetzgebung, noch werden Unternehmen aufgrund regulatorischer Vorgaben gezwungen, IT Governance einzuführen. Wohl aber gibt es beispielsweise für börsennotierte Unternehmen gesetzliche Anforderungen, die der IT Governance dienliche Voraussetzungen schaffen. Gleiches gilt, wenn Unternehmen die Art und Weise wie sie ihre Dienstleistungen für Dritte erbringen, anhand von anerkannten Prüfungsstandards durch unabhängige Dritte (Wirtschaftsprüfungsgesellschaften) nachweisen lassen.

Die folgenden Abschnitte zeigen anhand des Sarbanes-Oxley Act (SOX) und zweier Prüfungsstandards (SAS 70 und PS 330), wie insbesondere das „Interne Kontrollsystem" in der Schnittmenge von gesetzlichen Anforderungen und Beiträgen zu IT Governance liegt.

2.1 Sarbanes-Oxley Act

Die Verlässlichkeit der Finanzberichterstattung, insbesondere die Vollständigkeit und die Richtigkeit der offenlegungspflichtigen Informationen, ist für ein funktionierendes Wirtschaftssystem unverzichtbar. Entsprechend groß war die Anstrengung, insbesondere in den USA, durch Gesetze und Regelungen das Vertrauen der Anleger und der Öffentlichkeit in die Finanzberichterstattung wieder herzustellen, nachdem massives Fehlverhalten an der Spitze mehrerer börsennotierter Unternehmen zu Erschütterungen der Kapitalmärkte geführt hatte.

Das bekannteste Gesetz zur Verhinderung dieser Missstände ist der Sarbanes-Oxley Act (SOX) mit dem Geltungsbereich für alle SEC-registrierten Unternehmen und ihrer Tochtergesellschaften im In- und Ausland. Insgesamt wurde das Gesetz am 30.7.2002 mit elf Titeln verabschiedet, durch die SOX Final Rule am 6.6.2003 konkretisiert sowie mit dem „Attestation Standard No. 2" (veröffentlicht 9.3.2004, verabschiedet 17.6.2004) vervollständigt. Die Kontrolle über die korrekte Anwendung des SOX obliegt dem „Public Company Accounting and Oversight Board" (PCAOB) als Berufsaufsicht der Wirtschaftsprüfungsgesellschaften.

Im Ergebnis hat der SOX zu einer grundlegenden Reform der Corporate Governance geführt und in diesem Zusammenhang auch bewirkt, dass effektive „Interne Kontrollsysteme" keine Empfehlung, sondern gesetzliche Vorgabe sind, für die ein professionelles Management eingeführt werden muss (vgl. dazu [Menz04]). Die bekanntesten Teile des SOX sind:

- **Section 302 – Disclosure Controls and Procedures.** Nach diesem Abschnitt des SOX sind CEO und CFO eines Unternehmens verpflichtet, in einer eidesstattlichen Erklärung zu bestätigen, dass die finanzielle Situation des Unternehmens korrekt dargestellt und alle veröffentlichungspflichtigen Berichte kritisch durchgesehen und geprüft wurden. Des Weiteren müssen sie auch die Einrichtung und Pflege von Kontrollen und Verfahren zur Offenlegung (Disclosure Controls and Procedures) bestätigen.

- **Section 404 – Internal Control Over Financial Reporting.** In diesem Abschnitt des SOX wird die Einrichtung eines „Internen Kontrollsystems" für die Finanzberichterstattung (Internal Control over Financial Reporting) gefordert. Dies bezeichnet einen von CEO und CFO eingerichteten und überwachten Prozess, der die Ordnungsmäßigkeit der Finanzberichterstattung und damit die Erstellung der Abschlüsse gemäß den Rechnungslegungsvorschriften sicherstellt.

Von besonderer Bedeutung ist nun, dass die Wirksamkeit (Effektivität) des „Internen Kontrollsystems" der Finanzberichterstattung vom Abschlussprüfer testiert werden muss. Die Bewertung des „Internen Kontrollsystems" muss zudem auf der Basis eines anerkannten Rahmenkonzepts erfolgen, zu dem auch COSO zählt.

Der Sarbanes-Oxley Act nennt explizit auch „General Computer Controls" als Bestandteil des Kontrollsystems. Hierbei handelt es sich um Controls in der Infrastruktur und den Prozessen der IT, so weit sie für die primären Kontrollbereiche des SOX relevant sind. Hierdurch ergibt sich eine direkte Verknüpfung zur IT Governance.

2.2 Transparente Leistungserbringung und deren Nachweis

Viele Unternehmen nutzen inzwischen externe Dienstleister, um die benötigten IT-Services ganz oder in Teilen erbringen zu lassen, entweder als vollständiger Ersatz für eine eigene IT-Abteilung oder zu deren maßgeblicher Unterstützung. IT-Services haben, direkt über Applikationen oder indirekt über das Management der erforderlichen Systeme, unstritig einen nachhaltigen Einfluss auf die Finanzberichterstattung des Unternehmens. Der Zusammenhang wird schnell klar, wenn man sich die Auswirkungen einer Manipulation an Konten, Buchungen, Auswertungen und Konsolidierung vor Augen hält, die etwa durch schlecht geschützte Systeme, mangelhafte Aufgabentrennung oder andere Sicherheitslücken entstehen.

Überwachung, Kontrolle und Steuerung der verbleibenden IT-Abteilung reichen daher nicht mehr aus, sondern müssen sich unter diesen Umständen auch und insbesondere auf den externen Dienstleister erstrecken. Der externe Dienstleister ist aber gerade kein Teil des Unternehmens, so dass die Möglichkeiten zur Beobachtung, Kontrolle oder direkten Einflussnahme reduziert sind. Um dies dennoch auf angemessene, einheitliche und nachvollziehbare Art und Weise zu leisten, kommt eine Zertifizierung gemäß anerkannter Prüfungsstandards in Frage. Im Folgenden sollen mit der Zertifizierung nach SAS 70 und PS 330 zwei der wichtigsten Prüfungsstandards erläutert werden.

SAS 70

Aus dem Bankenbereich kommend ist das „Statement on Auditing Standards No. 70" (SAS 70) ein Prüfungsstandard, der vom „American Institute of Certified Public Accountants" (AICPA) Anfang der 90er Jahre entwickelt und veröffentlicht wurde. Die Zertifizierung nach SAS 70 ist in zwei Typen möglich (s. Abbildung II-1).

Type I (Report on controls placed in operations)	Type II (Report on controls placed in operations and tests of operating effectiveness)
- Traditionelle Kommunikation von Prüfer zu Prüfer (User Auditor, Service Auditor) - Darstellung der Organisation und Struktur der internen Kontrollen zu einem bestimmten Zeitpunkt - Beschreibung der Kontrollziele - Beurteilung (Plausibilisierung), ob die Kontrollen prinzipiell dazu geeignet sind, bestimmte Kontrollziele zu erreichen (Angemessenheit) und ob diese zum Prüfungszeitpunkt in die jeweiligen Arbeitsprozesse integriert waren	Wie Type I, aber darüber hinaus: - Untersuchung einer Periode, die sich über einen Zeitraum von mindestens sechs Monaten erstreckt - Beschreibungen der im Rahmen der Prüfung durchgeführten Tests einschließlich der angewandten Testverfahren und Testergebnisse - Explizite Beurteilung der getesteten Kontrollen auf ihre Wirksamkeit - Aussage, ob die jeweiligen Kontrollziele im Prüfungszeitraum erreicht wurden

Quelle: PwC
Abbildung II-1: *Type I und Type II des SAS 70 Reports*

Der SAS 70 ist für einen unabhängigen Service Auditor ein genormtes Mittel, eine Beurteilung zur Angemessenheit und Wirksamkeit (design and operational effectiveness) des „Internen Kontrollsystems" einer Service Organization auszustellen. Gegenstand sind die für eine User Organization erbrachten Prozesse – und die in diesem Zusammenhang genutzten IT-Systeme – die während der Verarbeitung von Transaktionen zur Anwendung kommen. Für den Anbieter von Dienstleistungen hat ein SAS 70 den großen Vorteil, dass er diesen einmal erstellen und dann für alle Kunden verwenden kann, die (unter der Maßgabe gleicher Prozesse und SLA) die IT-Services erhalten.

PS 330

Der Prüfungsstandard „Abschlussprüfung bei Einsatz von Informationstechnologie" (PS 330) des Instituts der Wirtschaftsprüfer beinhaltet Art und Gestaltung der Prüfung von IT im Rahmen von gesetzlichen Jahresabschlussprüfungen. Gegenstand der Prüfung ist das mit der IT verbundene Interne Kontrollsystem und dessen Fähigkeit, das Risiko wesentlicher Fehler in der finanziellen Berichterstattung zu vermindern. Die diesem Prüfungsziel zugrundeliegende Prüfungsmethodik mit den Einzelschrittten

- Erhebung des Prüfungsgegenstands
- Beurteilung der Angemessenheit der implementierten Kontrollen (Aufbauprüfung) und
- Test der Wirksamkeit (Funktionsprüfung)

hat sich über die Jahresabschlussprüfung hinaus als allgemein anerkannter Standard bei der Prüfung von IT durch Interne Revision und externe Auditoren etabliert.

Der Prüfungmethodik von PS 330 liegt das in der nachfolgenden Grafik dargestellte ganzheitliche Verständnis über die Gestaltung von IT-Systemen in der betrieblichen Praxis zugrunde.

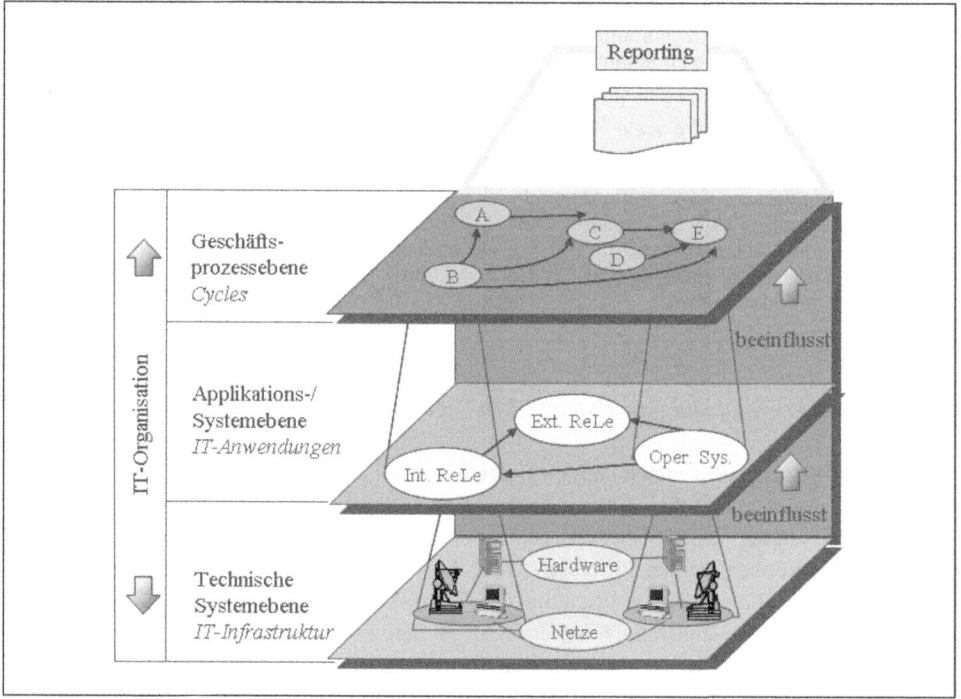

Quelle: PwC
Abbildung II-2: *Elemente eines IT-Systems*

Basis eines IT-Systems ist die unternehmensindividuelle IT-Infrastruktur bestehend aus Hardware, Netzwerken, Betriebs- und Datenbanksystemen und anderer systemnaher Software. Dieser Infrastruktur bedienen sich alle IT-Anwendungen zur Abwicklung der unternehmerischen Kernprozesse (z. B. Einkauf, Produktion, Vertrieb) und Unterstützungsprozesse (z. B. Rechnungswesen, Controlling, Personalwirtschaft). Diese IT-Anwendungen sind Basis der Ausgestaltung der Geschäftsprozesse als Kombination von manuellen Tätigkeiten und maschinellen Prozeduren. Den Rahmen für Infrastrukturen, Anwendungen und Geschäftsprozesse bildet die IT-Organisation, wie bereits an früherer Stelle dargestellt.

Für jeden dieser Bereiche existieren unterschiedliche prüferische Fragestellungen. Allerdings dürfen sich IT-Systemprüfungen nicht nur auf isolierte Bereiche richten, sondern erst die zusammenfassende Würdigung der Bereiche IT-Umfeld, IT-Infrastruktur, IT-Anwendungen und Geschäftsprozesse sowie deren Schnittstellen zueinander ermöglichen die Bestätigung der „Ordnungsmäßigkeit und Sicherheit der IT" im Sinne der Anforderungen des Berufsstands der Wirtschaftsprüfer.

Beitrag von Gesetzen und Prüfungsstandards für IT Governance

Jedes Gesetz dient dazu, Verhalten von einzelnen Personen oder Verfahren innerhalb ganzer Unternehmen zu ordnen und Attribute wie „regelkonform", „ordnungsgemäß" oder „gesetzestreu" zu vergeben. So gesehen sind alle Regelungen und Gesetze, die den Umgang mit und die Leistungserbringung durch IT betreffen, Beiträge zu IT Governance, adressieren allerdings in aller Regel nur den Compliance Aspekt und nicht die Performance. Dass die Beiträge bei genauerer Betrachtung geringer ausfallen, haben die vorherigen Abschnitte gezeigt.

Dennoch, Prüfungen und darüber erstellte Testate dienen immer dazu, von qualifizierter, anerkannter und insbesondere unabhängiger Seite eines Dritten Aussagen über ein Unternehmen zu erhalten, das mit einem anderen Unternehmen oder einer anderen Organisation in Beziehung steht. Demnach ist der Nutzen von nach anerkannten Standards durchgeführten Prüfungen zweifach, und zwar für das geprüfte Unternehmen als auch den Empfänger des Prüfberichts. Die Frage nach dem Beitrag dieser Prüfungsstandards zur Einführung von IT Governance muss daher auch aus diesen beiden Perspektiven gestellt werden:

- **Beitrag für das geprüfte Unternehmen.** Die Prüfung nach den beiden (exemplarisch) genannten Standards (PS 330 und SAS 70) weist die Angemessenheit und die Effektivität des „Internen Kontrollsystems" nach. Damit wird direkt die Domänen „Risk Management" von IT Governance angesprochen, ihr Reifegrad bestimmt und spezifische Ausprägung beschrieben. Erfolgreiche Zertifizierungen nach diesen Prüfungsstandards sind daher ein starkes Indiz dafür, dass zumindest diese Facette von IT Governance vorhanden ist und auch einen hohen Reifegrad erreicht hat. Auf die Existenz und den Reifegrad der anderen Domänen von IT Governance ist hingegen nur ein indirekter Rückschluss möglich, der auch weiter weniger Aussagen zulässt. So kann man nur unterstellen, dass vor oder bei der Ausgestaltung des „Internen Kontrollsystems" die Gelegenheit genutzt wurde, Schwächen in den IT-Prozessen und insbesondere bei der Ressourcen-Nutzung zu eliminieren (Beitrag zum „Ressource Management" und „Value Delivery") und die Ausrichtung auf das Unternehmen zu erhöhen (Beitrag zum „Strategic Alignment").
- **Beitrag für das empfangende Unternehmen.** Lässt ein Unternehmen die benötigten IT-Services von Dritten erbringen, mindert das nicht die Notwendigkeit, Art und Weise, Um-

gang und insbesondere Qualität dieser Leistung zu überwachen und im Bedarfsfall korrigierend einzugreifen. Alle Anforderungen von IT Governance gelten demnach unverändert. Kann der Anbieter der IT-Services eine Zertifizierung beispielsweise nach SAS 70 Type II vorweisen, ist damit die Effektivität des „Internen Kontrollsystems" nur auf seiner Seite nachgewiesen, nicht auf Seiten des Unternehmens, das die Leistung empfängt.

Diese Gegenüberstellung zeigt, dass eine Zertifizierung nach SAS 70 für ein Unternehmen zumindest ein wichtiger Schritt in Richtung IT Governance sein kann. Die Praxis zeigt allerdings, dass die zweckdienliche Reorganisation der IT-Abteilung nicht immer der Einführung des „Internen Kontrollsystems" vorausgeht, obgleich dies die bessere Reihenfolge wäre. Anderenfalls wird eine historisch gewachsene und selten optimierte IT-Prozesslandschaft nachträglich mit Kontrollen versehen, womit bestenfalls ein effektives, aber sicherlich kein effizientes System aus Prozessen und Kontrollen entsteht.

Ein Grund dafür liegt darin, dass der Nachweis über die Effektivität des „Internen Kontrollsystems" entweder im Rahmen der SOX Compliance oder einer angestrebten SAS 70-Zertifizierung erbracht werden muss, eine ITIL-konforme Organisation der IT-Prozesse in der IT-Abteilung aber keine Notwendigkeit, sondern nur eine wünschenswerte Maßnahme ist.

3. Rahmenwerke für interne Kontrollsysteme

Mit der Einführung von IT Governance verbinden sich im Wesentlichen zwei Ziele: Die Vermeidung von Risiken, die sich durch den Einsatz von IT und ihrer Nutzung durch Menschen zwangsläufig ergeben sowie die Ausrichtung der IT auf die Belange des Unternehmens (inklusive angemessener Ressourcen-Nutzung und erkennbarem Wertbeitrag). Risikovermeidung ist – wie der Begriff bereits sagt – der Versuch, nicht beeinflussbare Ereignisse in ihren Auswirkungen abzuschwächen oder ihre Eintrittswahrscheinlichkeiten zu verringern. Beides setzt voraus, die potenziell „schädlichen" Ereignisse zunächst zu kennen, ihre Wirkungsweise zu verstehen und das Ausmaß der (negativen) Folgen einzuschätzen. Dreh- und Angelpunkt ist somit die rechtzeitige Erkennung der Störungen, entweder direkt durch die auslösenden Ereignisse oder durch die Beobachtung der Auswirkungen, die das Ereignis nach sich zieht.

Die Erkennung von Abweichungen von einem gewünschten oder gesetzlich vorgeschriebenen Sollzustand, die Überwachung der Einhaltung von Vorgaben und die Befolgung von Prozessen ist für Unternehmen keine neuartige Anforderung durch IT Governance, sondern durchaus geübte Praxis, und das nicht nur im Bereich der Finanzberichterstattung. Vielmehr dienen so genannte „Interne Kontrollsysteme" dazu, Risiken wirksam zu vermeiden, welche anderenfalls Vermögenswerte, Handlungsfähigkeit oder Ansehen des Unternehmens gefährden.

Die Wirksamkeit dieser „Internen Kontrollsysteme" müssen Unternehmen unter bestimmten Umständen explizit nachweisen. Für die dazu notwendige Testierung durch Dritte im Rahmen der Jahresabschlussprüfung gibt es nationale und internationale Prüfungsstandards (s. z. B. [IDW PS 260], [ISA 315] und [ISA 330]). Aus dem Prüfungsstandard 260 des Instituts Deutscher Wirtschaftsprüfer (IDW) stammt die nachfolgende Definition:

> Das „Interne Kontrollsystem" besteht aus Regelungen zur Steuerung der Unternehmensaktivitäten (internes Steuerungssystem) und Regelungen zur Überwachung der Einhaltung dieser Regelungen (internes Überwachungssystem). Das interne Überwachungssystem beinhaltet prozessintegrierte (organisatorische Sicherungsmaßnahmen, Kontrollen) und prozessunabhängige Überwachungsmaßnahmen, die vor allem von der Internen Revision durchgeführt werden.

Um die Prüfung insgesamt wirtschaftlich zu gestalten, einen einheitlichen Qualitätsstandard zu gewährleisten und die Ergebnisse zwischen verschiedenen Unternehmen vergleichbar zu machen, ist ein allgemein anerkanntes Rahmenwerk für „Interne Kontrollsysteme" notwendig. Solch ein anerkanntes Rahmenwerk (COSO) existiert und wird in Abschnitt II.3.1 vorgestellt. Nachdem der Einsatz von IT im Untenehmen spezifische Risiken mit sich bringt, muss auch ein „Internes Kontrollsystem" spezifisch für IT gestaltet sein. Dazu gibt es ebenfalls ein anerkanntes Rahmenwerk (CObIT), das in Abschnitt II.3.2 vorgestellt wird. Die Darstellung in diesem Buch setzt dort Akzente, wo ein Beitrag für die Implementierung von IT Governance erkennbar ist, für umfassende und weiter ins Detail gehende Beschreibungen empfiehlt sich die Nutzung der entsprechende Primärquellen (insbesondere [COSO94] und [ITGI06a]).

3.1 COSO

Das derzeit bekannteste Rahmenwerk für ein „Internes Kontrollsystem" („Framework for internal control") hat das „Committee of Sponsoring Organizations of the Treadway Commission" 1994 unter der Bezeichnung „Internal Control - Integrated Framework" publiziert [COSO94], für das auch die Bezeichnung „COSO-Framework" oder nur „COSO" gebräuchlich ist. Die Bekanntheit gründet vor allem darauf, dass COSO sowohl von der SEC als auch von der PCAOB als zulässiges Rahmenwerk zur Definition eines „Internen Kontrollsystems" akzeptiert wird, wenn es um die Sicherstellung von Ordnungsmäßigkeit und Verlässlichkeit der Finanzberichterstattung nach dem Sarbanes-Oxley Act geht (vgl. [Land04]).

COSO stellt die Definition des Begriffs „Internes Kontrollsystem" auf die zielgerichtete und planvoll organisierte Ausführung von Aktivitäten durch Mitarbeiter des Unternehmens ab und unterscheidet sich damit beispielsweise von der Definition des IDW (vgl. [IDW PS 260]):

> Das „Interne Kontrollsystem" ist ein Prozess, der von Aufsichtsgremien, Management und Mitarbeitern ausgeführt wird, und das Erreichen der vorgegebenen Ziele mit hinreichender Sicherheit gewährleistet.

Die in der Definition genannten Ziele werden – um die universelle Anwendbarkeit zu erhalten – nicht näher bezeichnet und nur in drei so genannten Zielkategorien gruppiert:

- **Operations.** Operations bezeichnet ganz umfassend die gesamte Unternehmenstätigkeit, also das operative Geschäft und fordert hier Wirksamkeit und Wirtschaftlichkeit.
- **Financial Reporting.** Von der Finanzberichterstattung wird Ordnungsmäßigkeit und Verlässlichkeit verlangt, insbesondere von Daten zur Erstellung der Jahresabschlüsse.
- **Compliance.** Die Befolgung von Gesetzen und Vorschriften wird gefordert, um das Unternehmen vor finanziellem und auch jedem anders gearteten Schaden zu bewahren.

Es ist offensichtlich, dass diese Ziele nicht durch einen einzigen Prozess erreicht werden können, sondern dass das „Interne Kontrollsystem" in alle Geschäfts- und Verwaltungsprozesse des Unternehmens eingebettet werden muss. Um dies zu erreichen, gilt es eine Reihe von Voraussetzungen für ein effektives „Internes Kontrollsystem" zu schaffen, die im Sprachgebrauch von COSO auch als Komponenten bezeichnet werden:

- **Control Environment (Kontrollumfeld).** Aus der COSO-Definition des „Internen Kontrollsystems" geht hervor, dass dessen Prozesse von Mitarbeitern auf allen Ebenen des Unternehmens getragen werden müssen. Dies gelingt nur, wenn im Unternehmen ein Klima herrscht, das von Integrität, Ethik sowie sozialer und fachlicher Kompetenz geprägt ist. Dieser Anspruch gilt in besonderem Maß für den Führungsstil und die Glaubwürdigkeit der Unternehmensleitung. In stärkster Ausprägung gilt er jedoch für die Aufsichtsgremien innerhalb des Unternehmens. Die englischsprachige Literatur verwendet in diesem Zu-

II. Standards, Rahmenwerke und Best Practices

sammenhang die Formulierung „tone at the top", um die Verantwortung des oberen Managements für die Gestaltung des entsprechenden Kontrollumfelds zu adressieren.

- **Risk Assessment (Risikobeurteilung).** Als Risiken gelten in COSO alle Ereignisse oder Umstände, die das Unternehmen an der Erreichung seiner Ziele hindern können. Diese Definition von Risiken zwingt dazu, sich zunächst über die Ziele des Unternehmens und seiner Aktivitäten auf allen Ebenen klar zu werden. Erst danach können Eintrittswahrscheinlichkeiten und Auswirkungen der Risiken bestimmt werden. Auf diesem Weg gehen nicht nur Risiken in das „Interne Kontrollsystem" ein, sondern auch die Ziele des Unternehmens, und zwar explizit und in präzise formulierter Form. Aus den als relevant eingestuften Risiken leiten sich wiederum konkrete Vorgaben für die unternehmensspezifische Ausgestaltung des „Internen Kontrollsystems" ab.

- **Control Activities (Kontrollaktivitäten).** Kontrollaktivitäten dienen dazu, die Ausführung von Maßnahmen zur Risikoabwehr zu überprüfen. Anders formuliert: Einzelne Kontrollaktivitäten stellen (im weitesten Sinn) sicher, dass die Unternehmensziele erreicht, beziehungsweise die zugeordneten Risiken abgeschwächt werden. Die große Anzahl erforderlicher Kontrollaktivitäten legt nahe, verschiedene Ansätze zur Klassifikation vorzusehen. Nahe liegend ist eine Zuordnung von Kontrollaktivitäten zu den oben genannten Zielkategorien (Operations, Financial Reporting, Compliance), dem Zeitpunkt der Ausführung (vorgelagerte oder nachgelagerte Kontrollaktivitäten) oder der Ausführungsform (manuelle oder automatisierte Kontrollaktivitäten).

- **Information and Communication (Information und Kommunikation).** Ein effektiver und möglichst effizienter Austausch von Informationen ist unverzichtbar für das „Interne Kontrollsystem", um angemessene Entscheidungen über den Umgang mit Risiken treffen zu können. Die Forderung erstreckt sich dabei nicht nur auf die Kommunikation innerhalb des Unternehmens, sondern auch auf den Informationsaustausch mit unternehmensexternen Personenkreisen, Organisationen, Institutionen und Geschäftspartnern.

- **Monitoring (Überwachung).** Es ist klar, dass komplexe Gebilde wie „Interne Kontrollsysteme" selbst Gegenstand der Überwachung sein müssen, damit sie ihre Wirksamkeit über die Zeit erhalten können. Geschäftsfelder, Unternehmen und die darin handelnden Mitarbeiter sind keine unveränderbaren Größen, so dass die eingeführten Kontrollaktivitäten Gefahr laufen, unwirksam oder in ihrer Aussage belanglos zu werden, selbst wenn oder gerade weil sie gleichförmig über einen längeren Zeitraum ausgeführt werden.

Die Ausgestaltung der COSO-Komponenten für die weiter oben dargestellten Zielkategorien (Operations, Financial Reporting und Compliance) in den unterschiedlichen Bereichen eines Unternehmens wird durch den so genannten COSO-Würfel in Abbildung II-3 verdeutlicht.

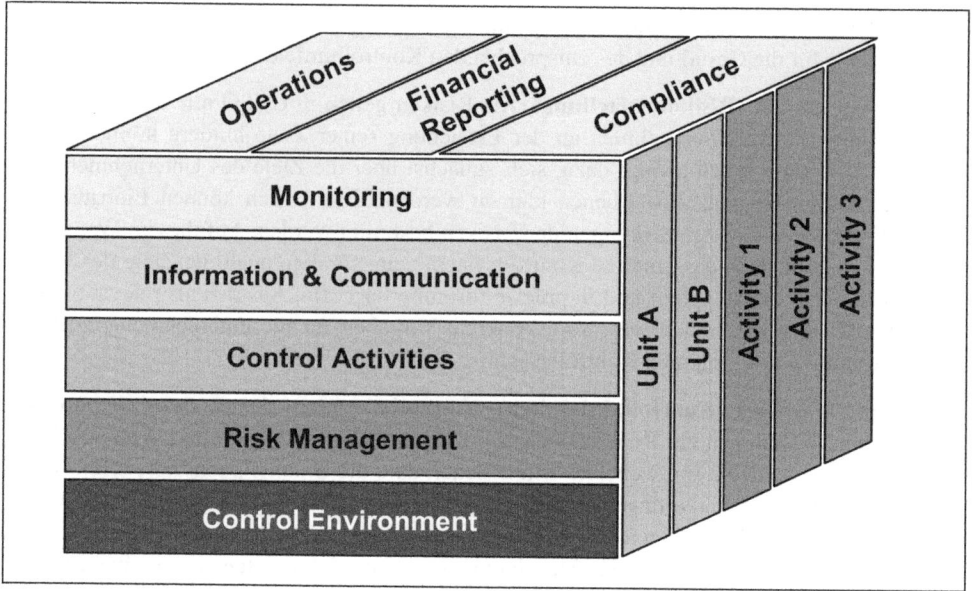

Quelle: COSO
Abbildung II-3: *COSO-Würfel*

Für die Rolle von COSO bei der Finanzberichterstattung, die Bedeutung von COSO für börsennotierte Unternehmen und insbesondere die Anforderungen von Section 404 des Sarbanes-Oxley Act wird auf die Darstellung in [Menz04] verwiesen. Im Rahmen des vorliegenden Buches geht es primär um den Nutzen, den COSO für den Aufbau von IT Governance bietet.

Beitrag von COSO für IT Governance

IT ist kein explizit genannter Bestandteil von COSO; allerdings können die Ziele eines ordnungsgemäßen IT-Betriebs in der Zielkategorie „Operations" subsumiert werden. Umgekehrt ist die Zielkategorie „Financial Reporting" nur durch eine gut konzipierte und funktionsfähige IT zu erreichen, weil inzwischen die Finanzberichterstattung jedes Unternehmens vollständig von seinen IT-Systemen und den damit erzeugten Daten abhängt. Folgerichtig wird COSO in der Literatur (z. B. in [BrBo04]) als eine der Quellen von IT Governance angeführt. Der Brückenschlag von COSO zu IT Governance wird deutlich, wenn man mit CObIT im nächsten Abschnitt ein Rahmenwerk für ein „Internes Kontrollsystem für IT" betrachtet.

3.2 CObIT

CObIT steht für „Control Objectives for Information and related Technology" und trägt damit bereits in der Bezeichnung die besondere Ausrichtung auf Information und Informationstechnologie. Die Entwicklung von CObIT begann 1994 und wird derzeit in Version 4.0 vom IT Governance Institute (ITGI) herausgegeben [ITGI06a]. Das ITGI entstand seinerseits 2003 aus der Umbenennung der „Information Systems Audit and Control Foundation" (ISACF), dem Forschungsinstitut der „Information Systems and Control Association" (ISACA).

Zu Beginn der CObIT-Entwicklungsgeschichte stand die Unterstützung von IT-Audits im Vordergrund, und die vorrangige Zielgruppe waren IT-Revisoren, später auch Wirtschaftsprüfer. Heute sind der Anspruch, der intendierte Nutzerkreis und die Ziele weiter gesteckt:

> **CObIT-Mission**: „To research, develop, publish and promote an authoritative, up-to-date, international set of generally accepted information technology control objectives for day-to-day use by business managers and auditors."

Im Mittelpunkt dieses Mission Statement stehen die „information technology control objectives", also die spezifisch auf die IT ausgerichteten Kontrollziele. Die Unternehmen haben erkannt, dass IT aus einer Reihe von Gründen Gegenstand der Kontrolle sein muss, und das nicht punktuell im Rahmen eines IT-Audits, sondern im Grunde genommen permanent. Das liegt zum ersten am hohen Durchdringungsgrad der Geschäftsprozesse mit IT, zum zweiten an der technischen Komplexität von IT und zum dritten in der Tatsache, dass komplexe Technik bei Bedienung und Nutzung durch Menschen leicht zum Risiko werden kann. Erfolgt diese Kontrolle der IT (Kontrolle auch im Sinne von Ausrichtung, Steuerung und Gestaltung), sind folgende positive Effekte zu verzeichnen:

- Annäherung beziehungsweise gegenseitige Ergänzung von Geschäfts- und IT-Strategie
- Nachweisbare Erfüllung zuvor definierter Ziele für den Einsatz der IT
- Besseres Verständnis der mit dem IT-Einsatz verbundenen Risiken

Das ITGI schlägt dazu CObIT als umfassendes (und COSO-konformes) Rahmenwerk für ein „Internes Kontrollsystem für IT" vor. Um diesem Anspruch zu genügen und die oben aufgeführten Ziele zu erreichen, müssen der Betrieb und die Ergebnisse von IT – als zentrales „Objekt" des Kontrollsystems – Bestandteil des Rahmenwerks sein. Dazu bildet CObIT die IT durch folgende Elemente ab:

- Ziele, Informationen und Betriebsmittel der IT
- Domains und Prozesse zur Gliederung von Aktivitäten in der IT
- Kontrollziele als deskriptiv formulierte Vorgaben für die IT-Prozesse
- Reifegradbewertung und Metriken zur Performance-Messung

CObIT erlaubt es damit, „Kontrolle" über den IT-Bereich zu erhalten – und zwar in dem Sinne, dass für die IT-Prozesse jeweils Kontrollziele (Control Objectives) definiert werden. Das Kontrollziel formuliert deklarativ, wodurch sich die ordnungsgemäße Ausführung des IT-Prozesses definiert, ohne zu beschreiben, wie dies (prozedural) zu erreichen ist. Es ist bereits an dieser Stelle zu erkennen, dass es einen Bezug zu IT Governance gibt, so dass die dazu relevanten Elemente von CObIT in den nächsten Abschnitten genauer beschrieben werden.

Zielsetzung, Informationen und Betriebsmittel der IT

CObIT erhebt den Anspruch, nicht nur für IT-Auditoren im Rahmen der Prüfung ein Hilfsmittel zu sein, sondern auch für die Unternehmensleitung und die Verantwortlichen der IT-Prozesse, unter anderem durch das Angebot einer gemeinsamen Sprache, die die Verständigung zwischen diesen unterschiedlichen Gruppen zu erleichtern sucht. Auf Basis dieser gemeinsamen Sprache soll auch eine Brücke geschlagen werden zwischen den so genannten „Business Goals" und den „IT Goals". Dazu bietet CObIT beispielsweise eine tabellarisch organisierte Abbildung zwischen beiden Zielsetzungen an, die – nach unternehmensspezifischer Ausgestaltung – einen Beitrag zum „Strategic Alignment" leisten kann. Des Weiteren wird eine Ableitungsmechanik vorgestellt, mit der die „Enterprise Strategy" über die Zwischenstufen „Business Goals for IT" und „IT Goals" in eine „Enterprise Architecture for IT" transformiert werden kann.

Hinter dieser Transformation steht eine rückwärts gerichtete Wirkungskette der Gestalt: Um die Informationen zu erhalten, die das Unternehmen zur Erreichung seiner Geschäftsziele benötigt, müssen die IT-Ressourcen gesteuert und kontrolliert werden, und zwar durch einen aufeinander abgestimmten Satz von IT-Prozessen. An die Informationen und ihre Bereitstellung werden zudem bestimmte Anforderungen gestellt, die sich ihrerseits aus Qualitäts-, Sicherheits- und Ordnungsmäßigkeitskriterien ableiten.

Unter den Betriebsmitteln der IT („IT-Resources") subsumiert CObIT Applikationen, Informationen, Infrastruktur und Mitarbeiter, die unter dem Management der IT-Prozesse stehen.

Domains und Prozesse zur Gliederung von Aktivitäten in der IT

CObIT führt auf hoher Abstraktionsebene so genannte „IT-Prozesse" ein (stellenweise auch als „CObIT-Prozesse" bezeichnet). Das zugrunde liegende Prozessmodell dieser IT-Prozesse ist schlicht und kennt im Wesentlichen nur die sequentielle Abfolge von Aktivitäten innerhalb der IT (vgl. [BrBo04] für eine grafischen Darstellung der CObIT-Prozesse).

Die insgesamt 34 IT-Prozesse werden in CObIT ihrerseits in vier so genannte „Domains" gegliedert. Diese dürfen nicht mit den Focus Areas von IT Governance verwechselt werden, die in Teilen der Literatur ebenfalls als „Domains" bezeichnet werden, jedoch eine andere Bedeutung haben. Die CObIT-Domains haben ihren Ursprung in einem generischen IT-

II. Standards, Rahmenwerke und Best Practices

Betriebszyklus mit den Phasen „plan", „build", „run" und „monitor" und sind darauf aufbauend ab CObIT Version 4.0 wie folgt bezeichnet:

- Plan and Organize (PO)
- Acquire and Implement (AI)
- Deliver and Support (DS)
- Monitor and Evaluate (ME)

Mit den Domains, den darin gruppierten IT-Prozessen und den darunter subsumierten IT-Aktivitäten bietet CObIT ein einfaches prozessorientiertes Modell für den IT-Betrieb. Sein Wert liegt jedoch primär darin, die Control Objectives zu strukturieren und nicht in dem Anspruch, eine reale IT-Abteilung nach den Domains und IT-Prozessen zu organisieren. Das zeigen auch die Bemühungen, die IT-Prozesse aus CObIT auf Rahmenwerke und Standards abzubilden, die in der Praxis häufiger anzutreffen sind (z. B. [ITGI05] und [HeMi04] für Abbildungen auf ITIL und Standards wie ISO 17799 oder dem IT-Grundschutzhandbuch).

Kontrollziele als deskriptiv formulierte Vorgaben für IT-Prozesse

Der zentrale Begriff in CObIT ist das „information technology control objective" und dies wird wie folgt definiert:

> **IT Control Objective**: „A statement of the desired result or purpose to be achieved by implementing control procedures in a particular IT activity."

Nachdem CObIT die IT-Aktivitäten zu den IT-Prozessen der vier Domains zusammenfasst, ergibt sich zwangsläufig eine Zuordnung der insgesamt 318 vorgeschlagenen IT-Control Objectives zu den 34 IT-Prozessen. Die Bedeutung dieser Zuordnung besteht in der Aussage, dass die IT-Control Objectives zusammengenommen die äußeren Merkmale eines ordnungsgemäß durchgeführten IT-Prozesses darstellen. Wird ein IT-Prozess, dank effektiver Kontrollen, ordnungsgemäß ausgeführt, reduziert dies das Risiko für Fehler und es erhöht die Wahrscheinlichkeit, mit diesem IT-Prozess einen Wertbeitrag für das Unternehmen zu leisten.

Um die IT-Control Objectives mit den weiteren Elementen von CObIT zu verbinden, werden für jedes „High level Control Objective" beziehungsweise den ihm zugeordneten IT-Prozess folgende Bezüge ausgewiesen:

- Ein oder mehrere „Detailed Control Objectives"
- Zuordnung eines primären oder sekundären Beitrags zu den „Information Criteria"
- Beitrag zu den Business Requirements
- Beitrag zu einem oder mehreren Focus Areas von IT Governance
- Hinweise auf zweckdienliche oder notwendige Aktivitäten

- Zuordnung zu den IT-Ressourcen (Application, Information, Infrastructure, People)
- Input- und Output-Beziehungen
- Zuordnung der Aktivitäten zu Rolleninhabern mit definierten Zuständigkeiten
- Kennzahlen zur Messung (Metriken)
- Spezifische Ausprägung des Reifegradmodells

Die beiden zuletzt genannten Bezüge leiten über zu einer weiteren Eigenschaft, die CObIT anbietet: die Möglichkeit zur Bewertung von Reifegraden für die relevanten Aspekte des IT-Betriebs und insbesondere die Performance-Messung der IT-Prozesse.

Reifegradbewertung und Metriken zur Performance-Messung

Um die IT eines Unternehmens überhaupt bewerten zu können, müssen zwei Arten von Informationen vorliegen: Angaben über den aktuellen Entwicklungsstand („Wo steht die IT?") und die Leistungsfähigkeit der IT-Prozesse („Was leisten die IT-Prozesse?"). CObIT bietet Möglichkeiten an, beides zu bestimmen. Der aktuelle Entwicklungsstand wird als „Reifegrad" bezeichnet und die Leistungsfähigkeit der IT-Prozesse als ihre Performance, die sich wiederum aus zu definierenden Zielen und Metriken ergibt. All dem gemeinsam ist der Anspruch der Quantifizierbarkeit, um damit zu einer nachvollziehbaren, objektiven und – zumindest im Prinzip – mit anderen Unternehmen vergleichbaren Bewertung zu kommen. Im Einzelnen bietet CObIT folgendes an:

- **Kapazität (Capacity).** Liegen klar definierte, einheitlich anwendbare und allgemein anerkannte Kriterien vor, die verschiedene (meist aufeinander aufbauende) Stufen in der Entwicklung von Strukturen, Prozessen und Systemen allgemein charakterisieren, spricht man von Reifegradmodellen. Sie können dazu verwendet werden, den aktuellen Entwicklungsstand (oder die Kapazität) zu bestimmen, im Vergleich mit anderen Unternehmen Schwachstellen zu identifizieren und Ziele für die Zukunft vorzugeben. CObIT geht hier etablierte Wege und greift bei seinen Entwicklungsstufen für IT-Prozesse und den weiteren Aspekten auf das „Capability Maturity Model" (CMM) des Software Engineering Institutes zurück, das sechs Stufen kennt. Diese sechs Stufen werden für die 34 IT-Prozesse spezifisch ausgeprägt, was eine differenzierte Betrachtung erlaubt. Das ist hilfreich, weil nicht alle IT-Prozesse den gleichen Reifegrad benötigen und betriebswirtschaftliche, risiko- und umsetzungsorientierte Überlegungen dies im Allgemeinen auch verbieten.
- **Leistung (Performance).** Vom Reifegrad oder der Kapazität der IT-Prozesse strikt zu trennen ist die tatsächliche Leistung der IT-Prozesse. CObIT definiert dafür Ziele für Aktivitäten, Prozesse, die IT insgesamt und das Unternehmen und schlägt korrespondierend dazu auch Metriken auf diesen drei Ebenen vor. Die Ziele sind dabei in einer Hierarchie angeordnet, so dass die Ziele der IT dem entsprechen, was das Unternehmen von der IT erwartet beziehungsweise benötigt und die Ziele der Prozesse die Ziele der IT befördern. Um zu entscheiden, ob ein Ziel bereits erreicht ist, werden jeweils „Key goal indicators"

(KGI) definiert, wohingegen „Key performance indicators" (KPI) helfen, die Wahrscheinlichkeit abzuschätzen, ob das Ziel erreicht wird. Der Zusammenhang zwischen den Ebenen wird darüber hergestellt, dass KGI der einen Ebene KPI der nächsten Ebene bilden.

Dieser Zusammenhang von Zielen über drei Ebenen (Aktivitäten, Prozesse und IT) wird für alle 34 IT-Prozesse von CObIT vollständig durchdekliniert, so dass ein recht umfassendes und systematisch aufgebautes System entsteht.

Beitrag von CObIT zur Implementierung von IT Governance

Ein Beitrag für die Implementierung von IT Governance wird immer dann testiert, wenn für die Einführung einer oder sogar mehrerer Domänen von IT Governance ein signifikanter Gewinn zu erzielen ist, insbesondere durch die Einsparung von Entwicklungsaufwand als Folge direkter Anwendbarkeit. CObIT zeigt in der nun vorliegenden Version 4.0 und dank seiner Herkunft – dem IT Governance Institute – schon von Hause aus eine gewisse Nähe zur IT Governance. Das ITGI unterfüttert diesen Anspruch, indem es einzelne CObIT-Komponenten wie Ziele (Goals), Metriken (Metrics), Anweisungen (Practices) und Reifegradmodelle (Maturity Models) wie folgt den Domänen der IT Governance zugeordnet:

Domänen von IT Governance	Goals	Metrics	Practices	Maturity Model
Strategic Alignment	primär	primär		
Value Delivery		primär	sekundär	primär
Risk Management		sekundär	primär	sekundär
Resource Management		sekundär	primär	primär
Performance Management	primär	primär		sekundär

Quelle: [ITGI06a]
Abbildung II-4: *Primäre und sekundäre Beiträge von CObIT*

An gleicher Stelle wird auch eine Tabelle präsentiert, die die 34 CObIT-Prozesse den Focus Areas von IT Governance und den COSO-Komponenten (Control Environment, Risk Assessment, Control Activities, Information and Communication, Monitoring) zuordnet. Auch außerhalb des ITGI wird CObIT als „Standard für die Umsetzung von IT Governance" angesehen, da es Anforderungen an IT formuliert, die sicherstellen, dass Geschäftsziele abgedeckt, Ressourcen verantwortungsvoll eingesetzt und Risiken angemessen überwacht werden (vgl. [BrBo05] und etwas differenzierter auch in [HeMi04]).

Unstrittig ist, dass Control Objectives sicherstellen, dass die IT-Prozesse einer zuvor festgelegten Mindestqualität entsprechen. Selbst wenn die ordnungsgemäße Ausführung für sich noch keinen Mehrwert für das Unternehmen bringt, ist die Abwesenheit von Fehlern doch zumindest ein Beitrag zur Focus Area „Value Delivery" aus Sicht der IT-Abteilung. CObIT erlaubt auch, mit seinem „Control Framework" die IT-spezifischen Risiken zu überwachen und leistet damit einen Beitrag zur Focus Area „Risk Management". Auch die Zuordnung von Verantwortlichkeiten zu IT-Prozessen in CObIT ist ein Beitrag zu IT Governance, weil damit klare Zuständigkeiten und Entscheidungswege geschaffen werden, was nach [WeRo04] ebenfalls eine zentrale Forderung bei der Einführung von IT Governance ist.

4. Optimierung der IT-Prozesse

Die Optimierung der IT-Prozesse ist eine allgemeingültige Forderung, die losgelöst von der Einführung von IT Governance auf jedes Unternehmen anwendbar ist. Entscheidend ist deshalb in diesem Zusammenhang die Frage, welche spezifischen Anforderungen an IT-Prozesse zu stellen sind, wenn sie mit Blick auf die Einführung von IT Governance zu gestalten oder zu verbessern sind. Um diese Frage zu beantworten und anschließend Vorgaben für die Gestaltung der IT-Prozesse zu machen, ist eine kurze Schilderung der fünf so genannten „Domänen" notwendig, die das IT Governance Institute (ITGI) als Geltungsbereich von IT Governance vorschlägt [ITGI03]. Die Domänen erlauben zwar keine überschneidungsfreie Abgrenzung der relevanten Themen und wirken in zwei ihrer fünf Teile auch eher komplettierend als spezifisch, prägen aber zunehmend das allgemeine Verständnis von IT Governance und haben daher ihre Berechtigung als Gliederungsstruktur für die weitere Darstellung.

Strategic Alignment

Dieser Anspruch von IT Governance erfordert, dass die Leistungen der IT in Art, Umfang und Qualität optimal auf die Erfordernisse des Unternehmens ausgerichtet werden. Diese Übereinstimmung ist auch beizubehalten, wenn sich die Rahmenbedingungen für das Unternehmen und damit der Bedarf an IT-Unterstützung ändern. Für die IT-Prozesse bedeutet das:

- Gestaltung und Bereitstellung von Leistungen der IT als Services statt als Prozesse
- Identifikation, Gestaltung, Durchführung der IT Services am Bedarf des Unternehmens
- Orientierung am Bedarf des Empfängers statt der Organisationsstruktur der IT-Abteilung
- Kontinuierliche Kommunikation zwischen Anbieter und Nutzer der IT-Services

Für die Unternehmensleitung folgt aus der Domäne „Strategic Alignment" die ständige Verpflichtung, nicht nur die IT-Services und die darunter liegenden IT-Prozesse, sondern auch geplante Investitionen in die IT-Architektur, Projekte sowie alle Vorhaben darauf hin zu überprüfen, ob sie mit den Zielen des Unternehmens in Einklang stehen.

Value Delivery

Die Einführung von IT Governance hat unter anderem das Ziel, die Rolle der IT im Unternehmen von einer Unterstützungsfunktion zu einem Faktor der Wertschöpfung zu verändern. Dieser Anspruch findet sich in der Domäne „Value Delivery" und führt zu den folgenden Anforderungen an die IT-Prozesse:

- Gestaltung als klar definierte IT-Services mit tiefer Integration in die Geschäftsprozesse

- Verwendung anerkannter und etablierter Standards anstatt proprietärer Individuallösungen
- Überprüfung aller Prozessschritte und Aktivitäten auf Notwendigkeit und Wertbeitrag

Performance Measurement

IT Governance hat den Anspruch, Leistungen der IT-Abteilung nicht nur auf das Unternehmen auszurichten, sondern auch in stärkerem Maß die sachgerechte Erbringung messen und bewerten zu können. Für die IT-Prozesse ergeben sich daraus folgende Anforderungen:

- Festlegung und Überwachung klar definierter Qualitätsmerkmale von IT Services
- Regelmäßiger Abgleich von Kennzahlen und Indikatoren mit zuvor definierten Zielen
- Ableitung konkreter Maßnahmen zur Korrektur bei Abweichungen von den Zielen

Resource Management

Aus der Forderung, eine leistungsfähige und den Anforderungen des Unternehmens genügende IT bereitzustellen, folgt unmittelbar die Notwendigkeit, mit den vorhandenen Ressourcen verantwortungsvoll umzugehen und den für die Zukunft bereits erkennbaren Bedarf an Ressourcen frühzeitig zu planen. Das ist primär eine Erwartung an das Management, die aber ebenso Anforderungen an die IT-Prozesse stellt:

- Gestaltung der IT-Prozesse zur Erzielung maximaler Ergebnisse mit vorhandenen Mitteln
- Entwicklung eigener Prozesse zur Planung und zum Einsatz aller IT-Ressourcen
- Ganzheitliche und umfassende Betrachtung von Ressourcen in den IT-Prozessen

Risk Management

Die Erkennung, Überwachung und Vermeidung von IT-Risiken sind zentrale Elemente von IT Governance. Nur durch diese kann verhindert werden, dass Fehler im Zusammenhang mit der IT die Handlungsfähigkeit oder gar Existenz des Unternehmens gefährden. Bezogen auf die IT-Prozesse ergibt sich daraus eine Reihe von Anforderungen, insbesondere sind diese:

- Vollständige, korrekte und aktuelle Dokumentation aller IT-Prozesse
- Gestaltung der IT-Prozesse mit integrierten Kontrollen zur Erkennung von Fehlern
- Einführung dedizierter Prozesse zur Überwachung, Kontrolle und Risikofrüherkennung

Fasst man die Anforderungen zusammen, erkennt man zwei wesentliche Elemente: Standardisierte, in der Praxis bereits bewährte und gut dokumentierte IT-Prozesse müssen zu klar

Optimierung der IT-Prozesse

definierten IT-Services gebündelt werden. Die IT-Services müssen zudem von zentraler Stelle aus hinsichtlich ihrer Ergebnisse und ihrer Qualitätsmerkmale laufend überwacht und in ihrem Zusammenwirken planvoll gesteuert werden, um maximalen Nutzen bei angemessenem Ressourcen-Einsatz und möglichst geringem Risiko für das Unternehmen zu bieten. Die nachfolgenden Abschnitte dieses Kapitels zeigen, wie diese Anforderungen umgesetzt werden können und auf welche Vorarbeiten dabei zurückgegriffen werden kann.

4.1 IT-Service Management

IT-Service Management ist das Management von IT-Dienstleistungen, die sich ihrerseits aus der koordinierten Ausführung und dem Zusammenwirken einzelner IT-Prozesse ergeben, und damit eine klar abgrenzbare und in Qualität, Art und Umfang festgelegte Leistung für das Unternehmen darstellen. Management bedeutet in diesem Zusammenhang die Identifikation, Planung und Gestaltung, Definition, Erbringung, Überwachung und Einstellung von IT-Services durch eine IT-Abteilung beziehungsweise externe Anbieter von IT-Dienstleistungen.

Nach dem Verständnis des IT-Service Management Forum (itSMF) [itSMF02] umfasst IT-Service Management weiterhin die folgenden Elemente, welche zugleich auch Anforderungen an den Erbringer der IT-Services darstellen:

- **Service-Orientierung.** Die IT-Abteilung oder auch ein externer Anbieter bündelt seine IT-bezogenen Leistungen zu klar umrissenen IT-Services. Ein Service wird als eine Kombination aus Produktion und Verbrauch verstanden, an dem Anbieter und Verbraucher gleichzeitig teilnehmen. Anders als ein einzelner IT-Prozess ist ein IT-Service auf ein vollständiges und für den Empfänger direkt nutzbares Ergebnis hin ausgerichtet.

- **Kontinuierliche Qualität.** Unter Qualität wird die Gesamtheit der Eigenschaften und Merkmale eines Services verstanden, die erfüllt sein müssen, um die beabsichtigte oder zugesagte Leistung erbringen zu können. Qualität kann im Zusammenhang mit einem immateriellen Gut wie einer Leistung erst während der Erbringung beziehungsweise Annahme beurteilt werden, nicht vorher wie etwa bei einem (materiellen) Produkt. Bei IT-Services sind diese Eigenschaften und Merkmale insbesondere Art, Umfang, Dauer, Häufigkeit oder Verfügbarkeit der Verarbeitungs-, Betriebs- oder Bereitstellungsleistungen. Gemessen an der Bedeutung der IT für heutige Unternehmen ist nicht nur die einmalige Erfüllung der zugesagten Leistungen von Bedeutung, sondern vor allem die Kontinuität und die Stabilität bei der Erbringung der Services auf hohem Qualitätsniveau.

- **Einheitliches Prozessmodell.** IT-Prozesse als Bausteine von IT-Services sind nach einem einheitlichen Prozessmodell zu gestalten, in dem Aktivitäten und Subprozesse die funktionalen Bestandteile bilden, die Überwachung von Prozessen über Qualitätsparameter und Leistungsindikatoren erfolgt, Prozessbedingungen in Form von erforderlichen Ressourcen und beteiligten Rollen definiert sind sowie Input und Output spezifiziert werden.

Effektives IT-Service Management stellt somit nicht nur Anforderungen an die Organisation, die diese IT-Services erbringt, sondern genauso an das Unternehmen, das die Dienstleistungen in Anspruch nimmt. Diese Besonderheit ergibt sich aus der Tatsache, dass Services im Gegensatz zu Produkten ihre Qualität nur erreichen beziehungsweise erhalten können, wenn Leistungserbringer und Leistungsempfänger eng kooperieren und kommunizieren. Dies wiederum funktioniert nur, wenn die Organisationen in ihrem jeweiligen Reifegrad nicht zu unterschiedlich sind. Demnach sind folgende Voraussetzungen erforderlich:

- **Strukturierte Kommunikation.** IT-Service Management erfordert einen regelmäßigen und gut strukturierten Informationsaustausch zwischen Anbieter und Empfänger der Leistungen. Das gilt sowohl für die initiale Phase, in der IT-Services auf die Erfordernisse des Unternehmens zugeschnitten werden, als auch für die Zeit, in der die IT-Services erbracht werden. Beide Seiten müssen ein hohes Interesse an dieser Kommunikation haben, da nur so Abweichungen, Defizite und geänderte Anforderungen an den Service Provider herangetragen werden können und dieser von seiner Seite aus Anpassungen und insbesondere Verbesserungen vorschlagen kann.

- **Definierte Leistungsbeziehungen.** Die IT-Services müssen in Ausprägung, Art, Umfang und allen ihren weiteren Merkmalen Bestandteil einer formalen und explizit dokumentierten Festlegung zwischen Anbieter und Empfänger sein (Service Level Agreement, SLA). Für diese Aufgabe ist bei der Implementierung eines IT-Service Managements eine verantwortliche Instanz zu schaffen. Darüber hinaus werden weitere Mechanismen benötigt, um Änderungen an das jeweils gültige SLA zu adressieren, zu prüfen, darüber zu entscheiden und gegebenenfalls das SLA anzupassen.

- **Umfassendes Beziehungs-Management.** IT-Service Management erfordert, dass zwischen dem Unternehmen und der IT-Abteilung, beziehungsweise dem externen Anbieter, auf allen Ebenen (strategisch, taktisch und operativ) Beziehungen systematisch aufgebaut und unterhalten werden. Dieses IT-Customer Relationship Management (ITCRM) dient auf der Führungsebene beider Organisationen dazu, die langfristige Planung abzugleichen (Strategic Alignment), daraus für einen bestimmten Zeitraum die IT-Services und ihre Kosten festzulegen (Service Level Agreements) und Änderungen daran umzusetzen.

Zu einem umfassenden IT-Service Management gehört der Anspruch, ausgehend von den Zielen des Unternehmens, ein Angebot von IT-Services zu entwickeln und die darunter liegenden IT-Prozesse auszuführen, so dass die IT einen erkennbaren Beitrag zum Kerngeschäft leistet und damit zum Unternehmenserfolg beiträgt. An diesem Selbstverständnis von IT-Service Management ist die Parallele zu IT Governance deutlich zu erkennen. Das IT-Service Management bildet – konzentriert auf IT-Services – einen Teil des Regelkreises nach, den IT Governance auf einer höheren Ebene für alle Belange der IT ebenfalls verfolgt. Gemäß dem IT-Service Management Forum [itSMF02] hat dieses Vorgehen folgende Komponenten:

- **Zielgerichtete Entwicklung.** Ausgehend von der Vision, die auf oberster Ebene das Selbstverständnis, den Anspruch und das langfristige Ziel des Unternehmens beschreibt, wird die Entwicklung von Prozessen bis auf die unterste Ebene von Aufgaben und Aktionen zielgerichtet entwickelt. Dieser Top Down-Ansatz ist keine Besonderheit von IT-

Service Management, zeigt aber die Absicht, die Identifikation, Entwicklung und Nutzung von IT-Services den Anforderungen des Unternehmens konsequent unterzuordnen.

- **Regelmäßige Überwachung.** Sind die IT-Services, und damit auch die sie bildenden IT-Prozesse, entwickelt und werden sie im Unternehmen gelebt, müssen der Verlauf und die Ergebnisse ihrer Nutzung überwacht werden. Dazu werden zum einen die so genannten „Critical Success Factors" (CSF) benötigt, die nach verschiedenen Schwerpunkten gegliedert die Ziele der Organisation oder einzelner Prozesse charakterisieren. Zum anderen dienen die „Key Performance Indicators" (KPI) dazu, das aktuelle Maß oder den Grad in der Erreichung der CSF zu messen.

- **Schrittweise Anpassung.** Zeigt sich bei der Auswertung der KPI und insbesondere ihrer Entwicklung über die Zeit, dass die CSF nicht erreicht werden, sind Anpassungen notwendig. Um die Zielerreichung (wieder) sicherzustellen, darf zumindest im Grundsatz nichts im Unternehmen von einer möglichen Anpassung ausgenommen werden.

Bevor mit der IT Infrastructure Library (ITIL) eine mögliche Umsetzung des vorgestellten IT-Service Managements beschrieben wird, soll der Beitrag des IT-Service Managements mit Hinblick auf die Ziele von IT Governance zusammengefasst werden:

- Die Bündelung von Leistungen der IT-Abteilung zu IT-Services macht den Beitrag von IT zur Unterstützung der Kernprozesse des Unternehmens deutlich und erlaubt es, bei geänderten Anforderungen den Beitrag der IT in Art und Umfang zielgerichtet zu ändern.

- IT Service Management erlaubt es Unternehmen, IT-Services systematisch zu planen, bedarfsgerecht einzusetzen und mit der Unternehmensstrategie in Einklang zu bringen. Ein etabliertes IT-Customer Relationship Management stellt die Kommunikation sicher.

- Service Level Agreements schaffen Transparenz über Art und Umfang der geplanten Leistungen und stellen eine hohe Qualität sicher. Durch SLA-Überwachung, CGI und KPI werden Instrumente eingeführt, um die Merkmale der IT-Services zu messen.

Zusammenfassend kann gesagt werden, dass IT-Service Management eine notwendige, aber keineswegs ausreichende Vorbedingung für die Einführung von IT Governance ist.

4.2 IT Infrastructure Library

Die IT Infrastructure Library (ITIL) ist eine Sammlung so genannter Best Practices, die für sich genommen, vor allem aber in ihrer Kombination, die Organisation, Leistungserbringung und Qualitätserhaltung von IT-Services durch eine IT-Abteilung beschreiben [itSMF02]. Die Vorschläge innerhalb von ITIL (z. B. hinsichtlich Aufgaben, Verfahren oder Zuständigkeiten) werden zu Prozessen gebündelt, die weitgehend unabhängig von der Natur der IT-Abteilung (intern oder als externer Dienstleister) eine Reihe von IT-Services definieren. Der Ausgangspunkt für diese Empfehlung zur Gestaltung von IT-Abteilungen und deren Dienstleistungen geht auf das „Office of Government Commerce" (OGC), ehemals „Central Computer and Telecommunications Agency" (CCTA) zurück, das auch als Herausgeber für die zu ITIL gehörende Dokumentation fungiert [OGC06].

Mit seiner Erscheinung Ende der achtziger Jahre dokumentierte ITIL die Erkenntnis, dass eine überwiegend funktional orientierte Aufbau- und Ablauforganisation in IT-Abteilungen weder die Anforderungen der inzwischen entstandenen IT-Infrastruktur noch den gestiegenen Ansprüchen an die Erbringung von IT-Services genügt. Insbesondere stark hierarchisch ausgeprägte Organisationsformen, wenig transparente und vor allem fragmentierte Leistungserbringung, geringe Fähigkeiten zur Anpassung sowie einseitig auf die Belange der IT-Abteilung ausgerichtete Prozesse wurden als Faktoren identifiziert, die Wettbewerbs- und Zukunftsfähigkeit von IT-Dienstleistern beeinträchtigen.

Weiterentwicklungen auf der Basis der ITIL-Vorschläge sind erkennbar, insbesondere durch Unternehmen, die (meist zusammen mit ihren Produkten) ganzheitliche Lösungen anbieten beziehungsweise vergleichbare Referenzmodelle haben. ITIL ist allerdings weder ein Standard noch eine Norm, obgleich zunehmend von einem De facto-Standard gesprochen wird.

Die Vorschläge innerhalb von ITIL zur Gestaltung der IT-Prozesse und ihrer Einführung in einer IT-Abteilung sind in mehrere große Themengebiete gegliedert:

- Business Perspective
- Planning to Implement Service Management
- Infrastructure Management
- Applications Management
- Service Delivery
- Service Support
- Security Management

Für das Verständnis, wie diese Themen innerhalb des ITIL-Rahmenwerks (und der zugehörigen Dokumentation) positioniert sind, hilft das nachfolgende Bild, auch wenn sie eine Abgrenzung der Themen suggeriert, die in der Praxis nicht gegeben ist. Erkennbar wird allerdings der Anspruch von ITIL, den Raum zwischen der Technik (Technology) und dem Geschäft (Business) inhaltlich möglichst vollständig auszufüllen.

II. Standards, Rahmenwerke und Best Practices

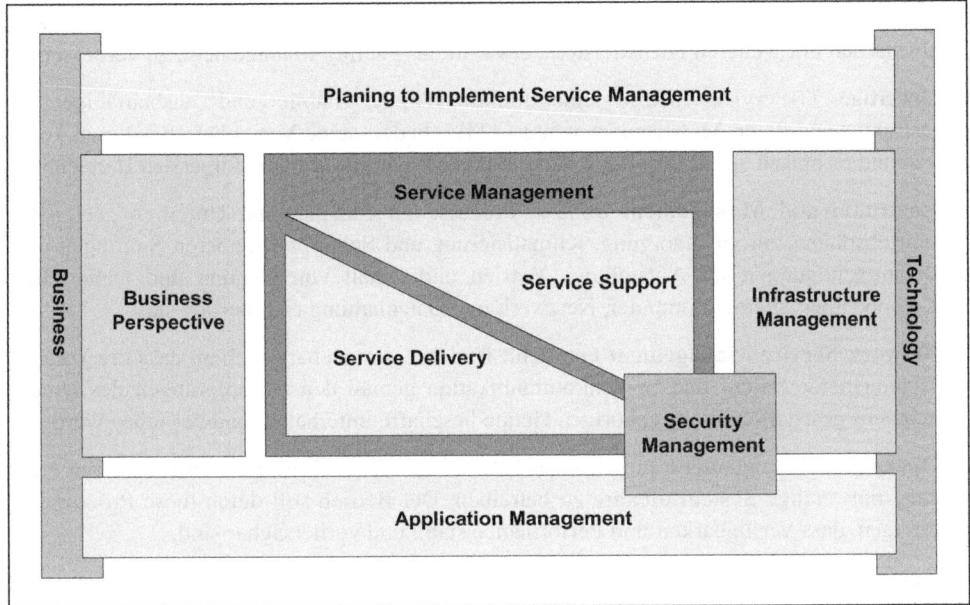

Quelle: [BoVe06]
Abbildung II-5: *Themenbereiche von ITIL*

ITIL hat eher den Anspruch, ein Rahmenwerk und damit eine Orientierungshilfe für die Implementierung eines IT-Service Managements zu sein, das in jedem Unternehmen – wie auch das Thema IT Governance – spezifische Ausprägungen erfordert. Zur Einführung einer ITIL-konformen Organisation macht ITIL ebenfalls Vorschläge.

Inzwischen sind die Vorbereitungen für eine neue Fassung von ITIL (Version 3) recht weit fortgeschritten, insbesondere ist schon die übergeordnete Gliederung am „Service Lifecycle" bekannt gegeben worden. Die darin definierten Phasen „Service Strategy", „Service Design", „Service Transition", „Service Operations" und „Continual Service Improvement" stellen den Service-Gedanken noch konsequenter in den Mittelpunkt von ITIL.

Business Perspective

Mit ITIL wird nicht nur der Anspruch verfolgt, hochwertige IT-Services zu schaffen, sondern die IT insgesamt zu einem integralen Bestandteil des Unternehmens zu machen. Damit dies gelingt, muss auch das Unternehmen selbst ein ausreichend hohes Verständnis für die benötigten IT-Services entwickeln. Das gilt sowohl für die eigene IT-Abteilung, beziehungsweise einen externen Dienstleister, als auch die Beziehungen zu weiteren Unternehmen, die Leistungen im Zusammenhang oder als Voraussetzung für die IT-Services erbringen. ITIL setzt hier an, um durch Empfehlungen für organisatorische Maßnahmen die Prozesse in der Zusammenarbeit mit weiteren Dienstleistern, etwa für das Facility Management, zu verbessern.

Hochwertige IT-Services setzen eine funktionsfähige, stabile und ausbaufähige IT-Infrastruktur und deren Management voraus. ITIL gliedert seine Vorschläge für diesen komplexen und technisch anspruchsvollen Teil einer IT-Organisation in die folgenden Bereiche:

- **Environmental Management** umfasst Prozesse für Planung und Unterhalt geeigneter Betriebsräume, Stromversorgung, Klimatisierung und Schutz vor äußeren Störungen und Beeinträchtigungen für Aufstellung, Betrieb und Erhalt von Geräten und technischen Komponenten, die für Computer, Netzwerk und Datenhaltung erforderlich sind.

- **Network Service Management** empfiehlt Prozesse, um sicherzustellen, dass die Voraussetzungen für Daten- und Sprachkommunikation gemäß den Anforderungen des Unternehmens geschaffen, die zugehörigen Geräte beschafft, unterhalten und betrieben werden.

- **Operations Management** enthält nach ITIL Prozesse, um Hardware und für deren Nutzung notwendige Systemsoftware zu betreiben. Der Betrieb soll durch diese Prozesse so erfolgen, dass Verfügbarkeit und Performance stabil und vorhersagbar sind.

- **Computer Installation and Acceptance** beinhaltet nach ITIL die Prozesse, die vor und während der Inbetriebnahme von Hardware bis zu deren Deinstallation zu beachten sind.

Die ITIL-Prozesse zum IT-Infrastructure Management sind im Zusammenhang mit IT Governance nur insofern von Bedeutung, dass durch sie Transparenz, Qualität, Kontrollierbarkeit und Risikominimierung innerhalb der IT-Organisation gefördert werden können. Für die Erbringung von IT-Services gegenüber dem Anwender (beziehungsweise dem empfangenden Unternehmen) sind diese Prozesse hingegen eine direkte und unverzichtbare Voraussetzung.

Service Support

Die Vorschläge von ITIL zielen im Wesentlichen darauf ab, die Qualität der erbrachten IT-Services durch den Einsatz von Best Practices zu erhöhen. Die Qualität von Services wird neben allen messbaren Größen auch vom Empfänger der Dienstleistungen wahrgenommen und beurteilt. Diese Empfänger sind die Anwender, die für ihre Arbeit die IT benötigen und daher Störungen oder Ausfälle unmittelbar erleben. Im Themenbereich „Service Support" sind daher Vorschläge zu Prozessen und Funktionen für die IT-Organisation zusammengefasst, die sich mit der Beseitigung von Störungen, der Behebung ihrer Ursachen und mit gleichem Stellenwert um die Verhinderung von Störungen in der Zukunft befassen:

- **Incident Management**. Störungen („Incidents") sind Ereignisse, die die Verfügbarkeit oder die Qualität eines IT-Service beeinträchtigen oder zum Erliegen bringen. Die von ITIL vorgeschlagenen Prozesse des Incident Management zielen darauf ab, primär die Störung zu beseitigen und den IT-Service so schnell wie möglich wieder herzustellen, ohne im gleichen Moment auch die Analyse der Ursachen dieser Störungen und die erforderliche Problemlösung voranzutreiben.

Optimierung der IT-Prozesse

- **Problem Management.** Nachdem im Incident Management die schnelle Wiederherstellung des beeinträchtigten IT-Service dominiert, gruppiert ITIL die Prozesse zur Ursachensuche und nachhaltigen Problembeseitigung im Problem Management. ITIL propagiert diese Trennung auch deshalb, weil die anfallenden Aufgaben, Vorgehensweisen und nicht zuletzt die erforderlichen Kenntnisse der ausführenden Mitarbeiter unterschiedlich sind.

- **Configuration Management.** Für Betrieb und Weiterentwicklung der IT-Infrastruktur, genauso wie für die Suche nach den Ursachen von Störungen, sind Informationen über die Hardware- und Software-Komponenten, ihre jeweiligen Einstellungen und Parametrisierungen und insbesondere die Beziehungen dieser Komponenten untereinander von zentraler Bedeutung. ITIL stellt das Configuration Management daher in den Mittelpunkt und sieht zu nahezu allen anderen IT-Prozesse Schnittstellen und Abhängigkeiten vor.

- **Change Management.** Anpassungen als Reaktion auf Fehler, Änderungen an Einstellungen als Ergebnis der Ursachenanalyse oder vom Anwender gewünschte Umstellungen sind Beispiele für Eingriffe in die IT-Infrastruktur. Sie müssen in jedem Fall sorgfältig geplant, geprüft, freigegeben und kontrolliert durchgeführt werden. ITIL stellt sämtliche Veränderungen unter die Kontrolle der Prozesse des Change Managements, um unbeabsichtigte, undokumentierte, unautorisierte oder mangelhaft durchgeführte Eingriffe mit nachteiligen Folgen für die IT-Services zu unterbinden.

- **Release Management.** ITIL führt den Begriff des „Release" als Gruppe von Konfigurationselementen ein, die zusammenhängend getestet und in diesem Zusammenhang einem zuvor entwickelten Plan folgend produktiv gesetzt werden. Hinter dieser Definition von „Release" steht zum einen die Erkenntnis, dass die durch Change Management koordinierte Änderung einzelner Komponenten der IT-Infrastruktur nicht ausreicht, um den Produktivbetrieb stabil und funktionsfähig zu halten, zum anderen die Einsicht, dass bei umfangreichen Änderungen auch organisatorische Sachverhalte zu berücksichtigen sind.

- **Service-Desk.** Der Service-Desk bildet als Unternehmsfunktion die „Schnittstelle" zwischen Anwendern und IT-Prozessen, wenn es um die Aufnahme, Klassifikation, Priorisierung und Erstlösung von Störungen als auch die Annahme von Service-Anfragen geht.

Die ITIL-Prozesse im Themenbereich „Service Support" sind ein Beitrag, um bei der Implementierung von IT Governance die Domäne „Value Delivery" und „Risk Management" auszufüllen. Die kontrollierte und überwachte Veränderung der IT-Infrastruktur (Change Management, Release Management, Configuration Management) verringert das Risiko, dass Beeinträchtigungen und Ausfälle von IT-Services den Beitrag der IT zur Unterstützung der Geschäftsprozesse im Unternehmen reduzieren oder ganz in Frage stellen. Mit Vorkehrungen zur schnellen Wiederherstellung und Erhaltung der IT-Services wird zudem sichergestellt, dass vereinbarte Leistungen nicht lange unterbrochen (Incident Management) oder mangels Beseitigung der Ursachen (Problem Management) mehrfach beeinträchtigt werden.

Service Delivery

IT-Prozesse aus dem Themenbereich „Service Support" bilden den Teil der IT-Services, die aus Sicht der Anwender entweder eine direkte Unterstützung bei ihrer Arbeit darstellen (durch Incident Management) oder von einer stabil und funktionsfähig gehaltenen IT-Infrastruktur profitieren (durch Change-, Configuration- und Release Management). Um diese IT-Services überhaupt anbieten, aufrecht erhalten, planbar gestalten und – nicht unerheblich bei externen Dienstleistern – auch abrechnen zu können, sieht ITIL unter dem Oberbegriff „Service Delivery" unterstützende Prozesse vor:

- **Availability Management.** Die Verfügbarkeit ist ein hervorstechendes Qualitätsmerkmal fast aller IT-Services, so dass ITIL hierauf besonderen Wert legt und Maßnahmen vorschlägt, um innerhalb der definierten SLA möglichst alle Ausfälle zu verhindern. Dabei wird berücksichtigt, dass bereits einzelne Komponenten oder Leistungen Dritter direkten Einfluss auf die Verfügbarkeit eines gesamten IT-Services haben können.

- **Capacity Management.** Um die Verfügbarkeit eines IT-Services nicht nur zum gegenwärtigen Zeitpunkt sicherzustellen, sondern dies – eventuell in größerem Umfang oder mit anderen Parametern – auch zukünftig zu können, erfordert es die Planung aller dazu benötigten Ressourcen. Insbesondere gilt es, einen Ausgleich zwischen Kosten und Kapazität sowie Angebot und Nachfrage zu schaffen und für die Zukunft zu planen, damit auch erweiterte SLA mit der notwendigen IT-Kapazität unterfüttert sind.

- **Continuity Management.** Um die Verfügbarkeit von IT-Services und der erforderlichen IT-Infrastruktur nach schwerwiegenden Störungen, bei Katastrophen und unter ähnlich ernsten Umständen sicherstellen oder wiederherstellen zu können, schlägt ITIL ein Bündel von Maßnahmen vor. Diese Maßnahmen sind nicht nur reaktiver Art (also auf die Wiederherstellung bezogen), sondern sehen proaktiv Investitionen, zusätzliche Prozesse und redundante Systeme vor, um auch nach einer Katastrophe handlungsfähig zu bleiben.

- **Finance Management.** Werden die IT-Services durch einen externen Dienstleister erbracht, ist die Notwendigkeit zur Bezahlung und verursachergerechten Verrechnung offenkundig; aber auch die Dienstleistung aus dem eigenen Haus muss abgerechnet werden. In beiden Fällen muss Transparenz darüber geschaffen werden, welche Aufwände auf die einzelnen IT-Services entfallen, wo, wann und von wem die Leistungen in Anspruch genommen wurden und wie sich die Kosten gegenüber dem Vergleichszeitraum entwickeln.

- **Security Management.** Ausgehend von den spezifischen Sicherheitsbedürfnissen des Unternehmens stellt das Security Management sicher, dass die IT-Services auf dem gewünschten Sicherheitsniveau erbracht werden. ITIL versteht das Security Management als einen kontinuierlichen und vor allem zyklischen Prozess, der mit nahezu allen IT-Prozessen der Themenbereiche „Service Support" und „Service Delivery" verzahnt ist.

- **Service Level Management.** Das Management von Service-Levels, also präzise definierten Vereinbarungen zwischen Kunde und Dienstleister über Art und Umfang der IT-

Services, ist notwendig, um Leistungen zum einen bedarfsgerecht erbringen und zum anderen auch angemessen bezahlen zu können.

Die IT-Prozesse aus dem Themenbereich „Service Delivery" können Teile der Domäne „Risk Management" (mittels Resource und Security Management) und „Resource Management" (durch Availability, Continuity, Capacity und Finance Management) von IT Governance umsetzen. Das Service Level Management dient weiterhin dem „Strategic Alignment".

Applications Management

Neue Anforderungen an die Geschäftstätigkeit der Unternehmen münden oft in Anforderungen an Software, die nach wie vor zu einem gewissen Teil neu entwickelt werden muss. Hier ist die Gefahr groß, dass durch fehlerhafte oder unvollständige Anforderungen an die Software, mangelhafte Umsetzung oder unvollständiges Testen die gewünschte Unterstützung der Geschäftsprozesse gemindert wird oder ausbleibt. ITIL bietet auch dazu Vorschläge an, die sich neben der Software-Entwicklung auch auf die Entwicklung neuer IT-Services beziehen:

- **Software Lifecycle Support**. Anwendungssysteme (Applications) unterliegen einem Lebenszyklus, der mit der Identifikation von Anforderungen an die Anwendung beginnt, die Phasen Inbetriebnahme, Nutzung und Änderung umfasst und erst mit der Ablösung der Anwendung endet. ITIL empfiehlt hier eine strukturierte Vorgehensweise für jede Phase im Lifecycle, denn es besteht ein direkter Zusammenhang zu anderen IT-Services, insbesondere in der Betriebsphase (Incident Management), bei der Problembehebung (Problem und Change Management) und der Weiterentwicklung (Release Management).

- **Testing an IT-Service for Operational Use**. Entsprechend dem zentralen Anspruch von ITIL, die Voraussetzung für qualitativ hochwertige IT-Services zu schaffen, nimmt innerhalb des Lebenszyklus von Applikationen deren Test (vor Übergabe in den Betrieb) einen hohen Stellenwert ein. ITIL sieht dazu umfangreiche Tests vor, die eine einwandfreie Funktion, korrekte Installation und gute technische Integration einer neuen oder geänderten Anwendung sicherstellen sollen.

Mit dem „Software Lifecycle Support" werden gleich mehrere Focus Areas von IT Governance angesprochen. Die korrekte Umsetzung von Kundenanforderungen ist beispielsweise ein direkter Beitrag zum „Strategic Alignment" und zur „Value Delivery", die systematische und planvolle Entwicklung leistet ihrerseits Beiträge zur Focus Area „Risk Management".

Management und Organisation

Die bisher vorgestellten Themenbereiche von ITIL zielen auf die Unterstützung der operativen Prozesse ab. Nach [itSMF02] werden aber auch Themen für das Management adressiert:

- **IT Service Organisation.** Zur vollständigen Beschreibung einer IT-Organisation gehört auch die Festlegung, in welcher aufbauorganisatorischen Struktur die Personen stehen, die in den Empfehlungen zu den IT-Prozessen als Rolleninhaber angesprochen werden. ITIL geht hier den durchaus sinnvollen Weg, die Empfehlungen für die Aufbauorganisation (die „IT Service Organisation") und die Ablauforganisation (als Gesamtheit der IT-Services) zu trennen beziehungsweise der unternehmensspezifischen Ausgestaltung zu überlassen.
- **Quality Management for IT-Services.** Hochwertige IT-Services zu erbringen ist ein Hauptmotiv für die Einführung von ITIL. Dementsprechend empfiehlt ITIL, ein Qualitätssicherungssystem für die Einführung und den Erhalt der IT-Services zu schaffen.
- **Planning and Control for IT-Services.** ITIL betrachtet die IT-Services selbst konsequenterweise als etwas, was geplant und kontrolliert werden muss. Planung und Kontrolle zielen darauf ab, neben der Qualität insbesondere die Übereinstimmung mit den Anforderungen des Unternehmens zu erreichen und über einen längeren Zeitraum zu erhalten, also den Unternehmenszielen zu entsprechen.

Gerade im letzten Bereich ist ein direkter Bezug zu den Domänen der IT Governance erkennbar, insbesondere zu „Strategic Alignment".

Beitrag von ITIL zur Implementierung von IT Governance

IT Governance stellt sicher, dass die IT-Organisation oder der externe IT-Dienstleister die Geschäftsprozesse des Unternehmens substantiell unterstützt, geänderten Anforderungen flexibel und schnell folgt, dies zu einem angemessenen Preis leistet und darüber hinaus die der IT innewohnenden Risiken reduziert oder so weit wie möglich beherrschbar macht. Diesem Bündel abstrakter Anforderungen steht mit ITIL eine über Jahre gereifte und in der Praxis bereits erprobte Sammlung von IT-Prozessen gegenüber. ITIL gibt teils sehr konkrete Empfehlungen zur Gestaltung von IT-Services, deren Planung, Steuerung und Überwachung, mit einer starken Ausrichtung auf Qualität und Verfügbarkeit dieser IT-Services. Es ist daher möglich, die einzelnen IT-Services und Komponenten von ITIL den Focus Areas von IT Governance zuzuordnen, zu deren Implementierung sie einen Beitrag leisten (s. Abbildung II-6).

ITIL-Prozesse und Themenbereiche	Value Delivery	Strategic Alignment	Risk Mgmt.	Resource Mgmt.	Performance Mgmt.
Availability Management				X	
Capacity Management	X			X	
Change Management			X		
Computer Installation and Acceptance			X		
Configuration Management			X		
Continuity Management			X		
Environmental Management			X		
Finance Management	X			X	
Incident Management	X				
IT Service Organisation		X			
Network Service Management				X	
Operations Management				X	
Planning and Control for IT-Services	X	X			X
Problem Management	X		X		
Quality Management for IT-Services	X		X		
Release Management			X		
Security Management			X		
Service Desk	X				
Service Level Management		X			X
Software Lifecycle Support	X	X	X		
Systems Management				X	
Testing an IT-Service			X		

Quelle: PwC

Abbildung II-6: ITIL-Prozesse/Themen und IT Governance Domänen

5. Reifegradmodelle

Die Einführung von IT Governance ist kein Ereignis, das plötzlich eintritt und in kurzer Zeit das gesamte Unternehmen und insbesondere die IT-Abteilung verändert. Vielmehr ist es ein Prozess, der in jedem Unternehmen auf einer anderen Stufe beginnt, allein schon deshalb, weil die Ausstattung mit Kontrollsystemen, das Vorhandensein eines IT-Service Managements oder ITIL-konformer Prozesse unterschiedlich ist. Selbst wenn alle der bisher vorgestellten Komponenten bereits eingeführt sind, werden ihre Ausbaustufe, Stabilität, Verlässlichkeit, Dokumentation und Akzeptanz aller Erfahrung nach nicht gleich sein.

Steht ein Unternehmen an dem Punkt, IT Governance vollumfänglich einzuführen, muss dieses Vorhaben mit einer Standortbestimmung beginnen. Es ist naheliegend, den „Standort" eines Unternehmens bezüglich IT Governance auf den Entwicklungsstand in den fünf Focus Areas zurückzuführen und aus den Einzelbetrachtungen eine sinnvolle Kombination der Ergebnisse abzuleiten, um wieder zu einer Gesamtaussage zu gelangen. Standortbestimmungen sind immer dazu geeignet, folgende Fragen zumindest im Ansatz zu beantworten:

- Verhältnis des Entwicklungsstands zu dem vergleichbarer Unternehmen (Benchmark)
- Positionierung innerhalb einer Branche oder eines Marktsegments
- Identifikation von Bereichen mit stark von anderen abweichendem Entwicklungsstand

Auf der Basis dieser Informationen ist es dann möglich, folgende Entscheidungen zu treffen:

- Schwachstellenanalyse mit möglichem Verbesserungspotenzial
- Zielvorgaben für die einzelnen Entwicklungsbereiche
- Ergebniskontrolle nach Durchführung von Verbesserungsmaßnahmen

Typischerweise wird Entwicklungsstand mit „Reife" gleichgesetzt, so dass ein hoher Entwicklungstand mit einem hohen Maß an Reife bezeichnet wird. Reife wird dabei als ein rein linear verlaufendes Phänomen verstanden so und künstlich in mehrere Stufen unterteilt, deren Erreichen wiederum das Erfülltsein bestimmter Eigenschaften verlangt. Im Bereich der Organisationsentwicklung wurde diese Betrachtungsweise erstmals im Zusammenhang mit Prozessen zur Software-Entwicklung ausführlich dokumentiert und ist oftmals in Gliederung in sechs Stufen anzutreffen:

- Stufe 0: Nicht existent
- Stufe 1: Initial
- Stufe 2: Wiederholbar
- Stufe 3: Definiert

II. Standards, Rahmenwerke und Best Practices

- Stufe 4: Überwacht
- Stufe 5: Optimiert

Ausgehend von diesem „Capability Maturity Model for Software" sind viele Abwandlungen entstanden, um nicht nur Prozesse sondern auch andere Elemente von Organisationen einer vordefinierten Entwicklungsstufe zuzuordnen.

Reifegrade für Komponenten von IT Governance

Für die Belange von IT Governance findet sich in CObIT (vgl. [ITGI06a]) eine Übersicht, die die oben genannten sechs Stufen jeweils für alle der folgenden Elemente definiert:

- Awareness and Communication
- Policies, Standards and Procedures
- Tools and Automation
- Skills and Expertise
- Responsibility and Accountability
- Goal Setting and Measurement

Direkt auf die Belange eines „Internen Kontrollsystems" ausgerichtet und damit bereits in unmittelbarer Nähe zur IT Governance ist das „Maturity Model for Internal Control", ebenfalls aus [ITGI06a], das in ähnlicher Form auch schon in [Menz04] zu finden ist.

Reifegrade für Governance, Risk Management und Compliance

Neben Reifegradmodellen für einzelne Elemente einer Organisation gibt es auch den komplementären Ansatz, den Entwicklungsstand des Unternehmens als Ganzes zu bewerten. So werden beispielsweise in [Menz06] Stufen eingeführt, die Unternehmen bei der Erfüllung von Compliance-Anforderungen durchlaufen. Das in [Menz06] eingeführte Governance, Risikomanagement und Compliance (GRC)-Stufenmodell bildet dabei die Basis:

- **Stufe 1.** Sie stellt den Ausgangspunkt für weitere Schritte dar und berücksichtigt die Erfahrung, dass viele Unternehmen Compliance in der Regel erstmalig über einen Projektansatz sicherstellen. Auch wenn der Projektansatz kurzfristig dazu geeignet erscheint, die Einhaltung einer Compliance-Anforderung unter Zeitdruck zu erreichen, zeigt sich auch, dass weitere Maßnahmen notwendig sind, um die Erfüllung auch zukünftig effizient und effektiv zu gewährleisten.
- **Stufe 2.** Sie beschreibt die Sicherstellung der nachhaltigen Erfüllung einer einzelnen Compliance-Initiative. Darüber hinaus schafft die erstmalige Erfüllung von Compliance –

insbesondere im Zusammenhang mit dem internen Kontrollsystem – größere Transparenz hinsichtlich der Prozesse und Kontrollen und zeigt Optimierungspotenziale auf. Das stufenübergreifende Vorgehen zur Realisierung dieser Potenziale wird unter dem Stichwort „Compliance-Driven Optimization" beschrieben.

- **Stufe 3.** Indem das Erreichen von Stufe 3 angestrebt wird, bietet sich die Option, Compliance mit dem unternehmensweiten Risikomanagement und Corporate Governance im Unternehmen als Corporate Compliance zu integrieren.

Diese Stufen sind auch auf die Phasen anwendbar, die ein Unternehmen auf dem Weg zu Einführung von IT Governance durchläuft. Im Rahmen dieses Buches wird nur das allgemeine Reifegradmodell verwendet.

Beitrag von Reifegradmodellen für IT Governance

Generell gilt die Annahme, dass ein hoher Reifegrad in der Kommunikation eines Unternehmens, seinen Anweisungen, Regelungen und Prozessen, Werkzeugen und Mitarbeitern, seiner organisatorischen Durchbildung und Zielsetzungen dazu führt, dass weniger Fehler entstehen, die Ergebnisse vorhersagbarer und die Ressourcen effizienter eingesetzt werden. Dies alles sind Effekte, die auch durch IT Governance angestrebt werden. Damit besteht zumindest eine Übereinstimmung dergestalt, dass ein hoher Entwicklungsstand – nachgewiesen durch ein Reifegradmodell – eine gute Vorbereitung für die Einführung von IT Governance liefert. Betrachtet man die Einführung von IT Governance als ein Projekt, das das Unternehmen nachhaltig verändert, kann mit Hilfe von Reifegradmodellen der aktuelle Entwicklungsstand vor und nach dem Projekt mit dem angestrebten Stand verglichen werden.

6. Fazit

Die vorgestellten Standards, Rahmenwerke und Best Practices sind – zumindest zum Zeitpunkt ihrer Entstehung oder erstmaligen Veröffentlichung – weitgehend unabhängig von einander und für recht unterschiedliche Zwecke entwickelt worden. Das Kapitel bildet um diese verschiedenen Entwicklungen eine Klammer, die aus der Eignung oder einer potenziellen Verwendungsmöglichkeit für die Implementierung von IT Governance besteht. Zum Abschluss des Kapitels stellt sich nun die Frage: Sind die bisher vorgestellten Standards, Rahmenwerke und Best Practices bereits ausreichend und bedarf es nur noch der geschickten Auswahl und Kombination sowie der unternehmensspezifischen Anpassung, um zur IT Governance zu gelangen?

Versteht man IT Governance nur als ein Mittel, um in der IT-Abteilung Regelkonformität, Ordnungsmäßigkeit und Compliance herzustellen, tragen sehr viele nationale und internationale Regelungen und Gesetze zur IT Governance bei. Eine Übersicht, welche Gesetze und Regelungen unter dieser Prämisse relevant für IT Governance sind, findet sich in [HeMi04]. Das andere Extrem zeigt sich zum Beispiel in [CaWa05], wo bereits ein einzelner Standard (ISO 17799) als ausreichend angesehen wird, um IT Governance zu begründen. Ähnlich leistungsfähig und daher für sich genommen ausreichend wird von [BrBo05] CObIT eingeschätzt, so dass der Eindruck entstehen könnte, CObIT wäre bereits IT Governance.

Die Antwort fällt anders aus, wenn man den Umfang des IT Governance-Frameworks betrachtet, das zu Beginn des Buches vorgestellt wurde und das hier den Maßstab bildet. IT-Service Management und ITIL sind hilfreiche Bausteine, aber nicht mehr. COSO ist als übergeordnetes Referenzmodell für ein „Internes Kontrollsystem" unstrittig, aber ohne weitere Konkretisierung (insbesondere auf IT) nur ein indirekter Beitrag. CObIT hingegen bietet – zumindest nach dem Erreichen der Version 4.0 – viele Elemente, die sich den Domänen von IT Governance zuordnen lassen. ISO-Standards machen Vorgaben zu einzelnen Inhalten von IT Governance, beziehen sich aber (hauptsächlich) auf das Thema IT-Security, welches bei aller Bedeutung doch nur einen Beitrag liefert. Nationale oder internationale Prüfungsstandards bieten lediglich die Gewähr für die Angemessenheit und die Effektivität des „Internen Kontrollsystems", machen aber entsprechend ihrer ursprünglichen Intention keine darüber hinaus gehenden Aussagen.

Es ist auch nicht korrekt, die vorgestellten Standards, Rahmenwerke und Best Practices als „notwendig, aber nicht hinreichend" zu klassifizieren. Vielmehr ist es so, dass noch bestimmte Aspekte für die Einführung von IT Governance fehlen und zum Teil auch Verbindungen zwischen den bereits vorgestellten Elementen zu schaffen sind. Wie das erfolgen kann und in welchen Schritten die Umsetzung in der Praxis erfolgt, ist Gegenstand der nächsten Kapitel, zusammen mit dem Nachweis, wie dies in ausgewählten Projekten erfolgt ist.

CIO-Checkbox:

1. Regulatorische und gesetzliche Anforderungen:
   - Prüfen Sie, welche regulatorischen und gesetzlichen Anforderungen für Ihre Unternehmen zu beachten sind und welche Termine und Fristen gelten.
   - Informieren Sie sich detailliert darüber, welche Auswirkungen diese Vorgaben auf den IT-Bereich haben.
   - Wenn der IT-Bereich die SOX Compliance bereits hergestellt hat, nutzen Sie die dazu eingeführten Prozesse, Kontrollen und Dokumente!

2. Standards und Normen:
   - Legen Sie fest, welche Standards und Normen über die Vorgaben hinaus noch erfüllt werden sollen.
   - Nutzen Sie insbesondere Standards, um regulatorische oder gesetzliche Vorgaben zu implementieren.
   - Beachten Sie, dass es auch innerhalb von Standards und Normen Gestaltungsmöglichkeiten gibt.

3. Herangehensweise und Durchführung:
   - Bestimmen Sie durch Reifegradmodelle, wo das Unternehmen steht und welche Ziele realistisch sind.
   - Kombinieren Sie die Einführung eines Internen Kontrollsystems mit der Optimierung der Prozesse.
   - Nutzen Sie Best Practice-Vorschläge als Anregung, nicht als zwingende Vorgabe.

III. IT Governance in der Praxis

Zielsetzung:	Das Kapitel gibt einen Überblick über das Verständnis und den Umsetzungsstand von IT Governance im Markt. Anhand von ausgewählten Ergebnissen mehrerer Marktstudien wird dabei der Entwicklungspfad von IT Governance aufgezeigt und dargestellt, in welchen Bereichen IT Governance bereits erfolgreich angewendet wird und wo noch Handlungsbedarf besteht.
Positionierung:	Dieses Kapitel greift die in den vorherigen Abschnitten diskutierten Grundlagen auf und spiegelt diese an der aktuellen Situation.
Voraussetzung:	–
Ergebnis:	Der Leser erhält einen Überblick über in der Praxis verbreitete Elemente von IT Governance sowie den Verbreitungsgrad existierender IT Governance Frameworks.

Nachdem in den vorhergehenden Kapiteln das Grundverständnis von IT Governance vermittelt wurde, möchten wir im Folgenden einen Blick auf den aktuellen Stand der Umsetzung in der Praxis werfen. Dieser Ausblick ermöglicht uns einerseits Rückschlüsse auf das in der Praxis verbreitete Verständnis von IT Governance. Anderseits wird deutlich, mit welchen Herausforderungen Unternehmen zu kämpfen haben, die sich mit IT Governance beschäftigen und wie daraus abgeleitet die jeweilige Priorisierung von IT Governance Initiativen erfolgt.

Damit beantworten wir in diesem Kapitel insbesondere folgende Fragestellungen:

- Was versteht der Markt unter IT Governance?
- Warum ist IT Governance in Fachkreisen ein ständiges Thema?
- Wie grenzt sich IT Governance von IT-Management ab?

Diese und andere Fragen wurden in den letzten Jahren insbesondere auch von zwei Organisationen regelmäßig hinterfragt: dem IT Governance Institute (ITGI) und der Information Systems Audit and Control Association (ISACA). Beide Institute haben in der Vergangenheit gemeinsam mit PwC verschiedene Studien durchgeführt, die historische Entwicklung der

Akzeptanz und Verbreitung des IT Governance in Wirtschaft und Verwaltung hinterfragen. In dem nun folgenden Abschnitt werden sowohl beide Organisationen als auch die wesentlichen Ergebnisse dieser Studien vorgestellt.

1. ISACA und ITGI

Mit IT Governance beschäftigen sich zahlreiche nationale und internationale Organisationen. Die beiden einflussreichsten Institutionen sind die Information Systems Audit and Control Association und das mit ihr eng verbundene IT Governance Institute. Beide Organisationen haben in den letzten Jahren umfangreiche Aufbauarbeit hinsichtlich der Bedeutung von IT Governance für die Steuerung und das Management der IT im Gesamtkontext der Unternehmensführung geleistet. Die Information Systems Audit and Control Association wurde 1969 gegründet und gehört zu den treibenden Organisationen von IT Governance. In diesem weltweiten, nicht kommerziellen Berufsverband sind mehr als 61.000 praxisorientierte IT-Experten organisiert. Gemeinsames Bindeglied der organisierten Personen ist die Sicherheit und die Überwachung der Informationstechnologie. Neben der ISACA nimmt das von ihr im Jahre 1998 in Rolling Meadows, Illinois (USA) als nicht-kommerzielle Stiftung begründete IT Governance Institute eine weitere Schlüsselposition zu dem Thema ein. Die Stiftung bezweckt die wissenschaftliche Weiterentwicklung und praktische Verbreitung von IT Governance. Beide Organisationen werden von zentraler Stelle aus gemeinsam geführt und verwaltet.

Im Gegensatz zur ISACA möchte das ITGI durch seine Arbeit die Leistungsfähigkeit der Informationstechnologie eines Unternehmens steigern um damit einen nachhaltigen Wertbeitrag für den Unternehmenserfolg zu liefern. Diesem Anspruch genügend sind es dem ITGI nach vor allem die im Abschnitt I.1.2 „Zielsetzungen der IT Governance" näher erläuterten fünf Faktoren (Domänen), die eine erfolgreiche IT Governance und damit eine erfolgreiche und zielorientierte Steuerung der Informationstechnologie eines Unternehmens bestimmen:

- Strategic Alignment
- Value Delivery
- Performance Measurement
- Risk Management
- Resource Management

Wesentliches Hilfsmittel zur Umsetzung dieser fünf IT Governance-Domänen in die Praxis ist das von der ITGI entwickelte und im Abschnitt II.3.2 bereits vorgestellte CObIT-

Framework. CObIT bildet damit die Grundlage für weitergehende Forschungsprojekte und Publikationen des ITGI und wird durch Lizenzverkäufe zu einer Haupteinnahmequelle des ITGI. Weiterhin finanziert sich das ITGI aus Spenden privater Förderer, der ISACA, anderer Organisationen sowie der freien Wirtschaft.

Das ITGI unterstützt somit die für Informationstechnologie in der Verantwortung stehenden Personen mit einem Rahmenwerk, um den ständig steigenden Anforderungen an Transparenz, Flexibilität, Kostendruck, Risikominimierung und Compliance Rechnung zu tragen.

2. Umfragen und Studien von ITGI / ISACA und PwC

Von den verschiedenen, in den letzten Jahren zum Thema IT Governance durchgeführten Studien sind insbesondere die gemeinsam mit PricewaterhouseCoopers erstellten Studien aus den Jahren 2003, 2005 und 2006 hervorzuheben. Während mit Hilfe der ersten beiden Studien die Entwicklung von IT Governance in den letzten drei Jahren nachgezeichnet werden kann, fokussiert die letzte Studie insbesondere auf die Themen, die in den vorhergehenden Studien als die – aus Kundensicht – entscheidenden Themen identifiziert wurden. Alle Studien wurden weltweit durchgeführt und hatten das Ziel, repräsentativ ausgewählte Führungskräfte aus Wirtschaft und Verwaltung zum Thema IT Governance zu befragen.

2.1 Ziele der Studien

Seit mehreren Jahren erstellt PwC im Auftrag und in Zusammenarbeit mit dem ITGI Studien, deren Fokus es ist, den Status von IT Governance bei Unternehmen und deren Entscheidungsträgern kritisch zu hinterfragen. Im Rahmen dieser Studien wird explizit darauf eingegangen, in welcher Form IT Governance wahrgenommen wird und welchen Stellenwert IT Governance für die Steuerung der Informationstechnologie besitzt. Gleichermaßen wird eruiert, welche Mechanismen für die Etablierung von IT Governance als zielführend erachtet, und welchen eher weniger Bedeutung zugestanden wird. Durch die bislang durchgeführten Studien lässt sich somit der Entwicklungspfad von IT Governance in der Praxis nachzeichnen und es wird zudem deutlich, vor welchen Herausforderungen die Unternehmen weiterhin stehen.

Während in der ersten Studie aus dem Jahr 2003 noch die Wahrnehmung von IT Governance im Allgemeinen sowie der Durchdringungsgrad mit spezifischen Tools und Frameworks zur Unterstützung der einzelnen IT Governance-Domänen hinterfragt wurde, konzentrierte sich die zweite Studie im Jahr 2005 als konsequente Fortsetzung im Wesentlichen auf die Fragen nach der Akzeptanz von IT Governance in der Unternehmensführung und gibt insbesondere Antworten auf die folgenden Fragenkomplexe:

1. Inwieweit wurde IT Governance von der Unternehmensleitung beziehungsweise CIOs erkannt und etabliert?
2. Wie hoch ist der Akzeptanzgrad in den Unternehmen?
3. Welche unterschiedlichen Ausprägungen von IT Governance sind im Markt etabliert und welche Frameworks werden in der Praxis angewendet?

4. Wie hoch ist der Bekanntheitsgrad des von der ITGI als das zentrale Framework etablierte CObIT Framework und wie wird es in der Praxis zur Unterstützung von IT Governance genutzt?

Aufgrund der teilweise unerwarteten Ergebnisse des aktuellen IT Governance Status Reports von 2006 wurde PwC von der ISACA gebeten, eine weitere Umfrage ausschließlich unter den CIOs global agierender Unternehmen durchzuführen. Mit Hilfe dieses Surveys, der im Herbst 2006 beendet wurde, sollten einerseits Rückschlüsse auf Tragfähigkeit der ITG Status Reports geschlossen werden. Andererseits fokussierte diese Befragung ausschließlich die Hinterfragung von IT Governance als Steuerungsinstrument. Der Survey wurde im Frühling und Sommer 2006 durchgeführt.

Im Folgenden wird, basierend auf den Ergebnissen der oben angesprochenen IT Governance Studien, der Entwicklungspfad in der Praxis nachgezeichnet, um Ansatzpunkte zu identifizieren:

1. Welche Erfahrungen mit IT Governance-Mechanismen in der Praxis bestehen,
2. welche Elemente zu einer erfolgreichen IT Governance beitragen können sowie
3. in welchen ITG-Domänen Optimierungsbedarf bei der Umsetzung von IT Governance bestehen.

2.2 Auswahl der Teilnehmer

Die 2003er Studie war die erste ihrer Art und demnach wurde ein Ansatz gewählt, um möglichst viele Unternehmen unterschiedlicher Branchen anzusprechen. So wurden verteilt nach Ländern, Größe des Unternehmens, Branche und Verantwortungsbereich im Unternehmen weltweit 7000 Teilnehmer ausgewählt. Ergänzt wurde diese Teilnehmergruppe durch registrierte CObIT-User, von denen man sich ein deutliches Votum über den Reifegrad der existierenden Frameworks erhoffte.

Mit 695 Teilnehmern ähnlicher Zusammensetzung wie in 2003 war die Anzahl der befragten Personen 2005 deutlich geringer als im ersten Statusreport. Um der zunehmenden Bedeutung hinsichtlich der Steuerungsfunktion von IT Governance gerecht zu werden, wurden für den zweiten Status Report ausschließlich CEOs und CIOs befragt. Die Studie wurde in 22 Ländern durchgeführt. Die Interviews wurden per Telefon oder Mail in der Muttersprache des Interviewten durchgeführt.

Der CIO Survey aus dem Jahre 2006 wiederum beschränkte sich darauf, bestimmte Erkenntnisse des letzten Status Report vertiefend bei den CIOs beziehungsweise für Informationstechnologie verantwortlichen Personen von ca. 50 global agierenden Unternehmen zu hinterfragen. Damit unterscheidet sich der CIO Survey hinsichtlich der befragten Zielgruppe zwar deutlich von den Status Reports. Gleichwohl liefert er wichtige Erkenntnisse, die auch für andere (kleinere oder lokal operierende) Unternehmen von großer Bedeutung sind.

Im Folgenden werden im Wesentlichen die Ergebnisse der zweiten Studie [ITGI06c] vorgestellt und bewertet. Dabei wird – sofern möglich und sinnvoll – auf die Ergebnisse der ersten Studie verwiesen. Hieraus erlauben sich in der Regel Rückschlüsse auf die zeitliche Entwicklung des Themas. Beide Studien können in vollständiger Fassung und in englischer Sprache auf der Homepage des ITGI abgerufen werden. Gewonnene Erkenntnisse und Kernaussagen dieser Studien wurden gegen die Ergebnisse des aktuellen CIO Surveys auf Konsistenz geprüft.

3. Ergebnisse der Umfragen

Was ist eigentlich IT Governance? Die Meinungen hierüber gehen bei den befragten Unternehmen deutlich auseinander. Daher muss konstatiert werden, dass IT Governance bei den befragten Organisationen kein feststehender oder klar abgegrenzter Begriff ist. Vielmehr ist festzustellen, dass je nach konkreter Unternehmenssituation IT Governance unterschiedlich verstanden wird: Während die einen hierunter lediglich ein Framework zur Steuerung der Informationstechnologie verstehen wollen, sehen andere in IT Governance das Mittel, um den regulatorischen Anforderungen zum Beispiel aus dem Sarbanes-Oxley Act zu genügen. Im Folgenden werden die wesentlichen Erkenntnisse der Studien diskutiert.

3.1 Reifegrad

IT Governance ist nicht neu – trotzdem scheint es nach wie vor schwierig zu sein, IT Governance greifbar zu machen, zu beschreiben oder dahingehend zu beurteilen, wie hoch der Durchdringungsgrad von IT Governance-Mechanismen im Unternehmen ist. So sind sich lediglich 38 % der Unternehmen bewusst, dass IT Governance eine wichtige Rolle zur Steuerung der Informationstechnologie einnimmt. Diese Unternehmen geben an, dass innerhalb ihrer Organisation mindestens die elementaren Prozesse definiert sind (20 %) beziehungsweise eine aktive Steuerung über diese Prozesse erfolgt (18 %) (s. Abbildung III-1).

Woran liegt es nun, dass nur so wenig Unternehmen der IT Governance den Reifegrad attestieren, den sie einnehmen sollte? Die erste Vermutung besagt, dass sich die Unternehmen zwar der Wichtigkeit von IT Governance durchaus bewusst sind. Jedoch wurden sie durch externe Einflüsse (wie z. B. dem Sarbanes-Oxley Act und den daraus resultierenden IT bezogenen Aktivitäten) möglicherweise daran gehindert, sich mit der Schaffung einer Verfassung für die Informationstechnologie zu beschäftigen. Mehr reaktiv als aktiv waren diese Unternehmen damit beschäftigt, technologische Löcher zu stopfen und ihr Augenmerk darauf zu legen, die vorhandenen Schwachstellen zu beheben. Allerdings unterliegen diese Unternehmen einem Trugschluss, sollten sie davon ausgehen, dass nun eine Zeit der Ruhe einkehrt und man sich dann auf die aktivere Etablierung von IT Governance stürzen kann. Solange IT Governance nicht als Mittel zum Zweck verstanden wird, die Basis für das unternehmerische, an den Unternehmenszielen ausgerichtete IT-Verhalten zu bilden, solange wird die IT mehr reaktiv als aktiv ein Schattendasein fristen.

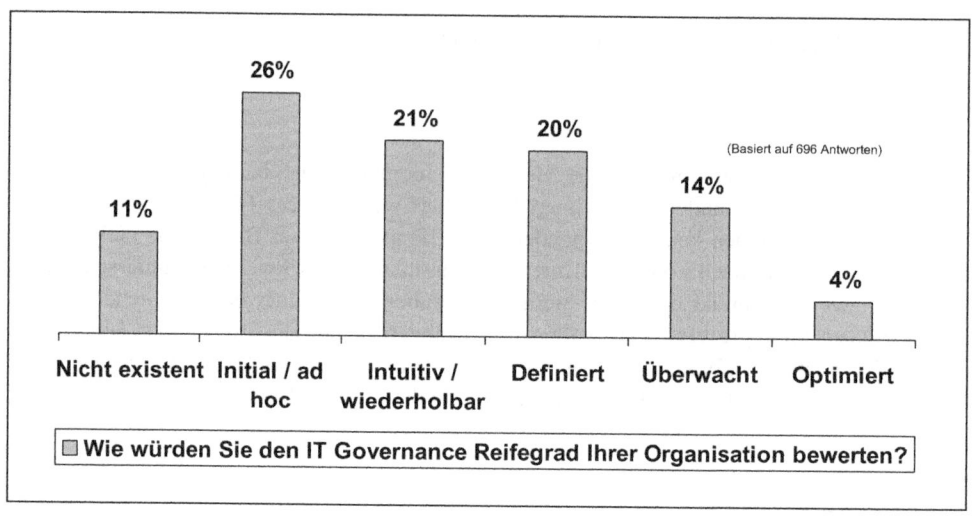

Quelle: [ITGI06c]
Abbildung III-1: Reifegrad von IT Governance

Blicken wir auf die Unternehmen, die sich selbst einen vernünftigen Reifegrad von IT Governance attestieren. Ist dem wirklich so? Mit Hinblick auf andere Umfragen zum Beispiel aus CObIT Online scheint dies eine eher optimistische Einschätzung zu sein, deren Ursachen im Folgenden noch offenzulegen sind. Schließlich müssen wir hierbei berücksichtigen, dass es zum Beispiel nicht ausreicht, für verschiedene Fragestellungen und Themen IT-Councils, Steuerungsgremien oder Arbeitsgruppen zu bilden und darauf zu vertrauen, dass damit sichergestellt ist, dass alle IT-Belange somit hinreichend gesteuert werden können. Vielmehr ist es entscheidend, dass diesen Gremien eine klare Aufgabe gegeben wird, die sich an der Unternehmensstrategie ausrichtet. Gleichermaßen müssen sich diese in der Verantwortung stehenden Personenkreise am Erfolg ihres Handelns über fest definierte KPIs messen lassen – und das ist in den wenigsten Fällen der Fall.

Schauen wir zurück: Noch vor drei Jahren bescheinigten 25 % der Unternehmen, bereits eine IT Governance etabliert zu haben, wohingegen 42 % nicht geplant hatten, überhaupt in dieser Richtung aktiv zu werden. Dies würde bedeuten, dass es quasi in den letzten Jahren einen Stillstand gegeben hat. Wenn dem so ist, müssen wir allerdings annehmen, dass sich dieser Trend fortsetzt. Oder ist es gar so, dass der Reifegrad von IT Governance im Unternehmen aktuell schon viel höher ist und die Unternehmen dies vielleicht nicht unter dem Schlagwort IT Governance subsumieren? Diesen Aspekt werden wir im Folgenden aufgreifen, wenn wir über die einzelnen IT Governance-Domänen berichten.

Ergebnisse der Umfragen

3.2 Status der Implementierung nach Domänen

Betrachtet man die fortgeschrittenen Implementierungsgrade der einzelnen Faktoren, d. h. Teile der IT Governance sind bereits implementiert oder die Implementierung läuft noch, so gibt es verschiedene Auffälligkeiten. Es ist leicht ersichtlich, dass die Domänen beziehungsweise Handlungsfelder „Costs" (55 %), „Resource Management" (50 %), „Strategic Alignment" (48 %) und „Risk Management" (47 %) mit Abstand die meisten Nennungen haben (s. Abbildung III-2).

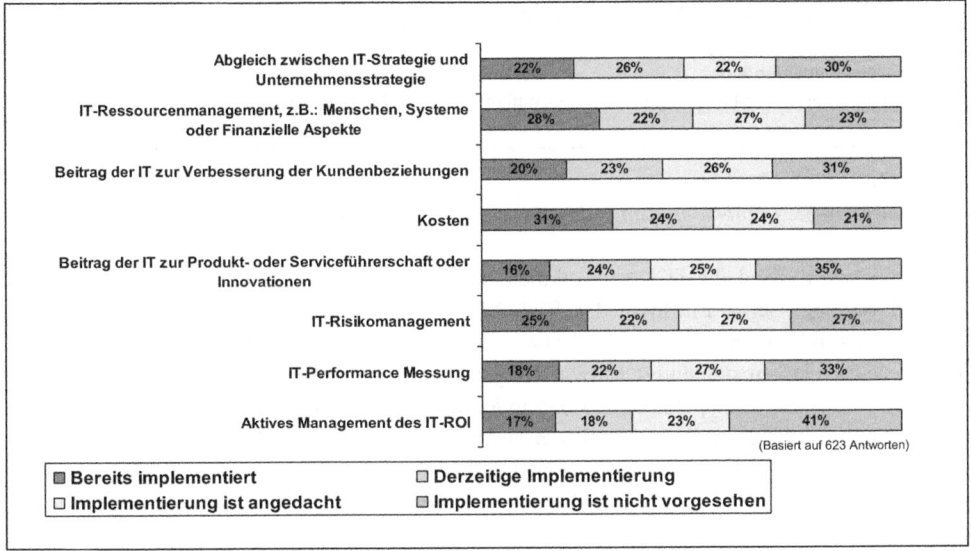

Quelle: [ITGI06c]
Abbildung III-2: *Implementierungsstatus von IT Governance 2005*

2003 lag mit geringerer prozentualer Nennung bereits „Resource Management" (30 %) an der Spitze, dem „Strategic Alignment" (28 %) folgte (s. Abbildung III-3).

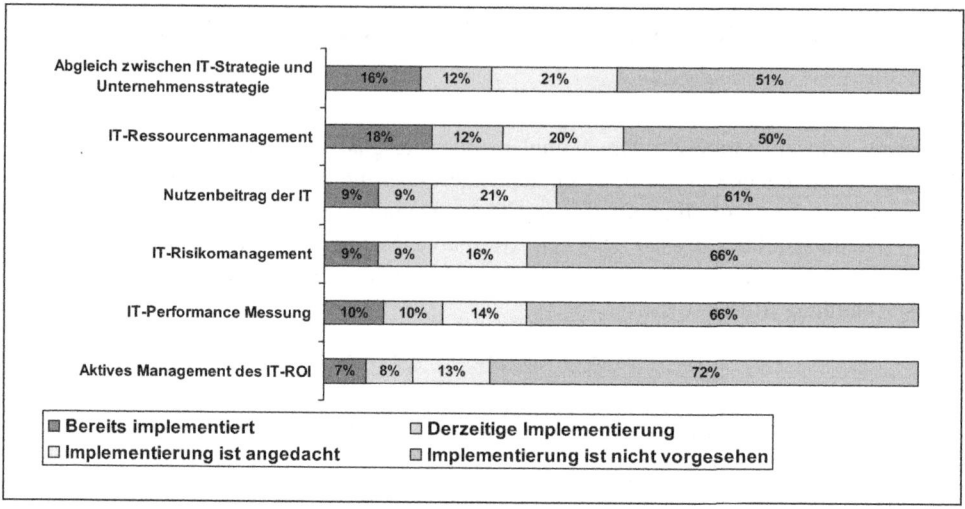

Quelle: [ITGI04]
Abbildung III-3: *Implementierungsstatus von IT Governance 2003*

Was ist passiert? Sind die IT-Kosten aktuell das beherrschende Thema? Oder ist aufgrund externer regulatorischer Einflüsse das Risk Management folgerichtig in 2005 als deutlich wichtiger als in 2003 erachtet worden? Diese Fragen können wir zwar nicht eindeutig beantworten. Jedoch lassen sich einige Entwicklungen durchaus erklären: Die deutliche Steigerung des Risk Management Aspekts lässt sich eindeutig auf die gestiegene Betroffenheit der Unternehmen hinsichtlich externer Anforderungen begründen. Dazu kommt, dass Corporate Governance-Fragestellungen in den letzten Jahren bei Unternehmen unterschiedlicher Größe verstärkt Einzug gehalten haben und Hinsichtlich der IT-Relevanz vornehmlich auf IT-Risiken fokussiert wurde.

Die stärkere Relevanz und Betrachtung von IT-Kosten ist gleichermaßen nicht verwunderlich. In Zeiten sinkender IT-Budgets wird selbstredend verschärft auf IT-Kosten geachtet und die Kostenreduktion – wo immer es möglich ist – intensiviert. Diese Handlungsweise mag zwar in der Kurzfristsicht gerechtfertigt sein. Allerdings müssen einige der Maßnahmen zur Senkung der IT-Kosten in Frage gestellt werden: So wird zwar eine Kostensenkung zum Beispiel dadurch erreicht, dass IT-Projekte gestoppt werden, allerdings wird man durch diese Maßnahme – sofern eine hinreichende Business Case Betrachtung nicht erfolgt – Folgekosten erzeugen, die in der Langfristbetrachtung die Projektkosten deutlich übersteigen werden. Die Gefahr hier einem Trugschluss zu unterliegen, erreicht natürlich gerade die Unternehmen, die ihre Informationstechnologie nicht Business Case-orientiert, sondern Budget-orientiert leiten.

Dass in der Business Case-orientierten Steuerungsform scheinbar ein größeres Problem liegt, lässt sich auch durch die Umfrageergebnisse aufzeigen: Warum spielt Performance Measurement eine so untergeordnete Rolle? Hierunter verbirgt sich ja die Fähigkeit, Performance in jeglicher Hinsicht messen zu können und dieses Instrumentarium auch dafür zu nutzen, um zum Beispiel Business Case-Betrachtungen durchzuführen. So lange die Unternehmen nur auf die Kosten- sprich Budget-Seite schauen und die Value- beziehungsweise Performance-Seite vernachlässigen, so lange wird sich ein IT-Bereich den Vorwurf gefallen lassen müssen, dass IT Governance nur unzureichend gelebt wird und insbesondere der Nutzen aus IT Governance nicht annähernd realisiert werden kann.

Zusammenfassend lässt sich sagen, dass für die Bereiche, die durch CObIT geprägt sind, der Implementierungsstatus vergleichsweise hoch ist.

Dass IT-Risk Management oder Compliance in zahlreichen Interviews als Synonyme für IT Governance verwendet werden, bestätigt an dieser Stelle, dass der Nutzen von IT Governance im Markt noch nicht durchgängig erkannt wurde. Insbesondere die Einbeziehung von organisatorischen Gesichtspunkten und Entscheidungsstrukturen wurde bislang nur sehr rudimentär vollzogen.

3.3 Wahrnehmung

Entscheider nehmen also häufig IT Governance als Lösung für Herstellung von Compliance, der Sicherstellung und Verbesserung des operativen Betriebs der IT (z. B. in Fragestellungen der IT-Sicherheit) oder aber einer stringenten Kostenreduktion wahr (s. Abbildung III-4). Mit anderen Worten ist das Spektrum einer „guten" IT Governance sehr groß und lässt sich nicht auf einige wenige Elemente reduzieren.

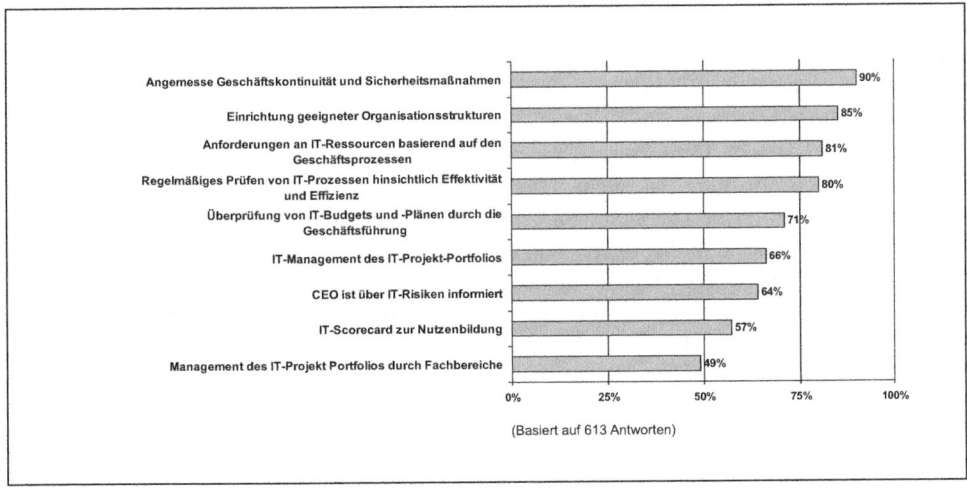

Quelle: [ITGI06c]
Abbildung III-4: *Good IT Governance Practices 2005*

Diese Aussage deckt sich allerdings nicht mit den Ergebnissen der dritten Studie „IT Governance in Practice: Insights from leading CIO's". Kernaussage ist hier, dass es zwar nach wie vor kein einheitliches Verständnis von IT Governance bei CIOs gibt. Vielmehr wird IT Governance als Mittel gesehen, um einerseits Compliance-Anforderungen zu genügen und andererseits ein Rahmenwerk zu etablieren, um das Zusammenspiel der IT und des Geschäfts zu verbessern. Vor diesem Hintergrund verwundern auch nicht die Zitate von CIO's der in der dritten Studie befragten Unternehmen.

So ist es nur konsequent und richtig, dass als häufigste Treiber von IT Governance stets gesetzliche Auflagen, beispielsweise SOX, und die Reduzierung von laufenden IT-Kosten zuerst genannt wurden. Diese Themen werden in der Regel von außen oder von der Geschäftsleitung angestoßen. Hierzu passt, dass im 2006 veröffentlichten zweiten IT Governance Status Report drei Viertel der befragten Organisationen angaben, dass IT-Themen regelmäßig auf der Agenda des Vorstands stehen.

> *"IT governance is all about conducting business honestly and ethically in the IT environment"*

Die Zielrichtung dabei ist klar: In der Regel geht es entweder um den Status der Erfüllung bestimmter Vorgaben, denen das Unternehmen insgesamt ausgesetzt ist. Oder aber es geht um die Berichterstattung über den Fortschritt der Optimierung der IT, welche in der Regel mit einer Budgetreduktion einhergeht. An welchen Stellen spielt die Diskussion des Strategic Alignment eine Rolle? Wo wird auf Basis eines validen Business Cases eine Entscheidung vom Board eingefordert, eine bestimmte Maßnahme zu beschließen? In der Regel fehlt es nicht an den Möglichkeiten der Kommunikation, sondern eher am Rüstzeug, eine entsprechende Entscheidungsvorlage überhaupt erstellen zu können. So wird ja nur in seltenen Fällen in Zusammenarbeit der IT und dem Fachbereich im Sinne eines Strategic Alignments wirklich über die Maßnahmen diskutiert, die durch einen großen Business Impact eine echte Wertsteigerung für das Unternehmen darstellen. Vielfach wird IT doch nach wie vor als Mittel zum Zweck angesehen. Dass durch ein geschicktes Miteinander (eben dem Strategic Alignment) angereichert durch hinreichende Kosten/Nutzen-Betrachtungen ein echter Mehrwert durch die IT erbracht werden kann, wird von wenigen Unternehmen wirklich gelebt. IT Governance kann – richtig und vollständig angewendet – genau dies unterstützen. Insofern ist nicht IT das Mittel zum Zweck, sondern vielmehr IT Governance das Mittel für die Unternehmensleitung, der IT den Stellenwert zu geben (aber auch zu fordern), den sie im heutigen technologischen Zeitalter spielen sollte. IT Governance konsequent gelebt heißt, die IT so zu nutzen, dass ein echter Mehrwert für das Business aus Business Sicht und nicht aus IT-Sicht erzeugt wird. Erst wenn sich diese Erkenntnis verbreitet werden wir erleben, dass die Wahrnehmung von IT Governance auf Ebene der Unternehmensführung zunimmt – und zwar nicht reduziert auf einige wenige Aspekte, die für sich betrachtet keinen unbedingten Mehrwert für das Geschäft erbringen.

Doch bis dahin scheint es noch ein weiter Weg zu sein, glaubt man den Erkenntnissen der letzten Studie. Danach klagen viele der befragten IT-Verantwortlichen, dass die Geschäftsführung eben genau diese entscheidenden Faktoren einer erfolgreichen IT Governance

> *"Doing the right things right"*

wie zum Beispiel Entscheidungsfindung, Organisationsmodelle und Standardisierungen im Zusammenhang mit IT Governance bewusst ausklammert.

3.4 Wahrgenommener Nutzen von IT Governance

Welchen Nutzen erreicht denn nun ein Unternehmen durch die Einführung von IT Governance? Ließe sich diese Frage so einfach beantworten, würden wir vermutlich einen anderen Status in der Umsetzung von IT Governance vorfinden. Das Gegenteil ist der Fall: Organisationen, die mit der Umsetzung von IT Governance begonnen haben, wissen oft nicht, wie sie den daraus resultierenden zusätzlichen Nutzen messen können. In der Praxis werden häufig informelle, subjektive oder qualitative, aber selten quantitative Kennzahlen eingesetzt. Vor allem bezüglich Strategic Alignment, Kostenreduktion, Kundenzufriedenheit und Sicherheit wird viel berichtet, aber selten ein messbarer Nutzen ausgewiesen. Eine Ausnahme bilden auch hier durch Kostenreduktion getriebene Projekte, die ihre kurzfristigen Einsparungen an Budget und Mitarbeiterreduzierung konkret beziffern.

Um es kurz zu machen: Mit der Einführung von IT Governance wird vermutlich überhaupt kein messbarer Nutzen erreicht. Warum? IT Governance bedeutet einen Rahmen zu schaffen. Einen Rahmen, um alle Belange der Informationstechnologie im Kontext der Business Aktivitäten eines Unternehmens zu beurteilen und zu entscheiden. Der Nutzen entsteht also nicht durch die IT Governance selber, sondern dadurch, dass IT Governance gelebt wird. Ein wesentlicher Erfolgsfaktor dabei ist zudem, dass allen Beteiligten klar ist, dass der Nutzen zu einem Großteil nicht in der IT, sondern im Business realisiert wird. Somit umfasst eine erfolgreiche IT Governance natürlich, dass Nutzenbetrachtungen grundsätzlich in einen Gesamtkontext gestellt werden.

Die Studien belegen diese Tendenz. Zurzeit wird der Nutzen von IT Governance im Markt darauf reduziert, dass ein Unternehmen die Compliance nachweisen kann. Oder dass IT-Kosten transparent sind und dadurch Reduktionspotenziale erkannt werden. Aber was ist mit technologischen Innovationen die dazu führen, dass eine Geschäftsidee erfolgreich umgesetzt wird? Nur wenn hier über definierte IT Governance-Strukturen die richtigen Personen zum richtigen Zeitpunkt und in der richtigen Intensität miteinander sprechen, wird – aus Gesamtunternehmenssicht – ein Nutzen erzielt werden. Basis hierfür ist, dass die entsprechenden Entscheidungsstrukturen und IT-Gremien nicht nur etabliert sind, sondern auch in der entsprechenden Art und Weise agieren (s. nächsten Absatz).

> The organisation is currently in the final year of a 3-year recovery programme, with a significant focus on cost, efficiency and revenue growth. IT is centralised, and the major priorities include business/IT alignment (including increased process support and enablement); service delivery excellence; controlling and optimising IT spend; and building IT skills and competencies. Significant drivers for the IT governance efforts in this organisation has

been the emergence of new regulations and the resultant compliance requirements, as well as increased pressure for business clusters to ensure the effectiveness and efficiency of IT. A number of decision structures have been implemented and these are described below:

- The Board-SIMCO (Strategic Investment Management Committee) is overall responsible for ensuring the effectiveness and efficiency of IT as well as the approval of spending about $8m;

- The Exec-SIMCO is responsible for the prioritisation of initiatives (keeping a 'wish-list' from the business clusters). Business clusters are hence responsible for initiating requests and completing the required business case, which is (amongst others) independently assessed by Group Finance;

- Within the IT group, there is an IT-EXECO which is responsible for endorsing key IT decisions and which represent the highest level of authority within the group;

- The Strategic IT Governance Forum will typically review proposals and recommend key decisions (which are then submitted for endorsement to the IT-EXECO);

- The Tactical IT Governance Forum monitors the execution of key decisions; and

- The IT Strategy and Architecture MANCO reviews all designs and ensures compliance with strategic and architectural principles.

Quelle: [ISACA06 – Beispiel einer Entscheidungsstruktur – und entsprechende Mechanismen

3.5 Verbreitung von IT Governance

In den vorherigen Kapiteln und Absätzen wurde unter anderem über Gremien, Entscheidungswege, IT-Organisationen etc. gesprochen. Ist IT Governance nur ein Thema von global agierenden Unternehmen? Oder von Unternehmen, die auf einem lokalen Markt eine entsprechende Größenordnung haben? Oder ist es gleichermaßen für kleinere Unternehmen ohne Niederlassungsstruktur ein relevantes Thema?

Diese Frage lässt sich nicht eindeutig beantworten. Folgt man den Studien, so ist IT Governance für Unternehmen jeder Größe ein Thema. So zeigte 2003 bereits ein Ergebnis, dass 29 % der befragten großen Unternehmen im Gegensatz zu 19 % der kleinen Organisationen IT Governance-Lösungen implementiert hatten, jedoch auf der anderen Seite 34 % der großen und 53 % der kleinen Organisationen die Einführung einer solche Lösung nicht beabsichtigen (s. Abbildung III-5).

Ergebnisse der Umfragen

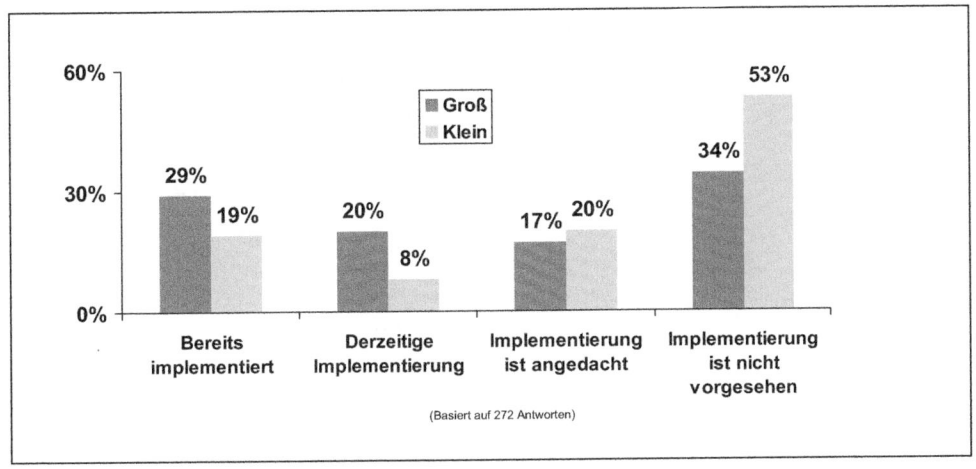

Quelle: [ITGI04]
Abbildung III-5: Implementierung von IT Governance nach Firmengröße

Das Ergebnis stimmt mit unseren eigenen Erfahrungen überein. Allerdings ist IT Governance für jedes Unternehmen ein Thema. Es stellt sich lediglich die Frage, ob jedes Unternehmen die volle Ausprägung von IT Governance benötigt? Klare Antwort hierzu ist „nein". Tendenziell ist davon auszugehen, dass mit steigender Unternehmensgröße zum Beispiel die Notwendigkeit der Etablierung von Entscheidungsstrukturen signifikant steigt. Das ist auch nicht verwunderlich: Global agierende Unternehmen mit dezentralen IT-Organisationen auf zwei Kontinenten benötigen zwangsläufig einen größeren Koordinations- und Entscheidungsaufwand als Unternehmen, die mit einer zentralen IT ein lokales Geschäft betreuen. Aber was ist bei großen Organisationen größer? Die Anzahl der Gremien in dezentralen Strukturen sicherlich. Aber sind es auch die Themen? Oder spielt das Thema Business Case für Projekte, Netzwerktopologie oder IT-Sicherheit nicht die gleiche Rolle? Mit anderen Worten: die Unternehmensgröße determiniert zwar die Anzahl erforderlicher Gremien und sicherlich auch die Zeitdauer zur Entscheidungsfindung. Die Themenvielfalt ist aber gar nicht so eklatant unterschiedlich bei Unternehmen unterschiedlicher Größe. Und alle Unternehmen verbindet eine ganz zentrale Thematik: was muss ich tun um meine IT so zu nutzen, dass mein Business Wettbewerbsvorteile gegenüber dem Wettbewerb erzielen kann und welche Rahmenwerke können mir dabei helfen.

Traut man den Ergebnissen der Studie, scheint insbesondere die zweite Fragestellung bei kleineren Unternehmen ein gewisses Potenzial zu besitzen. Betrachtet man CObIT als das zentrale IT Governance-Framework, ist die Kenntnis hierüber bei kleineren Organisationen erschreckend gering: während immerhin 33 % der großen Organisationen CObIT kennen, sind dies gerade mal 19 % der kleineren Organisationen (s. Abbildung III-6).

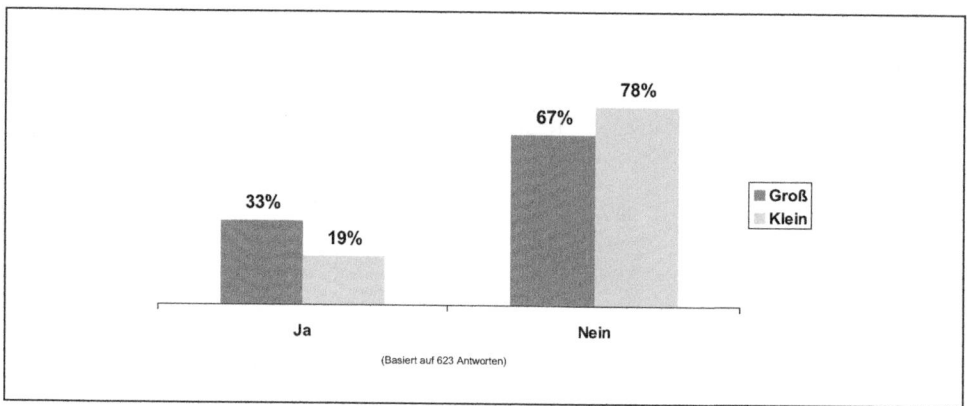

Quelle: [ITGI06c]
Abbildung III-6: *IT Governance in Abhängigkeit der Unternehmensgröße*

3.6 Verbindung zwischen IT Governance und Corporate Governance

Wir haben zu Beginn dieses Kapitels bereits auf die Verbindung zwischen Corporate Governance und IT Governance hingewiesen. Wollen wir dieses Zusammenspiel etwas intensiver beleuchten, ist es sinnvoll, bei den Definitionen zu beginnen. Unter Corporate Governance versteht man in seiner weit gefassten Definition ein gutes Management von Unternehmenswerten, wobei die IT allgemein als bedeutender Wert gilt. Trotzdem wird als Ergebnis der „IT Governance in Practice"-Studie von den Befragten im Allgemeinen nicht wahrgenommen, dass IT Governance ein Teil der Corporate Governance ist.

Häufig werden IT Governance und Corporate Governance durch gemeinsame Arbeitskreise aus Vertretern der Fachabteilungen und der IT verbunden. Über Infrastruktur, Auswahl einer Technologie und Budgets wird unternehmensweit vom Management entschieden. In den Abteilungen fallen übrige Entscheidungen, die sich meistens auf konkrete Projekte beziehen (Softwareauswahl und -entwicklung). In einer beschränkten Anzahl von Unternehmen werden Richtlinien und Handhabungen von der Geschäftsleitung ausgehend umgesetzt.

Ist das so richtig? Was bedeutet es, wenn IT Governance und Corporate Governance durch gemeinsame Arbeitskreise verbunden werden? Diese „Verbundenheit" impliziert das Gefühl, dass Governance bei diesen Unternehmen gelebt wird, damit Governance gelebt wird – aber nicht, damit das Unternehmen Wettbewerbvorteile erzielt. Und hier liegt eines der großen Missverständnisse von Corporate Governance und respektive von IT Governance: Beides wird vielfach verstanden als Pflichtprogramm von außen. Der Nutzen aus Governance Strukturen – unabhängig ob IT oder andere Unternehmensbereiche – wird nicht gesehen. Dabei zeigt die Praxis, dass die Unternehmen, die sich intensiv mit Fragen zu Governance (und insbesondere mit IT Governance) auseinandersetzen, hinsichtlich ihres Entscheidungsportfolios, ihrer Entscheidungsqualität und der letzten Endes daraus resultierenden Stärkung des unternehmerischen Handelns, klare Vorteile gegenüber anderen Unternehmen erzielen.

3.7 Verbreitung von Frameworks

Wenn über IT Governance diskutiert wird, ist ein wesentliches Element die Nutzung vorhandener Frameworks wie zum Beispiel CObIT oder ITIL. Ein Drittel der Befragten, die IT Governance-Lösungen bereits implementieren oder dies planen, benutzen dazu ein intern entwickeltes Framework. Bei den übrigen zwei Drittel dominieren CObIT und ITIL. Nur wenige der Befragten benutzen kein Framework. Interessant ist, dass vor dem Hintergrund existierender und ausgereifter Frameworks Unternehmen den Weg einer individuellen Framework Lösung gehen. Leider lassen die Studien keine tiefergehende Erkenntnis zu, um welche Art von Framework es sich handelt. Nimmt man ein weiteres Element der Studie hinzu, nämlich dass der Gebrauch von CObIT leicht rückgängig ist, könnte man der Erklärung erliegen, dass CObIT als Ganzes oder in seinen Teilen als Plattform angesehen wird, um ein eigenes Framework aufzusetzen. Das ist auch nicht weiter schlimm. Zielführend für IT Governance ist ja nicht die Nutzung der vorhandenen Frameworks, sondern dass überhaupt die IT Governance-Mechanismen erkannt und gelebt werden. Ob hierfür ein Standard Framework genutzt wird oder ob es sich um ein individuell weiterentwickeltes handelt, ist – ergebnisorientiert betrachtet – zweitrangig.

Grundsätzlich zeigen alle Studien, dass Frameworks als nützlich empfunden werden, aber keinesfalls zu überschätzen sind. Der Trend geht dazu, Frameworks als Strukturierung geeigneter Maßnahmen zu sehen. Ein Framework ersetzt aber nicht den notwendigen innerbetrieblichen Bewusstseinswandel und die notwendige Qualifikation IT Governance aufzusetzen und leben zu können.

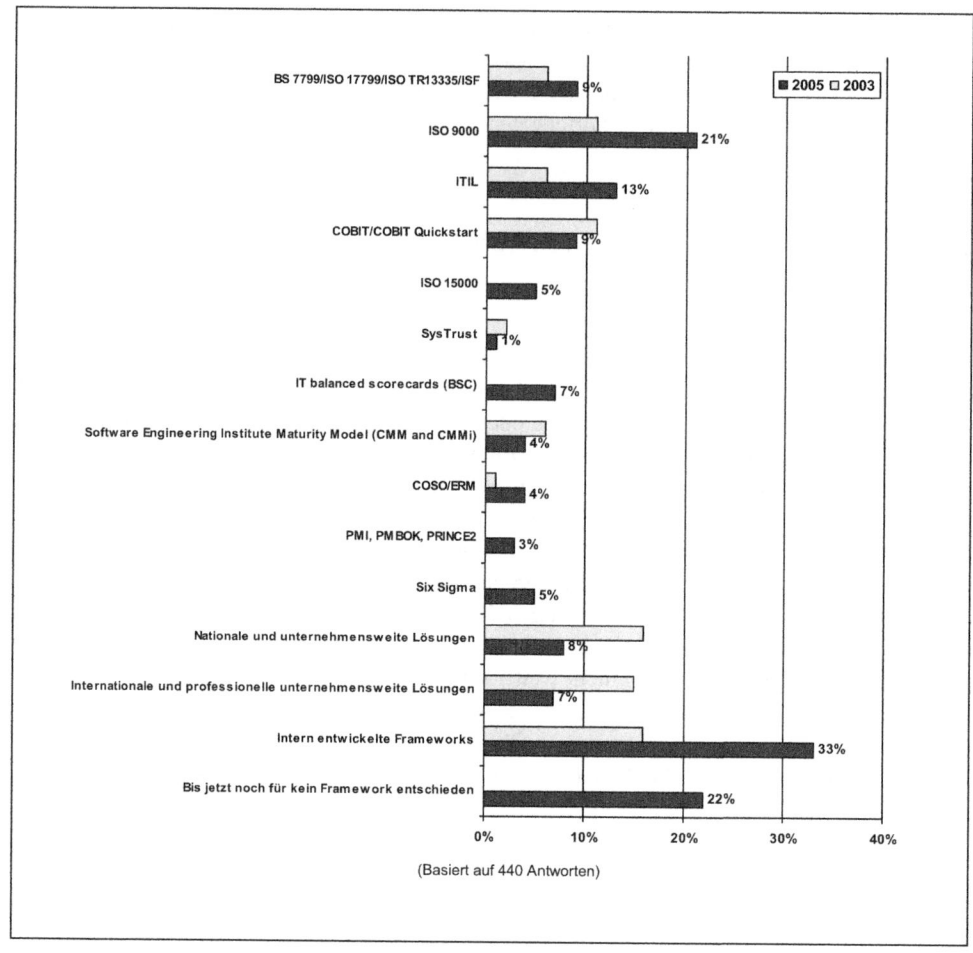

Quelle: [ITGI06c]
Abbildung III-7: Ausgewählte IT Governance-Frameworks

3.8 Übernahme der Verantwortung für IT Governance

IT Governance steht also, durch seine Treiber Compliance und Kostenreduktion verursacht, folgerichtig in der Verantwortung der Unternehmensleitung. Aber auch die anderen IT Governance-Domänen erfordern die Aufmerksamkeit der Unternehmensleitung. Anderseits kennen, wie im Abschnitt I.3.2 beschrieben, die Entscheidungsträger aber häufig den gesamten Umfang von IT Governance nicht.

An einer Geringschätzung der IT kann dies gemäß der Studie nicht liegen. Hier sehen 57 % der befragten Entscheidungsträger die IT als sehr wichtig und 30 % als ganz wichtig an. (s. Abbildung III-8). Bemerkenswerterweise sehen Leiter der Fachabteilungen mit 67 % die IT als eher wichtig an, während CIO dies nur mit 54 % tun.

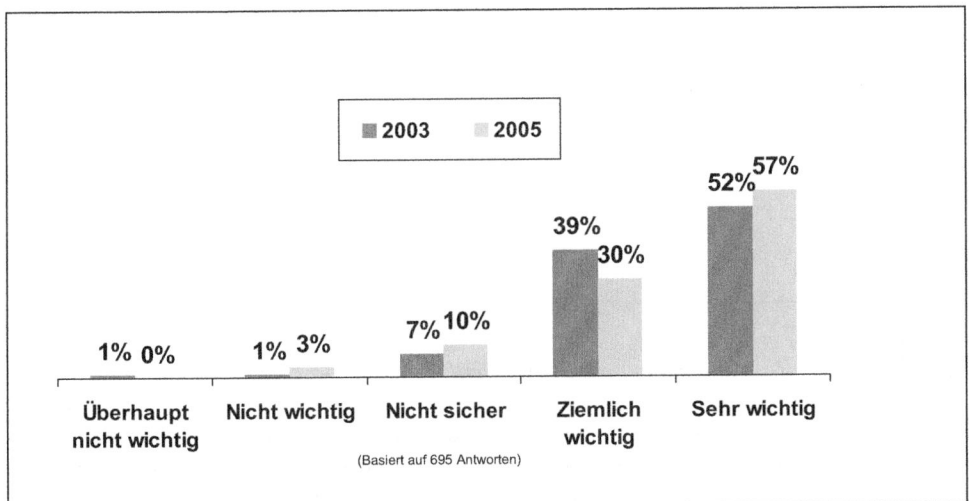

Quelle: [ITGI06c]
Abbildung III-8: *Wichtigkeit der IT für die allgemeine Strategie*

Die beschlossenen Investitionen im IT-Bereich nahmen seit 2003 signifikant zu. Von den Investitionen verspricht man sich in häufigster Nennung „*das Erreichen strategischer Ziele*" vor „*Bereitstellung von relevanten und zuverlässigen Informationen*". Seit 2003 lässt sich ein Verschieben des Investitionszwecks von der Effizienz hin zu strategischen Zielen verfolgen.

3.9 Kommunikation als Erfolgsrezept

IT Governance kann einer Organisation nachweislich einen großen Mehrwert bringen. Elementares Erfolgsrezept (nicht nur für IT Governance) ist dabei die regelmäßige und zielgerichtete Kommunikation aller beteiligten Parteien, mindestens jedoch der für IT verantwortlichen Personen und der Geschäftsführung. Gerade diese lässt sich jedoch an vielen Stellen innerhalb der Organisationen noch verbessern. Nur 55 % der IT-Departments berichten regelmäßig der Geschäftsführung und den Entscheidungsträgern der Fachabteilungen über neue Technologien und den Nutzen für das Geschäft. Und wenn sie berichten, dann in erster Linie über Compliance und Kosteneinsparung, weniger über Innovationen und Themen, die das Unternehmen nach vorne bringen. (s. Abbildung III-9).

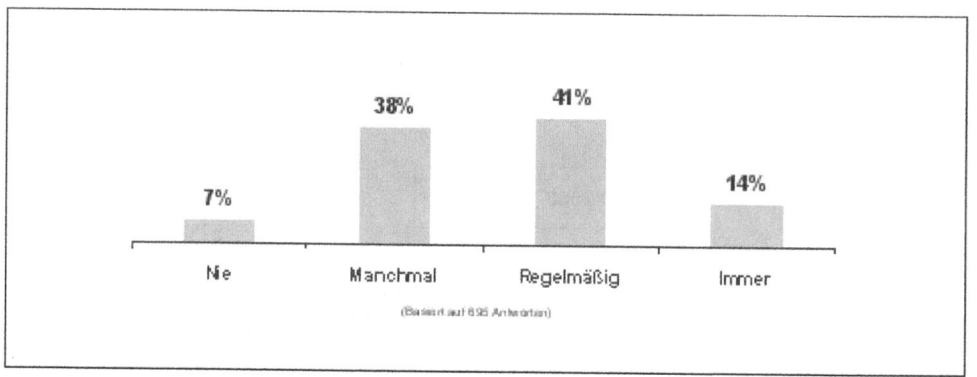

Quelle: [ITGI06c]
Abbildung III-9: *Kommunikation mit der Geschäftsleitung*

Zielgerichtete und regelmäßige Kommunikation kann allerdings auch nur dort erfolgen, wo die IT den Geschäftszweck versteht und sich somit aus einer engen Verzahnung von IT und Business Vorteile gegenüber dem Wettbewerb erzielen lassen. Die Realität sieht leider anders aus: Nur 55% der IT-Abteilungen verstehen den Geschäftszweck ihrer Organisation in einem großen Ausmaß (s. Abbildung III-10).

Werden die Antworten nach allgemeinem und IT-Management aufgeschlüsselt, gaben 64 % der allgemeinen Manager an, dass die IT ihr Geschäft im großen Ausmaß versteht, aber nur 55 % der IT-Manager behaupten dies von sich. Vielleicht fehlt es auch einfach nur an einem gesunden Selbstverständnis und Selbstvertrauen der IT-Manager, sich regelmäßig mit den Kollegen aus den Fachbereichen auszutauschen.

Ergebnisse der Umfragen

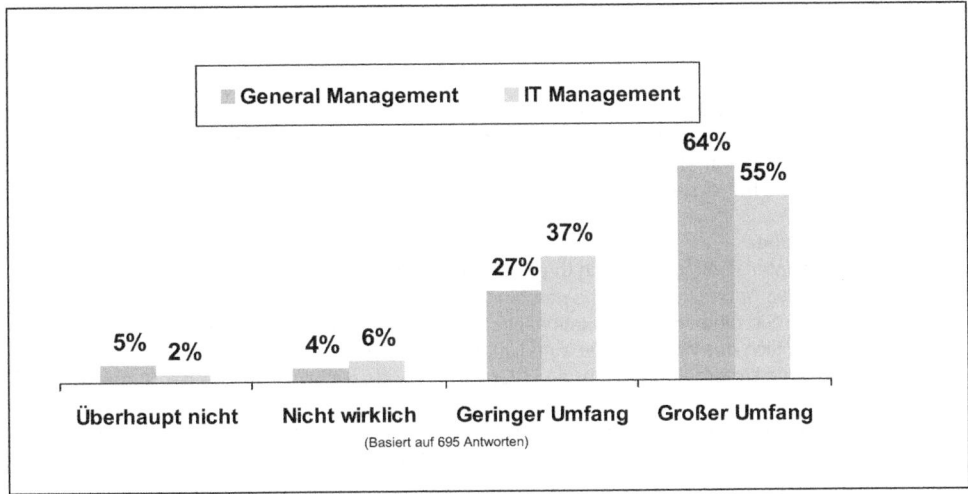

Quelle: [ITGI06c]
Abbildung III-10: *Wichtigkeit der IT für die Strategie nach Managementtyp*

3.10 Fazit

Das Verständnis des Marktes über IT Governance ist sehr unterschiedlich. Reduziert auf Compliance und Kostenaspekte kann IT Governance auch nicht die Schlagkraft entwickeln, die ihr gebührt. Erst wenn alle IT Governance-Domänen gleichermaßen nicht nur von den IT-Verantwortlichen, sondern auch von Unternehmensleitung und Fachbereichen verstanden werden, kann ein nachhaltiger Nutzen erzielt werden. Dabei ist es von entscheidender Bedeutung, dass die erforderlichen Entscheidungsstrukturen und Prozesse nicht nur etabliert, sondern auch gelebt werden. Dies ist in den meisten Fällen mit einem erheblichen Change Management Aufwand verbunden.

Wesentliche Erfolgsfaktoren einer erfolgreichen IT Governance sind letzten Endes nicht die erfolgreiche Umsetzung von Standards oder die Nutzung von Tools und/oder Frameworks, sondern die regelmäßige Kommunikation aller Beteiligten und die Erkenntnis, dass mit IT Governance in letzter Konsequenz der Unternehmenswert nachhaltig gesteigert wird. Es zeigt sich, dass bei vielen Unternehmen in dieser Hinsicht noch Handlungsbedarf besteht. Da der Umsetzungsprozess alles andere als einfach ist, wird ein systematischer Ansatz in den weiteren Kapiteln dieses Buches vorgestellt.

CIO-Checkbox:

1. Reifegrad:
   - Kennen Sie den Reifegrad von IT Governance in Ihrem Unternehmen?
   - Wenn nicht, so sollten Sie sich mit der Systematik vertraut machen und eine erste Bewertung vornehmen.
   - Wenn ja, hat sich der Reifegrad im letzten Jahr verbessert?

2. Wahrnehmung:
   - Wird unter IT Governance in Ihrem Unternehmen mehr als Compliance und Optimierung des operativen Betriebs verstanden?
   - Haben Sie einen Kommunikationsplan, der den Nutzen von IT Governance auch hinsichtlich der Wertbeiträge zum Unternehmenserfolg transparent macht?
   - Sieht die Unternehmensführung IT Governance als wichtigen Faktor der Strategie an?
   - Erfolgt ein regelmäßiger Kommunikationsaustausch zwischen Ihnen und der Unternehmensführung über die verschiedenen Aspekte der IT Governance?

3. Frameworks:
   - Kennen Sie die relevanten Frameworks?
   - Wurden diese hinsichtlich ihrer Relevanz für Ihr Unternehmen beurteilt?

IV. Ausgestaltung des IT Governance-Frameworks

1. Einleitung

Die Einführung eines IT Governance-Frameworks bedeutet, sich mit den existierenden Rahmenbedingungen eines Unternehmens auseinanderzusetzen und dabei in Betracht zu ziehen, dass betroffene IT-Bereiche gewöhnlich nicht „auf der grünen Wiese" starten. Vielmehr geht es darum, die Anforderungen an eine IT-Führungs- und Organisationsstruktur auf Basis einer bestehenden Wertekultur im Unternehmen aufzusetzen und diese Anforderungen innerhalb existierender Strukturen umzusetzen. Dies ist erforderlich für

- die Verankerung der IT im Unternehmen und (Abschnitt IV.2)
- deren operative Ausprägung (Abschnitt IV.3).

Die Einführung von IT Governance ist ein Projekt, bei dem ein Unternehmen mit einer „Positionsbestimmung" beginnen und jene Elemente optimieren muss, deren Ausprägung den Anforderungen nicht genügen sowie solche Elemente hinzuzufügen, welche bis dato noch gar nicht – oder nur rudimentär – vorhanden sind. Erfolgskritisch ist hier, dass die projektierten IT Governance-Komponenten in die bestehende Landschaft eingepasst werden.

Wie unterschiedlich die Ausgangslage je Unternehmen ist, kann unter anderem festgemacht werden an:

- den strategischen Vorgaben,
- den organisatorischen Ausprägungen,
- der operativen Ausstattung,
- der Nutzung von Risiko-Management und Kontrollsystemen sowie
- dem Vorhandensein eines IT-Service Managements.

Selbst wenn einzelne Elemente augenscheinlich etabliert sind, kann man nicht von einer vollständigen, konsistenten und integrierten IT Governance sprechen: Stabilität, Verlässlichkeit, Dokumentation und Akzeptanz der Elemente werden unterschiedliche Reifegrade haben und damit unterschiedlich intensiv wirken.

Dies hat zur Folge, dass die Einzelteile in der Ausprägung einer IT Governance entweder nicht vollständig sind oder nicht zusammen passen. Es gilt durch die Einleitung der passenden Maßnahmen ein konsistentes Bild innerhalb einer existierenden Umgebung zu schaffen.

Die „Positionierung" eines Unternehmens bezüglich IT Governance ist auf zwei Ebenen vorzunehmen:

- Zum Ersten bedarf es einer Positionierung bezüglich der IT Governance-Prinzipien.

- Zum Zweiten ist diese Betrachtung um die Positionierung der Entscheidungsfelder des IT-Managements zu ergänzen.

Selbstverständlich stehen diese Ebenen in einer strengen Beziehung zueinander; nur eine sinnvolle Kombination der Ergebnisse aus den Einzelbetrachtungen führt zu einem aussagefähigen Gesamtbild.

2. Ausprägung der IT Governance-Prinzipien

Zielsetzung:	Ausgestaltung der IT Governancen-Prinzipien im Rahmen des IT Governance-Frameworks. Das Ziel ist die Ausrichtung der IT Governance-Prinzipien auf den Status der geplanten IT Organisationsform. Dies erfolgt durch die Betrachtung einer dezentralen und zentralen Organisationsausprägung.
Positionierung:	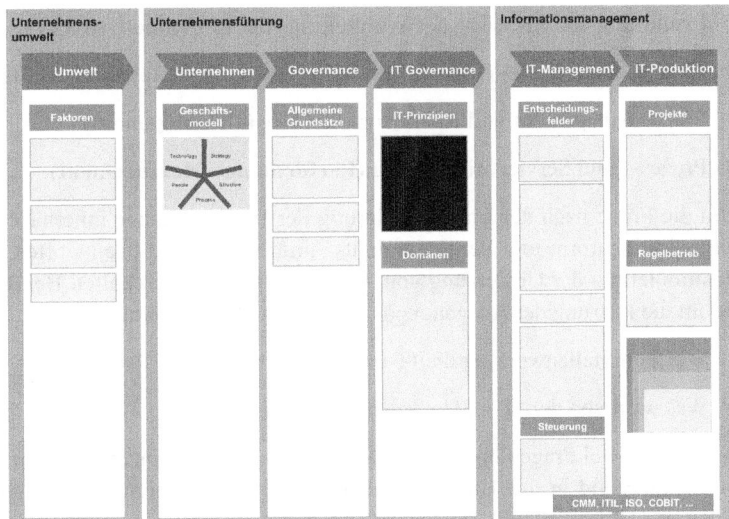
Voraussetzung:	Abschnitt I.3.1
Ergebnis:	Exemplarische Darstellung von Ausprägungen der IT Governance-Prinzipien hinsichtlich: ▪ Positionierung der IT im Unternehmen ▪ Ausgestaltung der Entscheidungsrechte und Ausführungspflichten ▪ Konfiguration von IT Organisationsformen ▪ Definition von IT Governance-Verantwortlichkeiten

2.1 Methodischer Ansatz

Die Umsetzung der IT Governance-Prinzipien (ITG-Prinzipien) bedeutet, der IT im Unternehmen einen Stellenwert zuzuweisen und mit Führungs- und Organisationsstrukturen zu versehen, sodass diese in ihren Domänen und nach ihren Grundwerten im Unternehmen arbeitet:

- Harmonisierung der IT mit dem Gesamtunternehmen **(Strategic Alignment)**
- Ermittlung und Messung des Wertbeitrags der IT **(Value Delivery)**
- Zielgerichteter, effizienter Einsatz aller Ressourcen **(Resource Management)**
- Risikomanagement und Risikovorsorge **(Risk Management)**
- Prozess- und Serviceorientierung **(Performance Measurement)**

Um die Frage nach der Implementierung der IT Governance innerhalb einer bestehenden IT-Organisationsform und deren Qualitäts- und Nutzengrad beantworten zu können, wird eine Positionierung der Umsetzung von ITG-Prinzipien vorgeschaltet. Bei der Positionierung geht es um die Klärung der Ausgangsposition durch zwei Fragen:

- Welchen Stellenwert hat die IT im Unternehmen?
- Was wird von der IT im Unternehmen erwartet?

An diesen zwei Fragen lassen sich die IT Governance-Prinzipien als Grundlage für eine funktionierende und in das Unternehmen verankerte IT Governance festmachen. Die Antworten auf diese Fragen liefern zum einen die Anforderungen an eine Grundstruktur für die ITG-Prinzipien und zum anderen die Schwerpunkte, die innerhalb der Grundstruktur gesetzt werden. Erst mit der notwendigen strategischen Einordnung und der damit zusammenhängenden Ausrichtung können die Inhalte der ITG-Prinzipien definiert und deren notwendigen Mechanismen zur Umsetzung in der richtigen Form aufgesetzt werden.

Bei der Darstellung der Umsetzung ist davon auszugehen, dass in allen Unternehmen bereits eine IT und damit verbunden eine Nutzung der IT existiert. Das heißt, dass nicht auf der „grünen Wiese" aufzusetzen ist, auf der man in relativ einfacher Form neue Ziele, Regeln, Strukturen und Verantwortlichkeiten für eine IT entwickeln könnte. Vielmehr ist von einem Status Quo auszugehen, der erst ermittelt, bewertet und dann unter neuen Zielgrößen mit einem Veränderungsbedarf eingeschätzt werden muss (s. Abbildung IV-1).

Zur Bewertung des strategischen Status Quo erfolgt eine Einordnung der IT mit der darauf aufbauenden Ableitung der zukünftigen Schwerpunkte einer IT Governance. Zur Bewertung des operativen Status Quo wird die Grundordnung der IT festgelegt und daran die Anforderungen an eine zukünftige IT Governance festgelegt. Diese lassen sich im Wesentlichen an Merkmalen festmachen, die den unterschiedlichen Dynamiken und Komplexitäten der einzelnen Geschäftsfelder eines Unternehmens hinreichend Rechnung tragen (vgl. Abschnitt I.2.1 ff.).

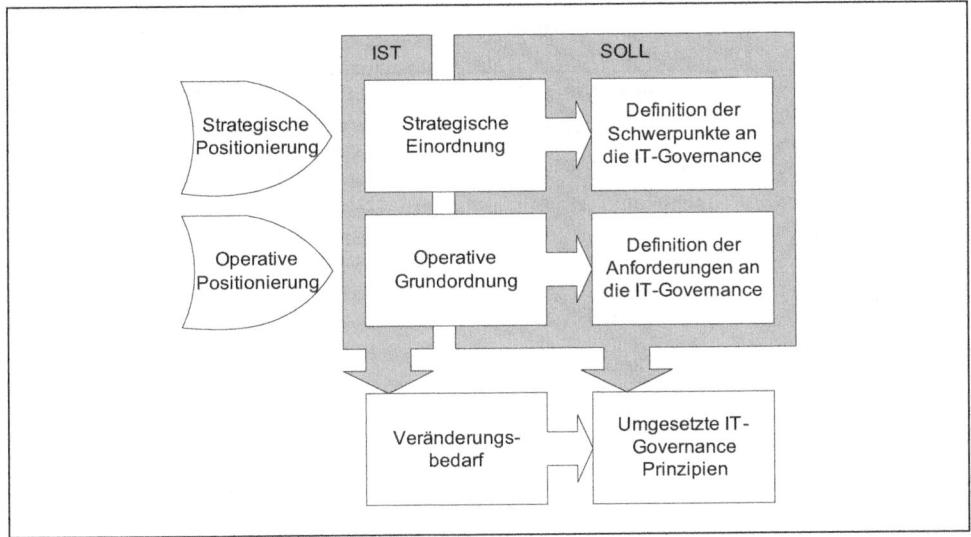

Quelle: PwC
Abbildung IV-1: *Positionierung und Umsetzung der Prinzipien*

Um nun aber die IT über die Governance bestmöglich an den Anforderungen des Geschäftsmodells auszurichten, kann als eine Strukturierungshilfe eine Übersicht gewählt werden, in der die Komplexität des Geschäftsmodells mit der Dynamik des Marktes bzw. der Branche des Unternehmens ins Verhältnis zueinander gesetzt wird (s. Abbildung IV-2). Dabei fällt auf, dass in jedem Querschnitt eine Anforderung an eine zentrale IT Governance existiert; deren Ausprägung und Schwerpunkte aber durchaus unterschiedlich zu bewerten sind. Die Anforderungen an die Ausführung lassen sich dagegen noch am ehesten an dem Grad der Standardisierung festmachen.

Als Ergebnis erfolgt die Ableitung des Veränderungsbedarfs zwischen einem definierten „Ist" und dem erwarteten „Soll" sowie die Definition der Zielumgebung mit den umgesetzten ITG-Prinzipien. Der Nutzen, der durch Abgleich der unterschiedlichen Positionen entsteht, liegt in der Chance zur Neuorientierung für die IT durch die vollständige Ausprägung der ITG-Prinzipien in Anlehnung an die tatsächlichen Anforderungen. Wesentliche Elemente dieser ITG-Prinzipien sind:

- die Entscheidungsrechte
- die Umsetzung durch die Organisation
- die Besetzung von Rollen und die Wahrnehmung von Verantwortlichkeiten.

		\multicolumn{2}{c}{*Komplexität Business*}
		Einfach	**Komplex**
Veränderung Business	**Statisch**	■ Merkmal: Wenig Veränderungen, homogene Strukturen ■ Organisation: Zentral für Entscheidung und Ausführung ■ Ergebnis: Standardisierte Fähigkeiten und Normen, standardisierte Prozesse ■ Anforderung: IT Governance-Funktionen und Ausführung zentral	■ Merkmal: Wenig Veränderungen, heterogene Strukturen ■ Organisation: Zentral für Entscheidung und Mischform für Ausführung ■ Ergebnis: Standardisierte Fähigkeiten und Normen, individualisierte Prozesse ■ Anforderung: Zentrale Governance und dezentrale Ausführung
	Dynamisch	■ Merkmal: Viele und schnelle Veränderungen, homogene Strukturen ■ Organisation: Dezentral für Entscheidung und Mischform für Ausführung ■ Ergebnis: Standardisierte Fähigkeiten und Normen, individualisierte Prozesse ■ Anforderung: Zentrale / Dezentrale Governance-Funktionen und zentrale Ausführung	■ Merkmal: Viele und schnelle Veränderungen, heterogene Strukturen ■ Organisation: Mischform für Entscheidung und Mischform für Ausführung (Einzelfallbetrachtung) ■ Ergebnis: Standardisierte Fähigkeiten und Normen, individualisierte Prozesse ■ Anforderung: Zentrale / Dezentrale Governance und dezentrale Ausführung

Quelle: PwC
Abbildung IV-2: Dynamik und Komplexität

Die Definition der ITG-Prinzipien und deren Umsetzung stellen dabei das Bindeglied zwischen der IT und der Organisation dar. Um die unterschiedlichen Charaktere der Unternehmen und die differierenden Entwicklungsstände in den Organisationen der Unternehmen zu betrachten, werden in den folgenden Kapiteln vereinfachte Schemata zur Bewertung benutzt. Die ausführlichen methodischen Ansätze findet man in den Abschnitten IT-Strategie (vgl. IV.3.2.2) und IT-Reifegradmodell (vgl. IV.3.1)

2.2 Stellenwert der IT im Unternehmen

Die strategische Positionierung entscheidet über den grundsätzlichen Stellenwert der IT im Unternehmen. Hat man diese Positionierung durchgeführt, lassen sich daraus zukünftige Schwerpunkte für die IT Governance-Prinzipien ableiten, die dann die Richtung für das gesamte Wirken der IT innerhalb des Unternehmens darstellen.

Für eine Ausrichtung der IT im Unternehmen gilt die Unternehmensstrategie, die mit zwei wesentlichen Rahmenbedingungen auf die IT-Strategie und somit auf die Prinzipien der IT Governance einwirkt:

- IT als Wettbewerbsfaktor
- Corporate Governance

Auf Basis dieser Rahmenbedingungen erfolgt die Positionierung der IT im Sinne einer Vereinfachung und wird an einem Kontinuum festgemacht, das sich von der „IT als Kostenfaktor" bis zur „IT als strategischer Partner" erstreckt (s. Abbildung IV-3). Die individuelle Einordnung lässt sich ableiten von strategischen Zielvorgaben und einem regulatorischen Rahmen, der an internen und externen Mindestanforderungen festgemacht wird. Das Prinzip als solches ist eine Vorgabe für das umfängliche Wirken der IT und somit eine Grundpositionierung der IT im Unternehmen. Diese grobe Darstellung der Extreme auf strategischer Ebene ermöglicht die Abgrenzung der Unterschiede für die konkrete Anwendung der IT Governance-Prinzipien auf der operativen Ebene.

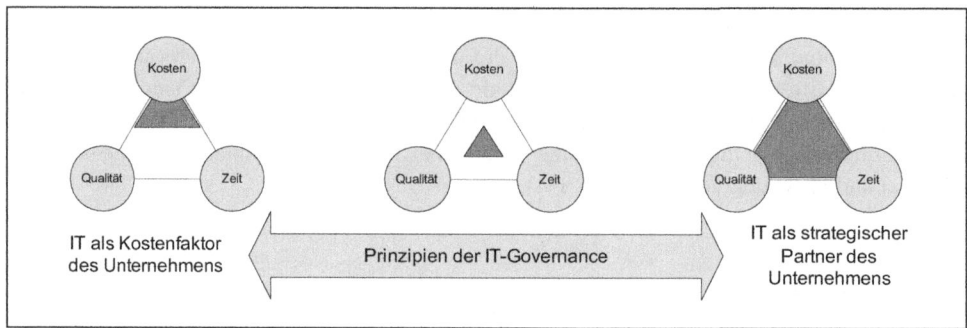

Quelle: PwC
Abbildung IV-3: Das IT Governance-Kontinuum

Je nach Positionierung der IT innerhalb des Kontinuums wird eine unterschiedliche Gewichtung der Inhalte der ITG-Prinzipien und somit auch eine Veränderung in der Form und in den Inhalten der Bestandteile zum Zeitpunkt der Umsetzung angestrebt. Während auf der einen Seite des Kontinuums beispielsweise die Transparenz der Kosten einen wesentlichen Faktor darstellt, rücken auf der anderen Seite des Kontinuums mehr das Vertrauen in die Leistung der IT und deren kontinuierlichen Weiterentwicklung in den Vordergrund. Bei der Umsetzung der IT Governance-Prinzipien gilt es in diesem Fall darauf zu achten, dass man sich innerhalb des vorgegebenen Anforderungsrahmens bewegt und dass man die Schwerpunkte an den strategischen Vorgaben ausrichtet.

Für die konkrete Ausgestaltung der Governance bedeutet dies, dass die strategischen Vorgaben des Unternehmens und somit die strategischen Ziele der IT vor der Umsetzung der IT Governance-Prinzipien geklärt sein müssen. Dies kann durch die Anwendung der drei Grundachsen „Qualität", „Kosten" und „Zeit" erfolgen, in dem die Tendenz zur Einordnung der IT festgelegt wird:

- Das Extrem auf der linken Seite des Kontinuums weist die IT als Kostenfaktor oder als Commodity-Geschäft aus, bei der im günstigsten Fall eine Transparenz über die direkten und indirekten Aufwände der IT im Unternehmen existiert.

- In der Mitte des Kontinuums wird die IT als funktionierender Bestandteil des Unternehmens betrachtet, welcher aber weder hinterfragt noch weiter ausgebaut wird.

- Die extreme Position auf der rechten Seite klassifiziert die IT als einen Werttreiber im Unternehmen, in den investiert wird und der dafür aber auch einen messbaren und erkennbaren geschäftlichen Nutzen liefert.

In Abhängigkeit von dieser Einordnung werden dann die IT Governance-Prinzipien und somit die Entscheidungsrechte, Organisationsstrukturen und Verantwortlichkeiten mit den notwendigen Schwerpunkten versehen. Für die Ausgestaltung der Prinzipien auf Ebene der Entscheidungskompetenzen (Führung) kann dies die personelle Besetzung von Governance-Strukturen durch wichtige Mitarbeiter des Unternehmens beinhalten oder die Hinterlegung wesentlicher Positionen mit den notwendigen Kompetenzen bedeuten. Mögliche Beispiele sind:

- Verankerung der IT-Verantwortung in der Unternehmensleitung
- Installation von Gremien (mit strategischem, fachlichem oder technischem Bezug)
- Aufbau oder Stärkung von Governance-Rollen
- Einkauf von speziellem Know-how

Die Ausgestaltung der Prinzipien auf der Ebene der Ausführungskompetenzen (Struktur) steht in einem direkten Zusammenhang mit den Entscheidungsstrukturen und wird mit operativen Schwerpunkten unterstützt. Entsprechende Maßnahmen zur Stärkung der IT-Position auf dem Kontinuum könnten beispielsweise sein:

- Gezielte Investitionen
- Organisatorische Restrukturierung
- Durchführung von Sonderprojekten
- Ausbau von Steuerungs- und Controllingmechanismen

Zusammenfassend ist festzuhalten, dass die IT nur dann als ein Werttreiber agieren kann, wenn sie bewusst nach den Unternehmenswerten geführt und betrieben wird. Um diesem Anspruch gerecht zu werden, ist es notwendig, eine Standortbestimmung durchzuführen und eine Zukunftsvision aufzuzeigen. Das Kontinuum bietet dafür den Rahmen zur strategischen Einordnung.

2.3 Die organisatorische Grundordnung

2.3.1 Klassifizierungsschema

Die Ausprägung von IT Governance-Prinzipien heißt also zunächst, vor dem Hintergrund der strategischen Positionierung die organisatorische Grundordnung festzulegen. Das bedeutet, dass die Aufgaben der IT Governance so auszugestalten sind, dass die IT diese grundsätzlichen Prinzipien erfüllen kann. Je nachdem, welche Ziele sich aus der durch die Geschäftsleitung formulierten IT-Strategie ableiten, ergibt sich ein Spektrum an Konfigurationen für die IT Governance-Prinzipien, die in der Lage sind, genau diese Ziele zu erfüllen.

Da nicht alle individuellen Konfigurationen dargestellt und diskutiert werden können, wird zur *operativen Positionierung* ein Vereinfachungsschema eingeführt. Dieses Schema bietet die Möglichkeit, die operative Ausgangssituation und die zukünftige Zielumgebung festlegen und den daraus entstehenden Veränderungsbedarf ableiten zu können. Für die Ausgestaltung der IT Governance sind die wesentlichen Ordnungselemente die Entscheidungskompetenzen (Führung) und Ausführungskompetenzen (Struktur). Diese werden in der folgenden Abbildung IV-4 in Verhältnis zueinander gebracht, aus der sich vier wesentliche Hauptkonfigurationen ergeben.

Ausführung (Struktur)		Entscheidung (Führung)	
		Dezentral	Zentral
	Zentral	Shared Services Modell	Zentrales Modell
	Dezentral	Anarchisches Modell	Föderales Modell

Quelle: PwC
Abbildung IV-4: *Gegenüberstellung von Entscheidung und Ausführung*

Zur Vervollständigung muss allerdings darauf hingewiesen werden, dass viele Zwischenstufen nicht nur möglich, sondern zur Abbildung von Einzelsachverhalten auch sinnvoll sind. So kann eine Zentralisierung von Entscheidungs- und Ausführungskompetenz in einem Bereich sinnvoll sein, wenn dadurch sehr hohe Skaleneffekte erzielt werden können. Gleichzeitig können in demselben Unternehmen die Entwicklung und der Betrieb bestimmter Applikationen völlig dezentral organisiert werden, wenn diese eher individuellen Charakter haben und spezielle Geschäftsprozesse unterstützen.

Diese wesentlichen, in der Praxis vorkommenden Kombinationen werden in Abbildung IV-5 beschrieben.

Betrachtet man die möglichen Varianten, wird schnell deutlich, dass einheitliche Standardlösungen für die Definition der Entscheidungsrechte und der Ausführungsmodelle nicht eindeutig entwickelt werden können, sondern auf die individuellen Gegebenheiten angepasst werden müssen. Zusammenfassend lässt sich aber für die operative Positionierung festhalten, dass die zentralen Modelle für die Umsetzung der ITG-Prinzipien eindeutige Vorteile bieten, da die Transparenz und Steuerungsfähigkeit um ein Vielfaches höher liegt.

Für die konkrete Umsetzung innerhalb des Unternehmens erfolgt in den nächsten Abschnitten die Ausgestaltung der IT Governance-Prinzipien.

Ausprägung der IT Governance-Prinzipien

	Entscheidung	Ausführung	Vorteile	Nachteile
Zentral	■ Zentral (Dienstleister im Unternehmen)	■ Zentral (basierend auf Standards)	■ Größen- und Synergieeffekte ■ Transparenz ■ Steuerbarkeit	■ Möglicherweise bürokratisch ■ Geringere Flexibilität
Shared Services	■ Unternehmenswerte und Governance-Prinzipien mit IT-Richtlinien in Geschäftsbereichen	■ Zentrale Dienste können freiwillig genutzt werden	■ Größeneffekte und Synergievorteile ■ Nähe zu den Geschäftsbereichen ■ Kostentransparenz	■ Standards sind nicht bindend ■ Aufteilung der Verantwortung für IT Governance ist schwierig
Föderal	■ Zentrale Richtlinien, gemeinsame Strategie ■ Verhandlungslösungen	■ Durchführung in den Unternehmensbereichen ■ Nutzung zentraler Services möglich	■ Unternehmensbereich flexibel, entscheidungsfreudig ■ Standardisierung, gemeinsame Infrastruktur ■ Wissensaustausch	■ Weniger effektive Entscheidungen ■ Übereinstimmungen werden zur Herausforderung
Anarchisch	■ Steuerungskompetenz auf Geschäftsbereichebene	■ Durchführungskompetenz auf Geschäftsbereichebene	■ Kenntnis des Betriebs ■ Betrieb hat Priorität	■ Effizienz (keine Größeneffekte) ■ Wiederverwendung von IT-Know-how ■ In der Regel geringer Reifegrad

Quelle: PwC
Abbildung IV-5: *Entscheidungsrechte und Ausführungspflichten*

2.3.2 Entscheidungsrechte

Das erste der drei Prinzipien zur Ausgestaltung der IT Governance ist die Ausprägung der Entscheidungsrechte. Im Folgenden wird diskutiert, wie die Entscheidungsrechte anhand des vorgestellten Grundschemas ausgerichtet sein müssen, um eine nach der Organisationsform ausgeprägte, vollständige IT Governance sicherstellen zu können.

Die aufgeführten Tabellen zeigen für diese Grundordnung jeweils eine empfohlene Zuordnung von informellen Entscheidungsrechten zwischen den Hauptentscheidungsträgern der Unternehmensleitung, einer Zentralfunktion der IT Governance, den dezentralen Fachabteilung und IT-Einheiten und einer ausführenden IT-Organisationseinheit. Auch wenn alle Entscheidungsrechte formal bei der Unternehmensleitung bleiben, wird erkennbar, dass sich die informellen Entscheidungsrechte mit dem Grad der Zentralisierung von der niedrigen zur hohen Delegationsstufe in die IT-Organisation verlagern. Darüber hinaus erhält die IT-Organisation in den übrigen Bereichen starke Mitspracherechte.

In den folgenden Tabellen zur Ausgestaltung der Entscheidungsrechte wird das Rollenverständnis in Bezug zu den klassischen Unternehmensfunktionen gespiegelt an den IT-Entscheidungsfeldern. Zur Unterscheidung wird mit vier Rollenausprägungen gearbeitet:

<u>Entscheidend</u> – Die Unternehmensfunktion hat das Recht und die Pflicht die erforderlichen Entscheidungen zu treffen. Sie haftet im ökonomischen Sinne für die Konsequenz der Entscheidung, d. h. ihr sind sowohl Erfolg und Misserfolg zuzurechnen.

<u>Ausführend</u> – Die handelnden Personen sind verantwortlich für die Umsetzung der Entscheidungen unter Einhaltung der quantifizierten und qualifizierten Vorgaben.

<u>Beratend</u> – Die Unternehmensfunktion sollte in die Entscheidung und/oder in die Ausführung mit einbezogen werden.

<u>Informiert</u> – Dieser Personenkreis wird im Sinne einer aktiven Kommunikationspolitik über Entscheidungen und deren Konsequenzen informiert.

Bei den nachfolgenden Tabellen handelt es sich um Musterkonzeptionen, die an individuelle Unternehmensanforderungen und an spezifische Organisationsausprägungen angepasst werden können. Wichtig dabei ist, dass die aufgespannte Matrix vollständig bearbeitet und definiert wird.

A. Fall: Führung zentral/Ausführung dezentral

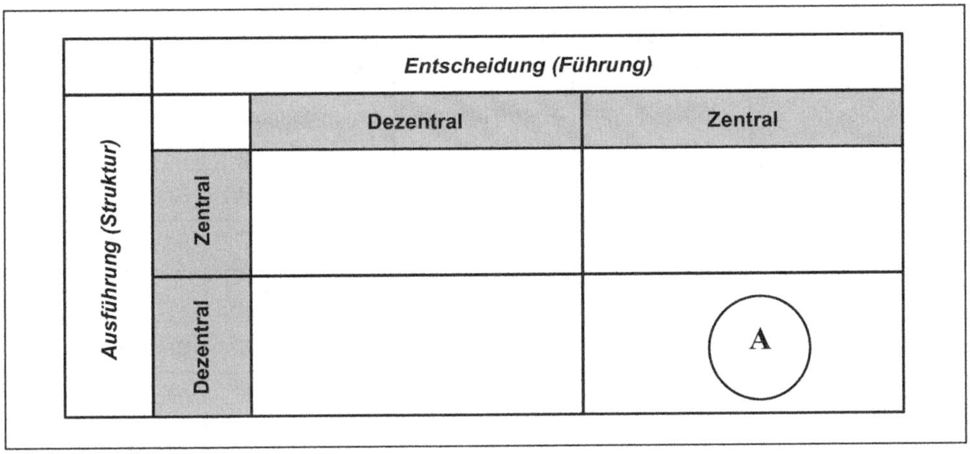

		Entscheidung (Führung)	
		Dezentral	Zentral
Ausführung (Struktur)	Zentral		
	Dezentral		A

Quelle: PwC
Abbildung IV-6: *Zentrale Führung und dezentrale Ausführung*

In diesem Fall handelt es sich um das „Föderale Modell" mit einer zentral geführten IT und dezentral organisierten IT-Einheiten, die den Betrieb und die Betreuung der Anwender in den Einzelgesellschaften (Division/Region) vor Ort sicherstellen. Durch die dezentrale Ausführungsstruktur liegt die Verantwortung und Haftbarkeit für den Teil der Leistungserbringung bei den autark agierenden Geschäftsbereichen und deren ausführenden IT-Organen.

Darüber hinaus existiert eine starke zentrale IT (Corporate IT), die mit dem Mandat des Vorstands bzw. der Geschäftsführung für die IT Governance des Unternehmens verantwortlich ist. Dies beinhaltet beispielsweise:

- Entwicklung und Vorgabe der Rahmenbedingungen,
- Pflege und Weiterentwicklung einheitlicher Standards, und
- Entscheidungsfindung oder Entscheidungsvorbereitung bei Veränderungen.

Die dezentrale IT ist in diesem Fall ausführende Einheit und agiert innerhalb der Rahmenbedingungen einer Corporate IT, wobei die Verantwortung an die Erfüllung der gesetzten Serviceziele festgemacht wird. Um zu verhindern, dass Entscheidungen nicht umgesetzt werden, müssen die strategischen Ziele der IT Governance und die Steuerungsfunktion als grundlegende Verantwortung mit der Rolle der Corporate IT verbunden werden.

IT-Entscheidungsfeld	Vorstand/ Geschäftsführung	Corporate IT	Regionale IT/Geschäftsbereiche	Operative IT/ Dienstleister
IT-Business Management	Informiert	Entscheidend	Entscheidend/ Ausführend	Informiert
IT-Strategie	Entscheidend	Entscheidend	Ausführend	Beratend
IT-Architektur		Beratend	Ausführend	Informiert
Information		Ausführend	Ausführend	Informiert
Anwendungen		Beratend	Ausführend	Beratend
Organisation		Ausführend	Informiert	Informiert
Infrastruktur &Technologie		Beratend	Ausführend	Beratend
Service Management		Beratend	Ausführend	Informiert
Sourcing	Informiert	Beratend	Entscheidend	Ausführend
Sicherheit	Informiert	Beratend	Entscheidend	Ausführend
Investition & Priorisierung	Entscheidend	Entscheidend/ Ausführend	Entscheidend/ Ausführend	Informiert
Steuerung	Informiert	Entscheidend	Entscheidend/ Ausführend	Informiert

Quelle: PwC

Abbildung IV-7: *Zentrale Führung und dezentrale Ausführung*

Bei der zentralen Führung der IT entsteht die wesentliche Haftbarkeit der Führungsorgane aus der Definition und der Ausführung der IT-Strategie. Die Corporate IT vertritt die Grundprinzipien des Unternehmens und stellt sicher, dass die Investitionen und die Veränderungen im Sinne der IT-Strategie und des Unternehmens (IT-Business Management) getätigt werden. Die Führungsverantwortung für die Entscheidungsfelder, die einen wesentlichen Einfluss haben auf die Qualität der Services, verbleibt in den dezentralen, ausführenden Einheiten. Die Verbindung entsteht in der gemeinsamen Haftbarkeit in dem Entscheidungsfeld des IT-Business Managements.

B. Fall: Führung zentral/Ausführung zentral

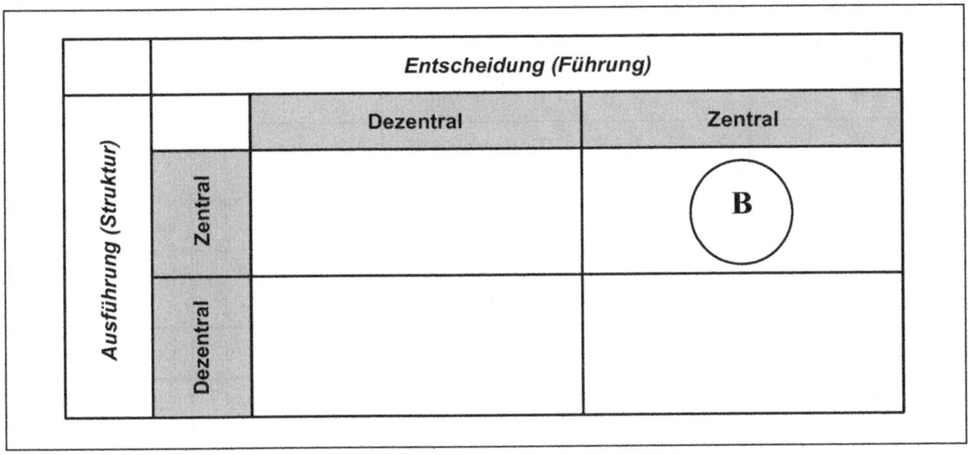

Quelle: PwC
Abbildung IV-8: *Zentrale Führung und zentrale Ausführung*

In diesem Fall handelt es sich um eine zentral organisierte IT – einem Dienstleister im Unternehmen. Durch die zentrale Struktur liegt die Verantwortung für die IT-Entscheidungen, die Bereitstellung eines effizienten, qualitativ hochwertigen und einheitlichen Service und den operativen Betrieb zu großen Teilen bei dem zentral organisierten Dienstleister. Dies bedeutet eine eindeutig führende Rolle bei allen strategischen Entscheidungen, wie beispielsweise Information, Organisation und Service Management und eine alleinige operative Verantwortung für alle ausführenden Entscheidungsfelder. Die Haftbarkeit für die strategische Verankerung des Dienstleisters im Unternehmen und für die strategischen Entscheidungen in Bezug auf Investitionen verbleibt bei den Geschäftsführern bzw. dem Vorstand des Unternehmens. Die Geschäftsbereiche nehmen eine passive Rolle ein. Der operative Dienstleister ist zentrales Ausführungsorgan.

Die wesentlichen Nachteile des IT-Betriebs durch einen Dienstleister ergeben sich durch die hohe Abhängigkeit und die fehlende Transparenz. Durch geeignete Werkzeuge wie zum Beispiel Service Level Agreements oder einem „IT Alignment Forum" (vgl. Abschnitt IV.2.3.4) können Maßnahmen eingeleitet werden, um eine zu hohe Abkapselung oder Isolierung zu verhindern. Dies trifft sowohl im internen als auch in einem externen Dienstleistungsverhältnis zu.

Die vollständige Verantwortung in Bezug auf die Entscheidungsrechte liegt an zentraler Stelle. Die Ausführung erfolgt unter der Steuerung und den strategischen Vorgaben der Corporate IT. Der wesentliche Einfluss auf die Entscheidungsrechte durch die Unternehmensführung liegt wiederum bei der Verabschiedung der IT-Strategie und bei der Festlegung bzw. Geneh-

IT-Entscheidungsfeld	Vorstand/ Geschäftsführung	Corporate IT	Regionale IT/Geschäftsbereiche	Operative IT/ Dienstleister
IT-Business Management	Informiert	Entscheidend/ Ausführend	Informiert	Beratend
IT-Strategie	Entscheidend	Entscheidend/ Ausführend	Informiert	Ausführend
IT-Architektur		Ausführend	Informiert	Beratend
Information		Entscheidend/ Ausführend	Informiert	Informiert
Anwendungen		Ausführend	Informiert	Beratend
Organisation		Entscheidend/ Ausführend	Informiert	Informiert
Infrastruktur & Technologie		Ausführend	Informiert	Beratend
Service Management		Entscheidend/ Ausführend	Informiert	Ausführend
Sourcing	Informiert	Entscheidend/ Ausführend	Informiert	Ausführend
Sicherheit	Informiert	Entscheidend/ Ausführend	Informiert	Ausführend
Investition & Priorisierung	Entscheidend	Entscheidend/ Ausführend	Informiert	Informiert
Steuerung	Informiert	Entscheidend/ Ausführend	Informiert	Informiert

Quelle: PwC
Abbildung IV-9: *Zentrale Führung und zentrale Ausführung*

migung der Investitionen. Die dezentralen Einheiten rücken in eine vollständig passive Rolle und sind Leistungsempfänger. Hier zeigen sich auch sehr deutlich die Vor- und Nachteile des zentralen Modells, welches für das Unternehmen insgesamt ein hohes Maß an Effizienz und Transparenz in der IT bedeuten kann, aber auf der anderen Seite sehr hohe Ansprüche an die notwendige Disziplin der dezentralen Einheiten gestellt werden. Wie in dem Abschnitt zum methodischen Ansatz (vgl. Abschnitt IV.2.1) dargestellt, bietet sich diese Form der Ausgestaltung für die Entscheidungsrechte am ehesten bei geringerer Komplexität des Geschäftsmodells an.

Fall C: Führung dezentral/Ausführung zentral

	Entscheidung (Führung)	
	Dezentral	Zentral
Ausführung (Struktur) Zentral	C	
Dezentral		

Quelle: PwC
Abbildung IV-10: *Dezentrale Führung und zentrale Ausführung*

Der Fall C ist die Konstellation, bei der die Verantwortung für die Entscheidungen bei der regionalen IT bzw. den Geschäftsbereichen verankert ist und die Ausführung zentral organisiert wurde. Die Bereitstellung eines effizienten, qualitativ hochwertigen und einheitlichen Service und der operative Betrieb werden unter der Führung der Geschäftsbereiche erbracht. Das Shared Services Modell greift dabei in der Regel auf standardisierbare Services zurück, die entweder intern (Shared Services) oder durch einen externen Dienstleister (Outsourcing) erfolgt. Die Corporate IT kann für die Geschäftsbereiche eine koordinierende und beratende Funktion übernehmen und als eine Art Generalunternehmer oder auch unabhängige Einheit im Unternehmen auftreten. Die strategischen Entscheidungen und auch die Steuerung der IT erfolgt zwar dezentral, auf die Nutzung von zentralen Services verständigt man sich aber gemeinsam. Die Haftbarkeit für die strategische Verankerung des Dienstleisters im Unternehmen und für die Entscheidungen in Bezug auf Investitionen verbleibt bei den Geschäftsbereichen in Übereinstimmung mit den Geschäftsführern bzw. dem Vorstand des Unternehmens.

Bei der Einführung von Entscheidungsrechten ist in diesem Modell darauf zu achten, dass die beratende Position der Corporate IT entweder mit ausreichend Kompetenz für eine akzeptierte Beratung versehen wird, oder dass Entscheidungen für die Übernahme von zentralen Standards in ein Shared Service Center auf strategischer Ebene gefällt werden und bindend sind.

Die vollständige Verantwortung für die Entscheidungen in Rahmen der IT Governance liegt dezentral bis auf die unternehmerische Verantwortung für Investitionen und die strategische Positionierung der IT. Dieses Konzept ist ein sehr wettbewerbsorientiertes Modell, da es bei vollständiger Ausgestaltung mit den Leistungen am Markt vergleichbar ist.

IT-Entscheidungsfeld	Vorstand/ Geschäftsführung	Corporate IT	Regionale IT/Geschäftsbereiche	Operative IT/ Dienstleister
IT-Business Management	Informiert	Informiert	Entscheidend/ Ausführend	Ausführend
IT-Strategie	Entscheidend	Beratend	Entscheidend/ Ausführend	Ausführend
IT-Architektur		Beratend	Entscheidend	Ausführend
Information		Entscheidend	Entscheidend	Ausführend
Anwendungen		Beratend	Entscheidend	Ausführend
Organisation		Entscheidend	Entscheidend	Ausführend
Infrastruktur & Technologie		Beratend	Entscheidend	Ausführend
Service Management		Beratend	Entscheidend	Ausführend
Sourcing	Informiert	Beratend	Entscheidend/ Ausführend	Ausführend
Sicherheit	Informiert	Informiert	Entscheidend/ Ausführend	Ausführend
Investition & Priorisierung	Entscheidend	Beratend	Ausführend	Informiert
Steuerung	Informiert	Beratend	Entscheidend/ Ausführend	Informiert

Quelle: PwC
Abbildung IV-11: *Dezentrale Führung und zentrale Ausführung*

Fall D: Führung dezentral/Ausführung dezentral

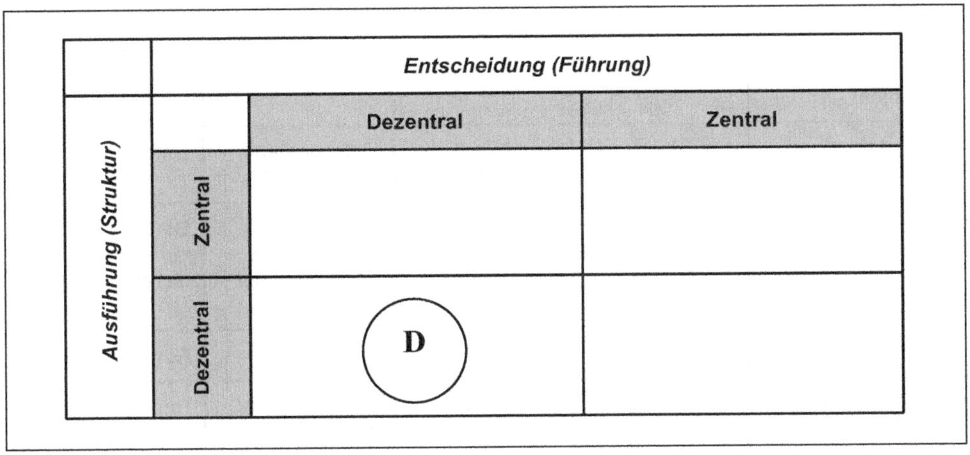

	Entscheidung (Führung)	
Ausführung (Struktur)	**Dezentral**	**Zentral**
Zentral		
Dezentral	D	

Quelle: PwC
Abbildung IV-12: *Zentrale IT, externe, geringer Reifegrad*

Der Fall D mit dem „Anarchischen Modell" beschreibt eine IT, die vollständig dezentral organisiert ist und in der Verantwortung der Geschäftsbereiche bzw. der regionalen IT-Einheiten liegt. Diese Organisationsform zeichnet sich in der Regel durch wenig Standardisierungen und dynamische Prozesse aus. Zwar wird versucht, durch Vorgaben der Zentrale (Corporate IT) Standards zu etablieren, diese sind aber nur auf übergeordnete Fragestellungen anzuwenden, so dass die einzelnen Geschäftsbereiche Spielräume haben, um ihre eigenen IT-Lösungen zu etablieren.

In diesem Modell ist die operative IT eine mehrfache dezentrale Einheit und es sollte zumindest darauf geachtet werden, dass die strategischen Vorgaben im Unternehmen bindenden Charakter haben und die Konsequenzen bei Nichteinhaltung wirksam sind.

Die wesentlichen Entscheidungsrechte liegen in diesem Fall dezentral bis auf wenige zentrale Rahmenvorgaben, wie zum Beispiel einheitliche Standards für regulatorische Rahmenbedingungen. Die Durchsetzbarkeit der Corporate IT ist erfahrungsgemäß bei dieser Konstellation eingeschränkt.

IT-Entscheidungsfeld	Vorstand/ Geschäftsführung	Corporate IT	Regionale IT/Geschäftsbereiche	Operative IT/ Dienstleister
IT-Business Management	Informiert	Informiert	Entscheidend	Ausführend
IT-Strategie	Entscheidend	Informiert/ Beratend	Entscheidend/ Ausführend	Beratend
IT-Architektur		Beratend	Ausführend	Beratend
Information		Beratend	Entscheidend/ Ausführend	Beratend
Anwendungen		Beratend	Ausführend	Beratend
Organisation		Beratend	Entscheidend/ Ausführend	Beratend
Infrastruktur & Technologie		Beratend	Ausführend	Beratend
Service Management		Beratend	Entscheidend/ Ausführend	Beratend
Sourcing	Informiert	Informiert	Entscheidend	Ausführend
Sicherheit	Informiert	Informiert	Entscheidend	Ausführend
Investition & Priorisierung	Informiert	Beratend	Entscheidend/ Ausführend	Beratend
Steuerung	Informiert	Beratend	Entscheidend	Ausführend

Quelle: PwC
Abbildung IV-13: *Dezentrale Führung und dezentrale Ausführung*

2.3.3 Organisation

Die Grundkonfiguration der IT

Das zweite Prinzip zur Ausgestaltung der IT Governance ist die Ausprägung der Organisation. Um die – im Sinne der ITG-Prinzipien – effektivste Konfiguration auswählen zu können, muss zunächst Klarheit darüber bestehen, welche Konfiguration vor dem Hintergrund der Gegebenheiten überhaupt implementiert werden sollte. Dies wird im Wesentlichen durch drei Faktoren bestimmt:

Ausprägung der IT Governance-Prinzipien

- Zentralisierungsgrad der IT
- Externalisierungsgrad der IT
- Reifegrad der IT

Die Organisationsform der IT oder deren Zentralisierungsgrad bezeichnet den Grad der Zusammenfassung von IT-Funktionen in einer Organisationseinheit. Eine völlig dezentral ausgeprägte Struktur würde demnach jeder IT-Funktion im Unternehmen ihre eigene IT-Abteilung zuordnen. Eine völlige Zentralisierung hieße dann, dass das gesamte Unternehmen auf eine einzige IT-Abteilung zugreift. Mischformen wären etwa bei einem nach Sparten organisierten Unternehmen, IT-Abteilungen pro Sparte oder je nach zu erfüllender IT-Funktion eine Kombination aus einer zentralen und mehreren dezentralen Einheiten.

Die Eigentumsstruktur oder der Grad der Verlagerung bezeichnet den Grad des Outsourcings von IT-Funktionen. Dieser reicht von der reinen internen Erstellung bis zum Fremdbezug. Mischformen innerhalb dieses Spektrums sind sowohl die Ausgründung der IT in ein gemeinsam mit einem externen Dienstleister kontrolliertes Joint Venture als auch das unter dem Begriff „Outtasking" bekannte Auslagern einzelner IT-Funktionen.

Die Bildung von Organisationsstrukturen ist auf funktionaler Ebene durch den Reifegrad der IT eingeschränkt. Der Reifegrad betrieblicher IT-Funktionen bezeichnet in der Regel den Grad der Formalisierung von Prozessen innerhalb der IT-Funktionen oder allgemeiner ausgedrückt, den Grad der Professionalisierung der IT-Funktion. Somit ist der Reifegrad der IT der wesentliche Gradmesser für den Zustand der Aufbauorganisation und somit der Notwendigkeit zur Einführung von Koordinationsmechanismen zur Unterstützung der IT Governance-Prinzipien. Ein sehr niedriger Reifegrad einer betrieblichen Funktion impliziert einen niedrigen Formalisierungsgrad. Im Einzelnen bedeutet dies, dass Prozesse nicht dokumentiert sind und nicht evaluiert ist, welche Kompetenzen Mitarbeiter haben müssen, um die anfallenden Aufgaben effizient zu bewältigen. Damit ist so gut wie ausgeschlossen, diese Funktion über eine Standardisierung jeglicher Art, sei es ihrer Arbeitsprozesse, ihres Outputs, ihrer Normen oder der Fähigkeiten zu steuern. Ebenso entfallen fast alle Mechanismen der Marktkoordination, denn es ist dann nicht möglich, Leistungen zu definieren, die als Kostenträger und damit als Abrechnungsgrundlagen fungieren können. Im Extremfall wäre also eine IT-Funktion, die über einen Reifegrad von Null verfügt, lediglich durch direkte Weisung beziehungsweise über eine Teamstruktur zu steuern.

Damit ist ein geringer Reifegrad notwendige Voraussetzung für die Etablierung minimaler Koordinationsstrukturen im Unternehmen, die über reine mündliche Anweisungen hinausgehen. Es lässt sich folgender Zusammenhang formulieren: Je höher der Reifegrad, desto mehr organisatorische Möglichkeiten erschließen sich damit. Die Abbildung IV-14 macht den Zusammenhang zwischen organisatorischer Konfigurationen und notwendigen Reifegradstufen deutlich.

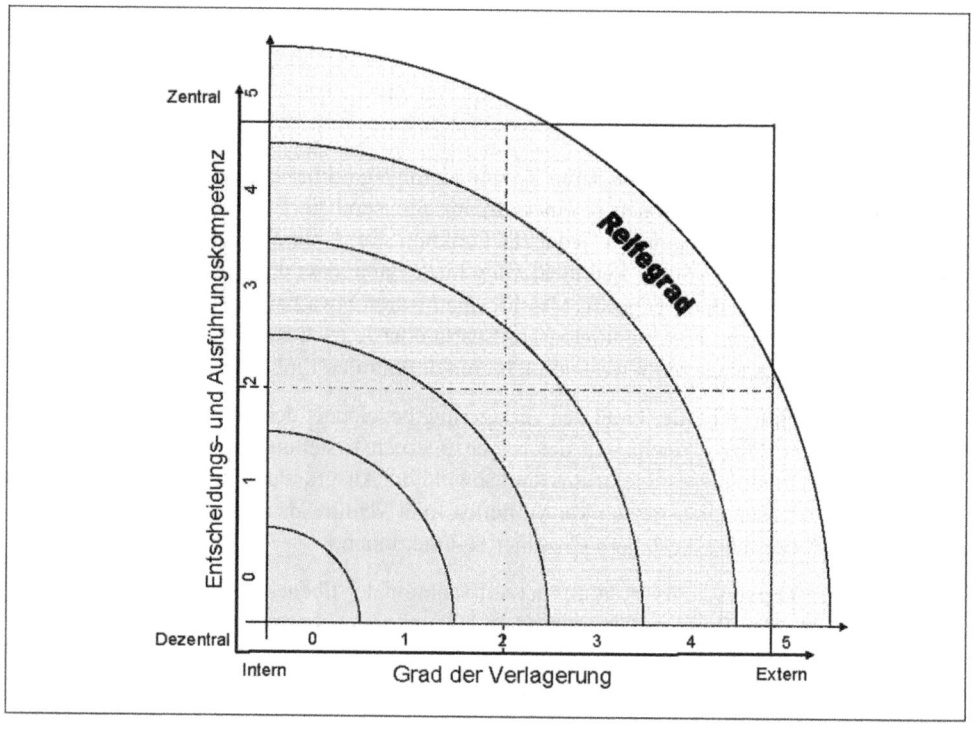

Quelle: PwC
Abbildung IV-14: *Notwendiger Reifegrad je Organisationsform*

Je nach zu Grunde gelegtem Reifegrad-Modell lässt sich der Reifegrad in eine unterschiedliche Zahl von Stufen einteilen. Wie in Abschnitt II.3.2 dargestellt, unterscheidet das CObIT-Modell, welches diese Reifegrade bereits mit Blick auf die IT Governance definiert, in sechs unterschiedliche Entwicklungsstufen der IT. Der Reifegrad, hier gemessen am Vorliegen formalisierter IT-Prozesse, reicht von „nicht-existent" (Stufe 0) bis zu „optimiert" (Stufe 5) (vgl. Abschnitt IV.3.1). Abbildung IV-15 ordnet den Extremkombinationen aus Abbildung IV-14 den erforderlichen Reifegrad sowie die verfügbaren Koordinationsinstrumente zu.

Generell gilt die Annahme, dass ein hoher Reifegrad in der Kommunikation eines Unternehmens, seinen Anweisungen, Regelungen und Prozessen, Werkzeugen und Mitarbeitern, seiner organisatorischen Durchbildung und Zielsetzungen dazu führt, dass weniger Fehler entstehen, die Ergebnisse vorhersagbarer sind und die Ressourcen effizienter eingesetzt werden. Letztlich wird mittels einer guten IT Governance das Ziel verfolgt, einen Reifegrad zu erreichen, der zu einer Erhöhung der Investitionssicherheit bei den IT-Investitionen führt. Daher ist es für das IT-Management wichtig, strategische und taktische Entscheidungsbedarfe zu kennen. Dies alles sind Effekte, die auch durch IT Governance angestrebt werden. Damit besteht zumindest eine Übereinstimmung dergestalt, dass eine Kenntnis über den aktuellen Entwicklungsstand – nachgewiesen durch ein Reifegradmodell – eine gute Grundlage für die Optimierung der IT Governance liefert. Betrachtet man die Einführung von IT Governance als ein Projekt, das das Unternehmen nachhaltig verändert, kann mit Hilfe von Reifegradmodellen ebenso der aktuelle Entwicklungsstand vor und nach dem Projekt mit dem angestrebten Stand verglichen werden.

Organisationsstruktur	Erforderlicher Reifegrad	Verfügbare Koordinationsinstrumente
1) dezentral/intern	Niedrig (0-2)	Direkte Weisung Selbstabstimmung (Teamarbeit)
2) zentral/intern	Hoch (3-5)	Programme Pläne Selbstabstimmung (Teamarbeit) Markt
3) dezentral/extern	Hoch (2-4)	Pläne Selbstabstimmung (Teamarbeit) Markt
4) zentral/extern	Hoch (3-5)	Programme Pläne Selbstabstimmung (Teamarbeit) Markt

Quelle: PwC
Abbildung IV-15: *Organisationsstruktur und Reifegrad*

Geht es darum, den Reifgrad einer IT-Organisation zu verbessern, handelt es sich um einen Prozess, bei dem Systematiken, die bereits bestehen, optimiert und ergänzt werden, um von einer Ausgangslage auf eine höhere Stufe zu gelangen. Typischerweise werden diese Entwicklungsstufen unter Nutzung von Reifegradmodellen bewertet; ein weitgehend optimaler Prozess wird demnach als „reif" bezeichnet, was die Anzahl der möglichen organisatorischen Grundkonfigurationen erhöht.

Aufbauorganisation

Die Aufbauorganisation der IT lässt sich an der strategischen und operativen Positionierung der IT festmachen. Um die Koordinierungsfunktion auch in der notwendigen Form durchsetzen zu können, müssen sich in der Aufbauorganisation die Rollen und Verantwortlichkeiten der IT Governance widerspiegeln. Je nach Grundordnung wird eine daran ausgerichtete Governance-Form empfohlen.

Organisationsstrukturen mit dezentralem Charakter sind sachlogisch dann relevant, wenn die betriebliche IT heterogen ausgeprägt ist. Entsprechend bietet sich eine dezentrale Struktur mit stärkerer Einbindung in die Linienorganisation an. Die Entscheidungsrechte werden hier stärker auf der Ebene der Linienorganisation konzentriert. Man kann hier von einem geringen Delegationsgrad sprechen. Zentrale Strukturen bieten sich an, wenn das Standardisierungspotenzial relativ hoch ist. Durch die Zentralisierung wird es erforderlich, dass mehrere Fachabteilungen auf die zentrale IT-Funktion zugreifen. Dann müssen zwangsläufig auch mehr Entscheidungsrechte auf die IT-Funktion selbst übertragen werden, um den Abstimmungsaufwand zu verringern. Man kann hier von einer relativ hohen Delegationsstufe sprechen.

Aus der Zuordnung der Entscheidungsrechte und der sich daraus ergebenden Delegationsstufe lässt sich ableiten, welche Organisationsform für die sich jeweils aus dem Sachzusammenhang ergebende Organisationsstruktur geeignet ist. Der gewählte Grad an (De-) Zentralisation bestimmt den Bedarf und auch die Ausprägung der IT Governance. Im Allgemeinen gilt: Je höher der Grad der Zentralisierung, desto höher ist der Bedarf an IT Governance, desto vielseitiger sind aber auch die möglichen Steuerungsmechanismen.

Organisationsstruktur	Empfohlener Reifegrad	Empfohlene Organisationsform
Dezentral/intern	Niedrig-Mittel	Interner IT-Stab
Zentral/intern	Hoch	Interne Dienstleistungsstelle (Shared Service Center)
Dezentral/extern	Hoch	Multisourcing (= Outsourcing an mehrere Dienstleister)
Zentral/extern	Hoch	Singlesourcing (= Outsourcing an einen Dienstleister)

Quelle: PwC
Abbildung IV-16: *Steuerungsmechanismen von Organisationsformen Teil 1*

Im Folgenden werden beispielhaft zwei mögliche Organisationsformen für IT Governance in einem nach Sparten organisierten Unternehmen beschrieben. Als mögliche Grundform der organisatorischen Ausprägung einer IT dienen dabei zum einen die dezentrale, interne Struktur und zum anderen die zentrale, externe Struktur.

Ausprägung der IT Governance-Prinzipien

Organisations-struktur	Empfohlene Governance-Form	Zu etablierende Governance-Prozesse
Dezentral/intern	IT-Gremien, IT-Gruppen	IT-Kostenkontrolle
Zentral/intern	Profit-Center (ggf. Investment Center)	IT-Kostenkontrolle IT-Leistungskontrolle Strateg. Steuerung Risikomanagement
Dezentral/extern	Dienstverträge, gemischte IT-Gruppen	IT-Kostenkontrolle IT-Leistungskontrolle Strateg. Steuerung Risikomanagement
Zentral/extern	Werkvertrag	IT-Kostenkontrolle IT-Leistungskontrolle Strateg. Steuerung Risikomanagement

Quelle: PwC
***Abbildung IV-17:** Steuerungsmechanismen von Organisationsformen Teil 2*

Dezentrale IT-Organisation

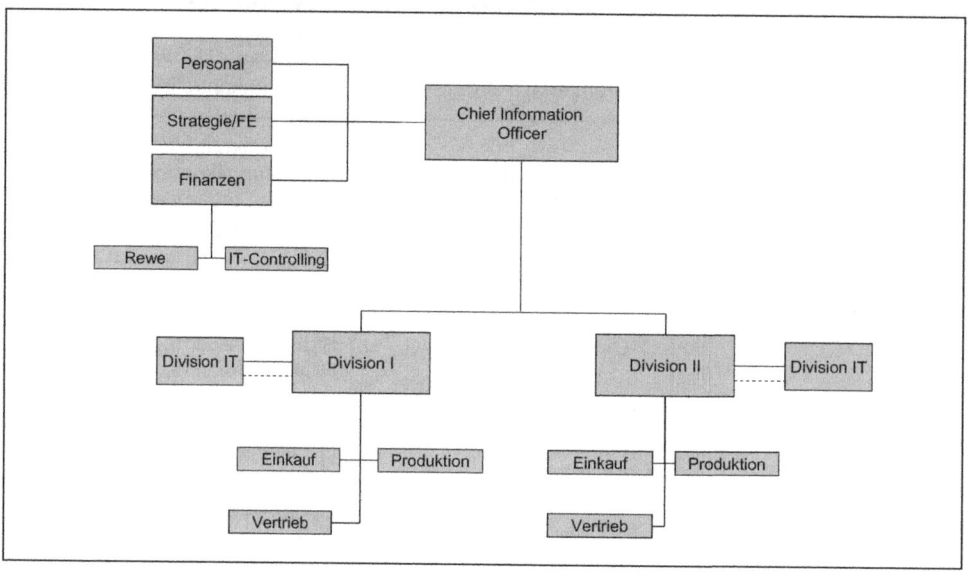

Quelle: PwC
Abbildung IV-18: *IT Governance in der dezentralen IT-Organisation*

Die dezentrale Struktur ist noch durch eine verhältnismäßig enge Einbindung der IT an die funktionale Organisation gekennzeichnet [Pete04]. Der Geschäftsbereich bezieht nicht nur Leistungen von der Divisions-IT (gestrichelte Linien in der Abbildung), sondern es besteht zusätzlich noch eine Weisungsbefugnis zwischen der Geschäftsbereichsleitung und den Mitarbeitern der IT-Abteilung (durchgezogene Linien in der Abbildung). Durch die Zentralisierung innerhalb eines Geschäftsbereichs ist eine Koordination durch direkte Weisungen allerdings eingeschränkt. Der IT-Stab entlastet die Fachabteilung vor allem auf qualitativer Ebene. Dadurch wächst das Informationsgefälle zwischen den Abteilungen und die Geschäftsbereichsleitung besitzt nicht mehr ausreichend Kompetenz für eine direkte Einflussnahme auf IT-Entscheidungen. Es bietet sich daher an, hier andere Mechanismen der Fremdkoordination, nämlich Programme und Planvorgaben, einzusetzen.

Die IT-Stäbe müssen Anforderungen der Fachabteilung in Form von Human- *und* Kapitalinvestitionen abbilden. Kostenverursachung (Fachabteilung) und Kostenrealisierung (IT-Stab) liegen nicht mehr in einer Organisationseinheit. Es entwickeln sich Divergenzen zwischen den Zielen der Fach- und der IT-Abteilung, die zu einer Leistungs- und Komplexitätsausweitung führen können. Die Abstimmung der Aufgaben der divisionalen IT-Abteilung mit den einzelnen Funktionen des Geschäftsbereichs, die durch sie unterstützt werden sollen, wird entsprechend komplexer. Die Bildung und organisatorische Verankerung einer IT Governance-Funktion wird also zu einer relevanten Frage.

Die Geschäftsbereichsleitung übernimmt hier die strategische Steuerung der IT durch die Erarbeitung von Programmen auf relativ generellem Niveau. Sie beschließt also zum Beispiel die Einführung einer neuen Anwendungssoftware innerhalb eines bestimmten Zeitraums. Die Detaillierung dieser Vorgabe bleibt dann der IT-Abteilung überlassen. Aus diesen Entscheidungen leitet sich der sekundäre Bedarf für die IT-Infrastruktur ab, also der Bedarf, dessen Umfang am schwersten durch die Geschäftsbereichsleitung evaluiert werden kann. Schwieriger gestaltet sich die Evaluierung der Qualität der Leistungen des täglichen Betriebs. Durch den direkten Bezug zwischen den Anforderungen der Fachabteilungen und der IT-Unterstützung kann diese Aufgabe bei der Fachabteilung verbleiben. Damit dieser nicht die Kompetenz für diese Aufgabe verloren geht, bietet es sich an, die Funktion eines IT-Koordinators zu etablieren, der eine Schnittstellenfunktion zur IT wahrnimmt.

Aus dem durch die Geschäftsbereichsleitung festgelegten Programm können im Anschluss Planvorgaben in Bezug auf die Kosten der Maßnahme ermittelt werden, also im Beispiel den Kosten der Softwareeinführung. Solche Erweiterungsinvestitionen sollten dem Budget der sie verursachenden wettbewerbsrelevanten Investition, also zum Beispiel einer Anwendung, zugerechnet und durch die Geschäftsbereichsleitung verabschiedet werden. Da für Erweiterungsinvestitionen zumeist Anweisungen der fachlichen Seite existieren, kann die IT-Kostenkontrolle, die sich dann auf Plan-Ist Vergleiche beziehungsweise Abweichungsanalysen für die Kosten des operativen Betriebs beschränkt, durch die Controlling Abteilung übernommen werden. Es bietet sich an, hierfür ein IT-Controlling unter der Stabsstelle für Finanzen einzurichten. Die für den Bereich „Infrastruktur" anfallenden Ersatzinvestitionen können per Budget durch das IT-Controlling freigegeben und kontrolliert werden. Erweiterungsinvestitionen auf der Ebene der Infrastruktur werden den primären Erweiterungsinvestitionen, aus denen sie sich ableiten, finanziell zugerechnet und bedürfen der Genehmigung durch die Geschäftsbereichsleitung. Ebenso verbleiben Entscheidungen hinsichtlich des Risikomanagements, sowohl auf operativer als auch auf strategischer Ebene, bei der Geschäftsbereichsleitung und werden im Einklang mit den Vorgaben der Unternehmensleitung gefällt.

	Dezentrale IT-Organisation	
	intern	extern
IT-Kostenkontrolle	Finanzabteilung/IT-Controlling: Budgetplan, Soll-Ist-Abgleich	Finanzen / IT-Controlling: Rechnungsanalyse IT-Management / IT-Controlling: Kennzahlenanalyse
IT-Leistungskontrolle	Unternehmensleitung: IT-Investitionsprogramm Fachbereich / IT-Koordinator: Monitoring/Reporting	IT-Management: Definition/Auswertung von Service-Level-Reports Bedarfsermittlung / Bedarfsanalyse IT-Dienstleister: Monitoring/ Reporting
Strategische Steuerung	Unternehmensleitung: IT-Investitionsprogramm	Unternehmensleitung / IT-Management/Vertragsmanagement: Nach–/Neuverhandlung von Konditionen
Operative Steuerung	Unternehmensleitung/ Fachbereich / IT-Koordinator: Antrag, Freigaben	Fachbereich: Bestellung (aus Leistungskatalog)
Risikomanagement	Unternehmensleitung: Risiko- bzw. Compliance Planung / Richtlinie	Unternehmensleitung: Risiko- bzw. Compliance Planung / Richtlinie

Quelle: PwC
Abbildung IV-19*: Kontroll- und Steuerungspflichten dezentraler IT-Organisation*

Ausprägung der IT Governance-Prinzipien

Zentrale IT-Organisation

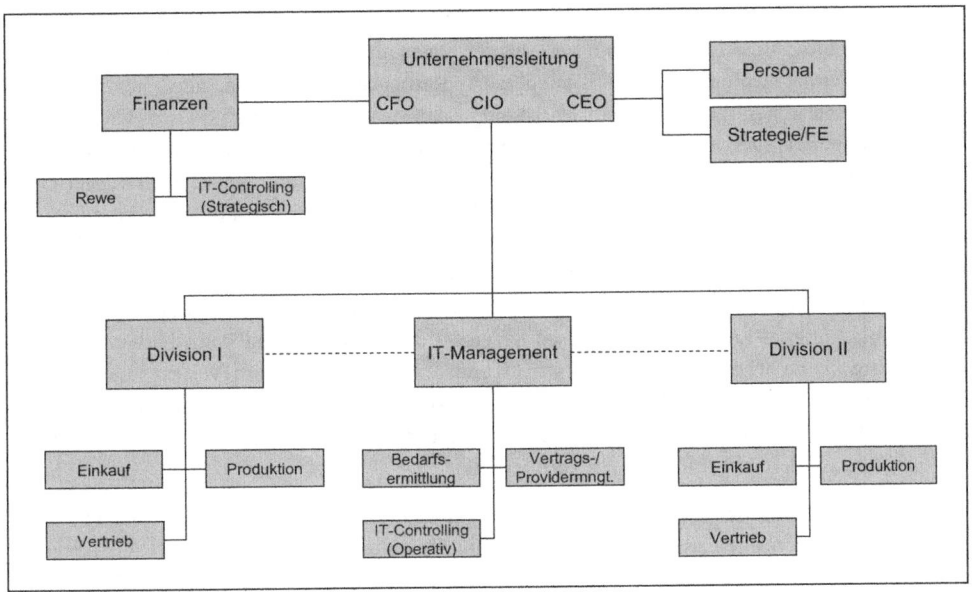

Quelle: PwC
Abbildung IV-20: *IT Governance bei externer IT-Organisation*

Der entscheidende Unterschied aus organisatorischer Sicht zwischen einem internen zentralen IT-Bereich und einer ausgelagerten IT liegt in der Eigentumsstruktur. Zwischen externem, fremdbeherrschten IT-Dienstleister und Abnehmerunternehmen besteht ein größerer Interessenkonflikt als zwischen einem internen Dienstleister und seinen internen Kunden. Im Prinzip entfallen bei einem solchen Modell daher alle Formen der Fremdsteuerung und werden ersetzt durch eine reine Marktkoordination. Es hat sich jedoch gezeigt, dass ein rein preiskoordinierter Bezug von IT-Dienstleistungen, etwa im Sinne eines „on demand"-Modells kaum oder zumindest noch nicht realisierbar ist. Es ist immer noch notwendig, dass eine dedizierte Leistungsbeziehung zwischen Kunde und Dienstleister in Form von beiderseitigen spezifischen Investitionen etabliert wird. Diese Investitionen bilden lediglich Anforderungen des jeweiligen Abnehmer- oder Dienstleistungsunternehmens ab und sind daher naturgemäß nicht durch Marktpreise zu bewerten. Diese Unzulänglichkeiten in Bezug auf den Preismechanismus müssen durch andere Instrumente der Koordination ausgeglichen werden. Diese lassen sich vertraglich vereinbaren, müssen dann aber durch entsprechende Pönalen abgesichert und ggf. durch Versicherungen ergänzt werden, da unternehmensinterne Sanktionsmechanismen entfallen.

Dieser generelle Interessenskonflikt erfordert einen höheren Aufwand an IT Governance. Es ist also ein eigener IT Governance- beziehungsweise IT-Management-Bereich zu etablieren und funktional auszudifferenzieren. Die IT-Strategie kann in diesem Modell nicht mehr per direkter Weisung des CIO umgesetzt werden. Es ist daher notwendig, bestimmte strategische Programme und Planvorgaben vertraglich zu fixieren. Deren Erstellung und vertragliche Umsetzung kann zur Entlastung der Unternehmensleitung von einer eigenen Vertrags- oder Providermanagement-Funktion übernommen werden. Diese Funktion ist im Wesentlichen für die Umsetzung von Erweiterungsinvestitionen in Änderungsanforderungen, neue Verträge oder Zusatzvereinbarungen zuständig. Zur Entlastung der Geschäftsbereiche und zur Standardisierung des längerfristigen variablen Bedarfs kann eine Funktion eingerichtet werden, die diesen ermittelt und in Abstimmung mit dem Providermanagement an den Dienstleister weiterleitet. Über Ersatzinvestitionen insbesondere im Bereich der Infrastruktur entscheidet der Dienstleister selbst. Entscheidend ist es daher, nicht nur ein finanzielles operatives Controlling über die Einhaltung bestimmter Planvorgaben (Kennzahlen) beim Dienstleister durchzuführen, sondern auch Planvorgaben hinsichtlich der einzuhaltenden Qualität aufzustellen und deren Einhaltung zu kontrollieren. Dieses Service-Level-Management kann entweder im IT-Controlling über vorher vertraglich fixierte Kennzahlen erfolgen, vom Vertragsmanagement kontrolliert oder von einer eigenen Service-Level-Funktion übernommen werden. Auch an dieser Stelle wird zur vertiefenden Beschreibung der Steuerungsfunktion innerhalb der IT Governance auf den Abschnitt I.3.2.2 verwiesen.

Aus der Betrachtung der jeweils vorliegenden organisatorischen Grundmodelle der IT lassen sich also Anforderungen an den Bedarf und die Gestaltungsparameter der IT Governance ableiten. Ebenso aber ergibt sich daraus die Organisation der damit zusammenhängenden Aufgaben.

	Zentrale IT-Organisation	
	intern	**extern**
IT-Kostenkontrolle	Finanzabteilung-IT-Controlling: Verrechnungspreise, Profit Center, Rechnung	Finanzen / IT-Controlling: Rechnungsanalyse IT-Management / IT-Controlling: Kennzahlenanalyse
IT-Leistungskontrolle	Unternehmensleitung: IT-Investitionsprogramm Finanzen / IT-Controlling: Profit Center, Rechnung Leistungskennzahlen (Service Levels)	IT-Management: Definition/Auswertung Service-Level-Reports Bedarfsermittlung / Bedarfsanalyse IT-Dienstleister: Monitoring / Reporting
Strategische Steuerung	Unternehmensleitung: IT-Investitionsprogramm	Unternehmensleitung / IT-Management / Vertragsmanagement: Nach–/Neuverhandlung von Konditionen
Operative Steuerung	Fachbereich: interne Bestellung	Fachbereich: Bestellung (aus Leistungskatalog)
Risikomanagement	Corporate-IT: Risiko- bzw. Compliance Planung / Richtlinie	Unternehmensleitung / IT-Dienstleister Risiko- bzw. Compliance Planung/ Richtlinie

Quelle: PwC
Abbildung IV-21: *Kontroll- und Steuerungspflichten zentraler IT-Organisation*

2.3.4 Verantwortlichkeiten

Die dritte Aufgabe zur Ausprägung der IT Governance-Prinzipien besteht in der Ausgestaltung der Verantwortlichkeiten. Zur vollständigen Umsetzung der Anforderungen an die IT Governance-Prinzipien ist es notwendig, die definierten Entscheidungsrechte und die zukünftige Organisationsform mit IT Governance-Gremien zu hinterlegen. Nachfolgend werden IT Governance-Gremien mit deren Funktion und Ziel beschrieben. Die Konfiguration und Ausgestaltung der Rollen ist so zu wählen, dass die Organisationsform unterstützt und der Position der IT im Unternehmen Rechnung getragen wird. In Abbildung IV-22 ist eine exemplarische Konfiguration von Rollen für eine komplexe Umgebung mit zentraler IT aufgeführt. Die IT Governance-Ebene wird durch ein IT-Steering Committee vertreten, welches „Top-Down" durch die klassischen Rollen des IT-Risiko- und Programm-Managements unterstützt wird. Für die Aufbereitung der Informationen und für die Verankerung zu den Fachbereichen sowie den dezentralen Einheiten sind „Bottom-Up" themenverantwortliche Gremien installiert.

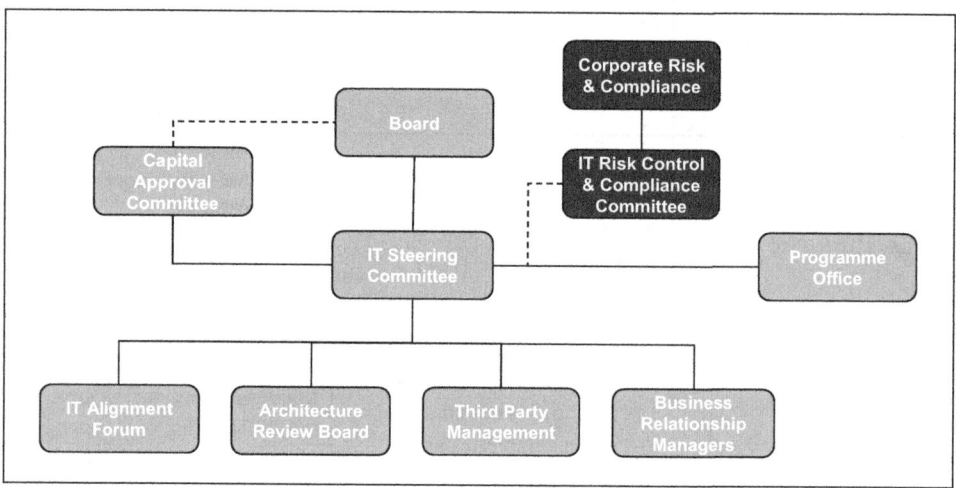

Quelle: PwC
Abbildung IV-22: *IT Governance-Verantwortlichkeiten*

Die Abbildungen IV-23 bis IV-25 erläutern die Aufgaben, Ziele und Prinzipien von drei IT Governance-Gremien.

Es sind darüber hinaus noch weitere Gremien denkbar:

- **IT Alignment Forum**: Die Funktion des IT Alignment Forum (ITAF) ist es, die Geschäftseinheiten strategisch und technologisch zu beraten, Unternehmensanforderungen zu verstehen und das IT Steering Committee (ITSC) zu unterstützen. Das ITAF hat das Ziel, das Zusammenspiel der IT mit den Fachabteilungen zu gewährleisten. Es ist das Bindeglied zwischen Unternehmensstrategie und IT-Strategie.

- **Architecture Review Board**: Das Architecture Review Board (ARB) bewertet sowohl das Design der Systemarchitektur als auch der Infrastruktur und entwickelt Pläne, die die Übereinstimmung von Architekturprozessen und -praktiken sowie die Verteilung von sachbezogenen Informationen gewährleisten. Das ARB hat das Ziel Architektur-Standards zu entwickeln, zu pflegen und deren Übereinstimmung mit der IT-Strategie zu gewährleisten.

- **IT Risk Control & Compliance Committee**: Der IT Risk Control & Compliance Ausschuss stellt sicher, dass IT- und Compliance-Risiken identifiziert, bewertet und anschließend Gegenmaßnahmen eingeleitet werden. Dies umfasst sowohl die Abwägung zwischen kurz- und langfristigen Risiken und die konsequente Risiko-Überwachung, insbesondere in Bereichen mit erhöhtem Risiko. Das Ziel dieses Committees ist die Integration der IT in die firmenweiten Risiko- und Kontrollstrukturen zur Erfüllung der regulatorischen (internen und externen) Anforderungen.

- **Third Party Management**: Die Aufgabe des Third Party Managements ist die konsistente, unternehmensweite Steuerung und Kontrolle der Leistungen von Fremdanbietern und Service Providern. Dieses Gremium hat das Ziel einheitliche Standards für den Einkauf von IT-Produkten und -Leistungen zu setzen und deren Einhaltung zu überwachen.

- **Program Office**: Aufgabe des Program Office ist die aggregierte Überwachung und Steuerung aller IT-Projekte (IT Projektportfoliomanagement). Das Ziel ist die Standardisierung der IT-Projektleistungen im Unternehmen und die Überwachung, dass alle relevanten Projekt- und Programmstandards eingehalten werden.

IT-Board	
Funktionen	Der Vorstand bzw. die Geschäftsführung trägt die Verantwortung für die IT Governance des Unternehmens. Er bestimmt die Position der IT im Unternehmen und erlässt eine IT-Organisations- und Führungsstruktur, die geeignet ist, die Ziele des Unternehmens aus Sicht der IT zu erreichen. Dies beinhaltet sowohl die unternehmerischen Ziele als auch die Konformität zu eigenen Standards oder regulatorischen Anforderungen des Marktes bzw. der Branche. Der Vorstand wird operativ unterstützt durch das IT-Steering Committee. Die Entscheidungen des Boards beziehen sich im Wesentlichen auf die strategischen IT-Themen, den Budget-Planungsprozess und die laufenden und geplanten IT-Initiativen während des Jahres.
Besetzung	Vorstandsmitglieder / Geschäftsführung
Ziele	▪ Festlegung der grundsätzlichen Unternehmens-Strategie und Definition der Ziele, welche den Kontext für die IT Governance darstellen ▪ Benennung der Verantwortlichkeiten zur Steuerung der IT (z. B. Definition der Rolle des CIO) ▪ Verankerung der IT Governance und der Governance des gesamten Unternehmens sowie Prüfung deren Wirksamkeit ▪ Sicherstellung, dass die IT-Strategie an der Geschäftsstrategie ausgerichtet ist und dass die IT diese Strategie übermittelt ▪ Verabschiedung der gesamtheitlichen IT-Finanzierung und -Budgets mit Hilfe von Wirtschaftlichkeits-, Markt- und Wettbewerbsbetrachtungen ebenso wie die Überwachung der IT-Ausgaben ▪ Überwachung der Leistung der IT durch Etablierung von KPIs, die den Unternehmenswert der IT widerspiegeln und Überwachung der wesentlichen Risiken der IT und Verankerung der Ergebnisse in das Risiko Management System des Unternehmens
Prinzip	▪ IT muss ein regulärer Tagespunkt auf der Agenda des Vorstands bzw. der Geschäftsführung sein und sollte in einer strukturierten Art und Weise angegangen werden. Die Aufmerksamkeit gegenüber der IT und die Wirksamkeit der IT Governance muss auf den Stellenwert der IT im Unternehmen ausgerichtet werden.

Quelle: PwC
Abbildung IV-23: *Governance-Gremium: IT-Board*

Ausprägung der IT Governance-Prinzipien

Capital Approval Committee	
Funktionen	Die Funktion des Capital Approval Committee (CAC) ist es, die geplante Verwendung von Investitionen zu prüfen sowie Prioritäten bei kapitalintensiven Projekten zu vergeben. Das Committee hat die Aufgabe, Projekte zu beaufsichtigen und Entscheidungen vorzubereiten. Der Umfang schließt IT-Initiativen und -Projekte mit ein, ist allerdings nicht auf diese begrenzt.
Besetzung	Die Besetzung des CAC wird je Organisation signifikant variieren, aber typischerweise umfasst es die Positionen CFO, COO, Programmmanager, Leiter der Beschaffung und andere auf einer ad hoc Basis erforderliche (z. B. CIO und Leiter von IT-bezogener Initiativen) Funktionen. Das Komitee wird typischerweise vierteljährlich tagen, mit zusätzlichen Meetings nach Bedarf, wenn Geldmittel angefragt werden.
Ziele	▪ Erleichterung der Koordination und effektive Anwendung der Kapitalressourcen des Unternehmens. ▪ Sicherstellung, dass alle Investitionen (inklusive der IT-Investitionen) eine akzeptable Balance von Risiko und Nutzen sowie eine angemessene Balance zwischen Erhaltung und Wachstum des Unternehmens bilden. ▪ Durchführung von endgültigen Entscheidungen bei allen signifikanten IT-Investitionen. ▪ Überwachung und Verfolgung der Ergebnisse (Budgetprozess). ▪ Besonders bei Bezug auf IT Governance die Sicherstellung, dass Unternehmensziele effizient erreicht werden, indem die richtige IT-Investitionen getätigt werden.
Prinzip	▪ Der Prozess der Investitionsbewilligung muss klar definiert sein und kommuniziert werden. ▪ Die Übereinstimmung mit definierten Standards muss bei der Investitionsentscheidung geprüft werden. ▪ Ein Business Case als Entscheidungsgrundlage muss bei Investitionsbewilligungen vorgeschaltet werden

Quelle: PwC
Abbildung IV-24: *Governance-Gremium: Capital Approval Committee*

IT Steering Committee	
Funktionen	Das IT Steering Committee (ITSC) ist eines der wichtigsten Elemente im IT Governance-Framework. Es hat die Gesamtverantwortung für die Entscheidungsvorbereitung und -findung und priorisiert anhand von Unternehmensanforderungen. Das Committee übersetzt die vom Board vorgegebene Strategie durch Produkt- und Projektentscheidungen auf operativer Ebene.
Besetzung	▪ CIO und Senior-IT-Management ▪ Fachbereichsleitung je nach Notwendigkeit (z. B. Finanzwesen, Recht, Revision, Risk & Compliance) ▪ Manager der Haupt-Geschäftsbereiche oder Unternehmensprozesse ▪ Leiter des Program-Managements ▪ Das Committee muss klein genug sein, um schnell und effektiv Entscheidungen treffen zu können; es sollte aber alle wichtigen Stakeholder umfassen
Ziele	▪ Übersetzung der IT-Strategie in den operativen Betrieb sowie Umsetzung der IT-Grundsätze und -Standards und des IT-Geschäftsplans ▪ Vorbereitung der Entscheidungen für Finanzierungsmitteln und Ressourcen bei wesentlichen Veränderungen (Demand-Management) ▪ Sicherstellung eines IT-Risk-Managements und Qualitätsansatzes ▪ Managen von Abhängigkeiten zwischen Initiativen und der Lösung signifikanter Ressourcenkonflikte ▪ Sicherstellung, dass alle signifikanten IT-Initiativen innerhalb vorgesehener Ziele, Zeitfenster und Budgets zu Ende gebracht werden ▪ Managen der allgemeinen IT Performance und des IT-Fortschritts in Abgleich mit der Balanced Scorecard
Prinzip	▪ Das ITSC ist das zentrale Bindeglied zwischen dem Board und den operativen Gremien ▪ Das ITSC ist verantwortlich für eine transparente Kommunikation und die angemessene Einbindung der Stakeholder ▪ Das ITSC stellt dem Vorstand und dem CAC Informationen zur Verfügung, um die Gesamtstrategie der IT und die Gesamtfinanzierung des IT-Budgets zu unterstützen

Quelle: PwC
Abbildung IV-25: *Governance-Gremium: IT Steering Committee*

IV. Ausgestaltung des IT Governance-Frameworks

CIO-Checkbox:
1. Strategische Positionierung der IT:
    - Wie dynamisch und komplex ist das Geschäftsfeld des Unternehmens?
    - Welchen Stellenwert nimmt die IT im Unternehmen ein?
    - Ist die IT in dem Unternehmen strategisch positioniert und sind die Zielvorstellungen daran ausgerichtet?

Die Ausgestaltung von Prinzipien der IT-Governance ist abhängig von der strategischen Positionierung der IT im Unternehmen.

2. Operative Positionierung der IT:
    - Welche Entscheidungsstrukturen und operativen Modelle sind anwendbar?
    - Welches operative Modell eignet sich für die Anforderungen des Unternehmens?
    - Wie müssen die Entscheidungsrechte der Funktionen im Unternehmen für das jeweilige Modell ausgestaltet sein?

Die Größe eines Unternehmens und die Komplexität des Geschäftsumfelds bestimmt den Regelungs- und Formalisierungsgrad und damit den Bedarf an zentralisierten Entscheidungen.

3. Konfigurationen von IT-Organisationsformen:
    - Wie hoch ist der Grad der Zentralisierung in der IT?
    - Wie hoch ist der Grad der Externalisierung der IT?
    - Wie hoch ist der Reifegrad der IT in dem Unternehmen?
    - Sind die Prinzipien der IT-Governance an der Organisationsform der IT ausgerichtet (dezentral / zentral)?

Ein hoher Reifegrad erschließt eine Vielzahl von organisatorischen Möglichkeiten.

4. Definition von IT-Governance-Verantwortlichkeiten:
    - Wie können die Anforderungen an eine IT-Governance organisatorisch abgebildet werden?
    - Sind Rollen der IT-Governance definiert?
    - Welche Funktionen sind definiert und welche Ziele wurden formuliert?

Die Verankerung der IT-Governance im Unternehmen erfolgt durch die Zuordnung von Verantwortlichkeiten und die klare Abgrenzung der Ziele.

3. IT Governance-Domänen und Entscheidungsfelder

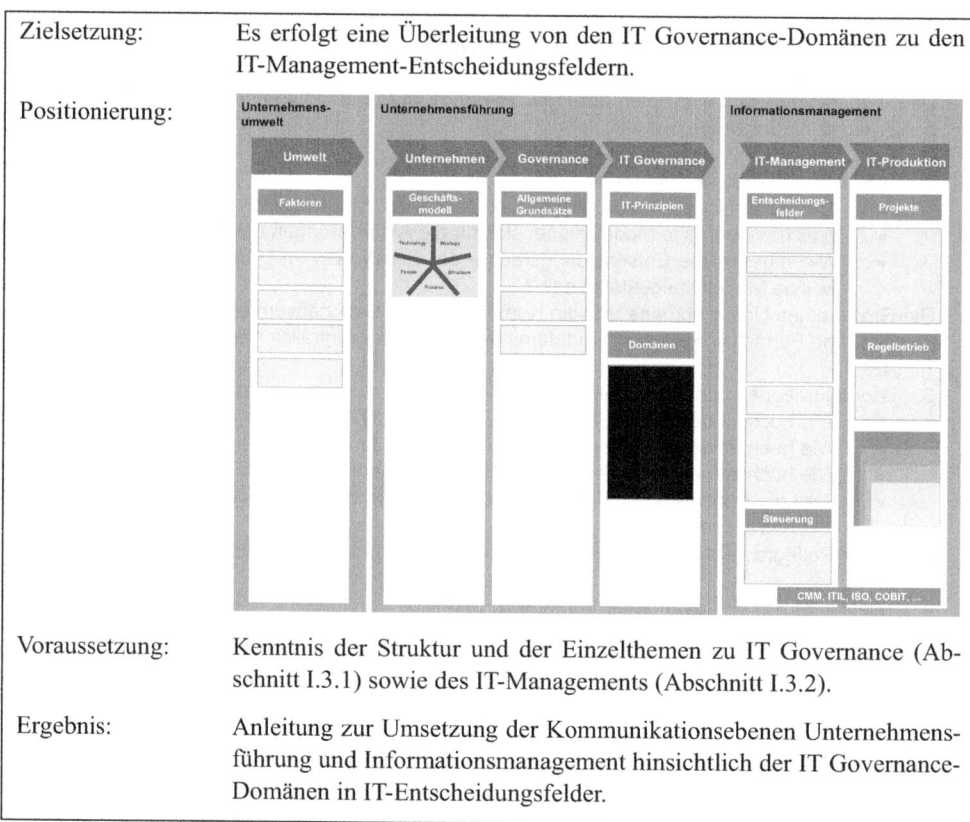

Zielsetzung:	Es erfolgt eine Überleitung von den IT Governance-Domänen zu den IT-Management-Entscheidungsfeldern.
Positionierung:	
Voraussetzung:	Kenntnis der Struktur und der Einzelthemen zu IT Governance (Abschnitt I.3.1) sowie des IT-Managements (Abschnitt I.3.2).
Ergebnis:	Anleitung zur Umsetzung der Kommunikationsebenen Unternehmensführung und Informationsmanagement hinsichtlich der IT Governance-Domänen in IT-Entscheidungsfelder.

Im Teil I wurde dargestellt, wie sich IT Governance in den fünf Domänen

- Strategic Alignment
- Value Delivery
- Resource Management
- Risk Management
- Performance Management

niederschlägt. Während diese Kategorisierung aus Management-Sicht sinnvoll und zweckdienlich ist, hat sich herausgestellt, dass es für die Implementierung der Domänen günstiger ist, diese in die folgenden Entscheidungsfelder des IT-Managements zu übersetzen:

IT Governance-Domänen und Entscheidungsfelder

1. IT-Business Management
2. IT-Strategie
3. Information
4. Anwendungen
5. Organisation
6. Infrastruktur & Technologie
7. Service Management
8. Sourcing
9. Sicherheit
10. Investition & Priorisierung

Der Grund für einen Wechsel der Perspektive liegt darin, dass die IT Governance-Domänen die logische Struktur aus Sicht der Entscheidungsebene im Unternehmen darstellen, während die Entscheidungsfelder die stärker operativ geprägte IT-Managementsicht wiedergeben. Da in diesem Teil des Buches die Aspekte der Umsetzung der IT Governance diskutiert werden, ist eine dem Tagesgeschäft nahe Systematik zu wählen.

Diese Entscheidungsfelder werden im nachfolgenden Kapitel näher beschrieben.

Abbildung IV-26 zeigt auf, wie sich die Domänen, die dem CObIT-Modell entsprechen, auf die Entscheidungsfelder des IT-Managements übertragen lassen.

Die Abbildung lässt erkennen, dass die Umsetzung der Domänen in die Entscheidungsfelder eine komplexe Beziehung darstellt. Das bedeutet, dass das (operative) IT-Management und die (strategische) Unternehmensführung zwar das gleiche Objekt, nämlich die IT, betrachten, allerdings aus sehr unterschiedlichem Blickwinkel. Es gibt weder eine hierarchische 1:n-Beziehung, noch sind alle Felder der Tabelle gefüllt, jedoch gibt es gleichwohl in Teilbereichen Korrelationen. Es ist allerdings anzumerken, dass ein leeres Feld nicht so interpretiert werden kann, als gäbe es keinerlei Verknüpfung. Es ist vielmehr so, dass hier nachgeordnete Beziehungen bestehen.

So werden Entscheidungen im Themenkomplex Infrastruktur und Technologie sowohl durch das Resource Management beeinflusst, als auch durch Risk und Performance Management Fragestellungen. Hingegen lassen sich strategische Ausrichtung und Wertorientierung weitgehend losgelöst von diesem Entscheidungsfeld bearbeiten.

Entscheidungsfelder \\ Handlungsfelder	Strategic Alignment	Value Delivery	Resource Management	Risk Management	Performance Management
IT-Business Management	✓	✓	✓	✓	✓
IT-Strategie	✓	✓		✓	
Information				✓	✓
Anwendungen	✓		✓	✓	✓
Organisation		✓	✓		✓
Infrastruktur & Technologie			✓	✓	✓
Service Management			✓	✓	✓
Sourcing		✓	✓	✓	
Sicherheit	✓		✓	✓	
Investition & Priorisierung	✓	✓	✓	✓	✓

Quelle: PwC
Abbildung IV-26: *IT Governance-Domänen und IT-Entscheidungsfelder*

Andersherum wirkt sich die Domäne Value Delivery primär in den Entscheidungsfeldern IT-Business Management, IT-Strategie, Organisation, Sourcing und Investition & Priorisierung aus. Die Entscheidungsfelder Information, Anwendungen, Infrastruktur & Technologie, Service Management und Sicherheit spielen in dieser Domäne eine nur untergeordnete Rolle. Hinsichtlich des Entscheidungsfeldes Sicherheit gilt dies allerdings nur, wenn Wertorientierung sich nicht auch auf immaterielle Werte wie den Markennamen des Unternehmens bezieht.

IV. Ausgestaltung des IT Governance-Frameworks

> **CIO-Checkbox:**
>
> 1. Haben Sie die Umsetzung gemäß Abbildung IV-26 von den Domänen in die IT-Entscheidungsfelder für Ihr Unternehmen verifiziert?
>
> 2. Ist sichergestellt, dass die Umsetzung auch im Reporting in der anderen Richtung erfolgt ist? Die Unternehmensführung braucht keine spezifischen IT-Details und ihre zugeordneten Führungskräfte sollten andererseits in ihrer gewohnten Denk- und Arbeitswelt agieren können. Die Umsetzung liegt in ihrer ureigensten Verantwortung!
>
> 3. Haben Sie sichergestellt, dass alle relevanten Themen in angemessenem Umfang berücksichtigt sind?

4. Entscheidungsfelder des IT-Managements

Zielsetzung:	Dieses Kapitel erläutert, in welchen Feldern Entscheidungen im Rahmen der durch die IT Governance vorgegebenen Kompetenzen und Strukturen zu treffen sind. Ferner werden die Abhängigkeiten zwischen den Entscheidungsfeldern aufgezeigt.
Positionierung:	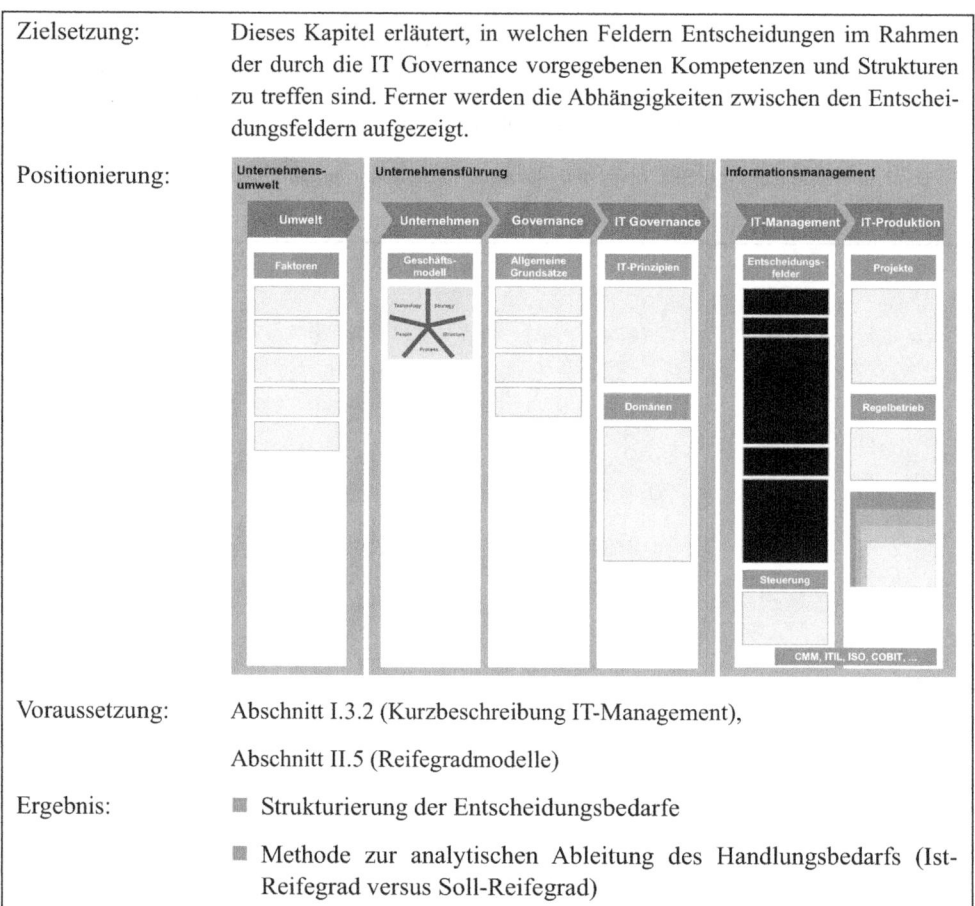
Voraussetzung:	Abschnitt I.3.2 (Kurzbeschreibung IT-Management), Abschnitt II.5 (Reifegradmodelle)
Ergebnis:	▪ Strukturierung der Entscheidungsbedarfe ▪ Methode zur analytischen Ableitung des Handlungsbedarfs (Ist-Reifegrad versus Soll-Reifegrad)

Im folgenden Kapitel werden die Entscheidungsfelder vorgestellt, durch die das IT-Management die IT besser an den Unternehmenszielen auszurichten vermag. Ziel ist es, die Projekte zu generieren, die den Wertbeitrag für das Unternehmen maximieren, und die IT zielgerichtet einzusetzen.

Entscheidungsfelder des IT-Managements

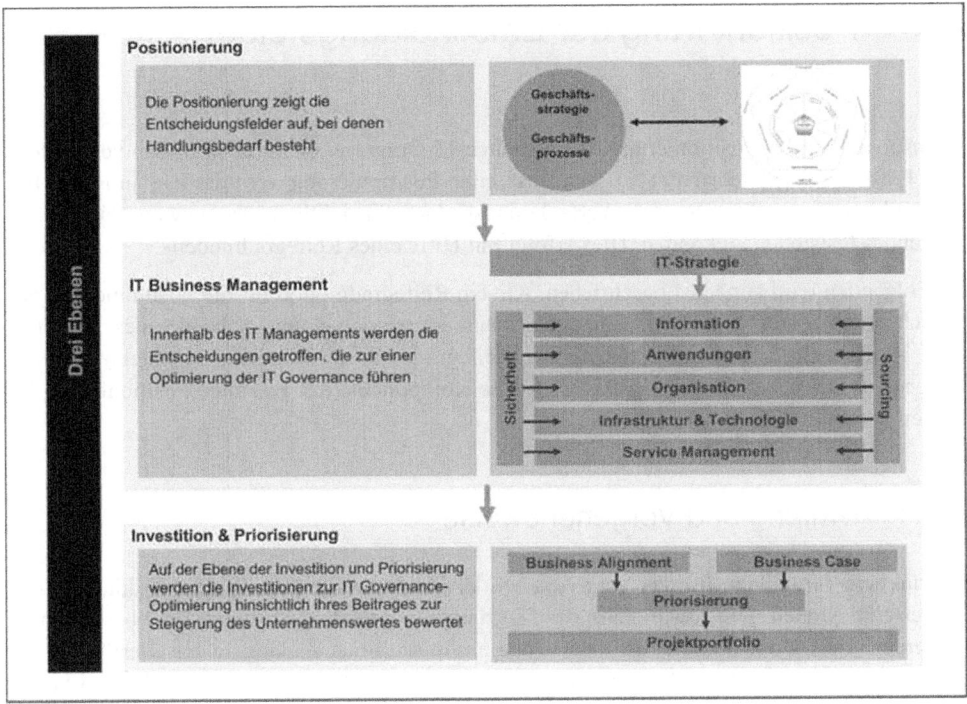

Quelle: PwC
Abbildung IV-27: *Ebenen der IT Governance Entscheidungsfelder*

Das Modell in Abbildung IV-27 weist drei einander bedingende Ebenen auf. Die erste Ebene steht für die **Positionierung** des IT-Managements. Hier erfolgt die Ist-Aufnahme und Bewertung in allen Entscheidungsfeldern. Dieses Ergebnis kann dem aus der Strategie abgeleiteten Soll-Zustand gegenübergestellt werden und zeigt dann den Veränderungs- und damit auch Handlungsbedarf.

Die eigentliche **Ausrichtung** der IT erfolgt in den Entscheidungsfeldern des IT-Business Managements. In diesen Entscheidungsfeldern spielt sich die Evaluierung der notwendigen Veränderungen zur Erreichung der strategischen Ziele ab.

Das **Management der Veränderungen** erfolgt auf der Ebene der Investition & Priorisierung. Hier wird überprüft, ob und inwieweit die Veränderungen den strategischen Zielen entsprechen (Business Alignment) und wie sich Kosten und Nutzen der Veränderungen, die über Projekte implementiert werden, darstellen (Business Case). Da in aller Regel die Zwänge und Wünsche an Veränderungen die Kapazität der IT übersteigen, muss für die Umsetzung eine Priorisierung erfolgen. Die Gesamtheit aller laufenden Veränderungsprojekte ist als Portfolio so zu steuern, dass die Ausrichtung auf die Unternehmensziele jederzeit sichergestellt ist. Dies kann mithin auch zum Abbruch laufender Projekte führen, wenn der Nutzen nicht mehr gegeben ist.

4.1 Positionierung der Entscheidungsfelder

Ebenso wie bei der Positionierung der gesamten IT-Organisation ist auch in den verschiedenen Entscheidungsfeldern der IT zunächst eine Positionierung erforderlich, um den Ist-Zustand zu ermitteln und den Veränderungsbedarf hinsichtlich des gewünschten Soll-Zustandes feststellen zu können. Dies erfolgt mit Hilfe eines Reifegradmodells.

Im Folgenden wird zunächst beschrieben, wie ein Reifegradmodell für die Positionierung der Entscheidungsfelder des IT-Managements adaptiert werden kann. Anhand eines Beispiels wird verdeutlicht, wie die Beurteilung des Reifegrades in dem Entscheidungsfeld "Anwendungen" erfolgen kann. Das Ergebnis stellt eine Komponente der gesamten Positionierung im Reifegradmodell dar.

4.1.1 Umfang und Vorgehensweise

Gedankliche Grundlage für das Vorgehen bei der Positionierung ist das in Abbildung IV-28 dargestellte Modell. Die Ausprägung der IT-Prinzipien wurde in Abschnitt IV-2 beschrieben. Sie grenzen die Domänen ein, die sich wiederum in die Entscheidungsfelder überführen lassen (vgl. Abschnitt IV-3). Die Abbildung IV-26 verdeutlicht die Beziehung dieser Ebenen untereinander.

Über diese Logik lässt sich herleiten, dass eine Positionierung der Entscheidungsfelder durch Ermittlung der Reifegrade immer auch eindeutige Rückschlüsse auf die Reife der IT Governance-Implementierung ermöglicht.

Die Kenntnis dieser Positionsbestimmung bildet die Grundlage, Verbesserungspotenziale zu identifizieren, um den nötigen Entscheidungsbedarf zu erkennen. Die erforderliche Datenbasis kann durch strukturierte Interviews oder durch Analysen von Unterlagen des Unternehmens gewonnen werden.

Entscheidungsfelder des IT-Managements

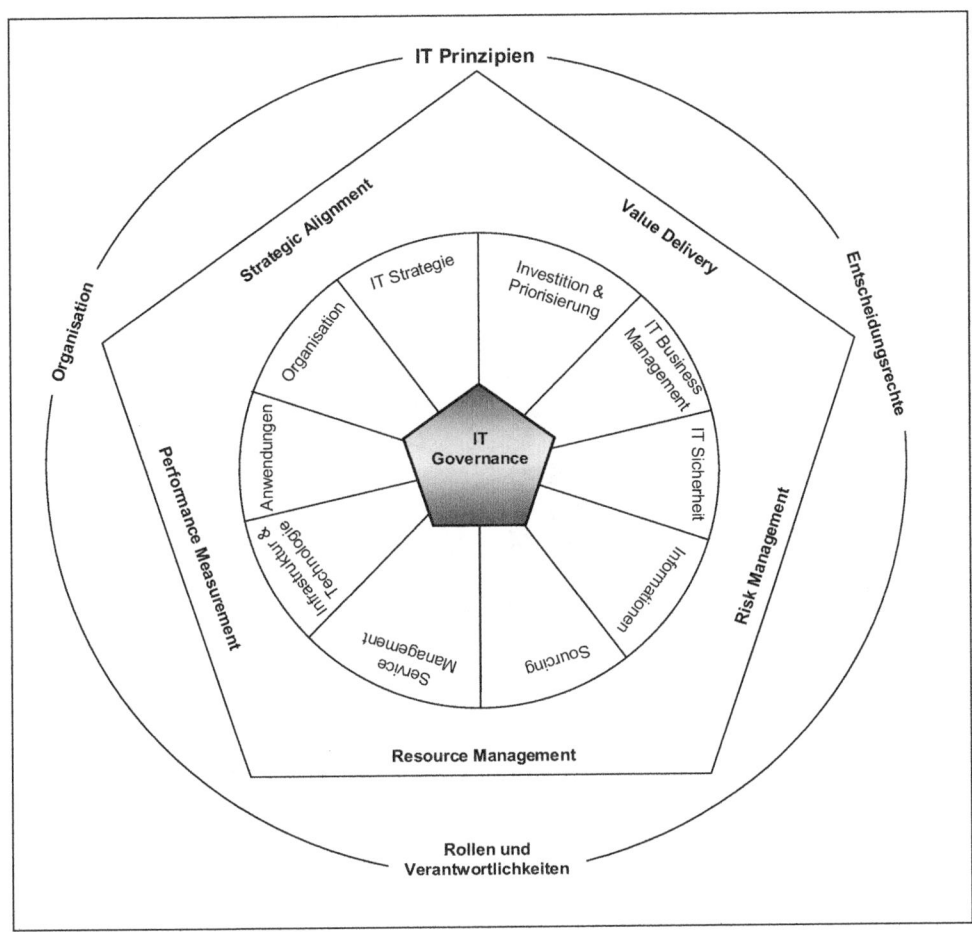

Quelle: PwC
Abbildung IV-28: *Segmente der IT Governance-Positionierung*

Bei der Untersuchung der einzelnen Teilbereiche werden die Ergebnisse konsolidiert je Segment dargestellt. Um einen Eindruck über die mögliche Ergebnisdarstellung nach dieser Systematik zu vermitteln, sind nachfolgend beispielhafte Analyseergebnisse in dieser Kreissegmentdarstellung illustriert, wie sie von PwC in ähnlicher Form regelmäßig eingesetzt wird.

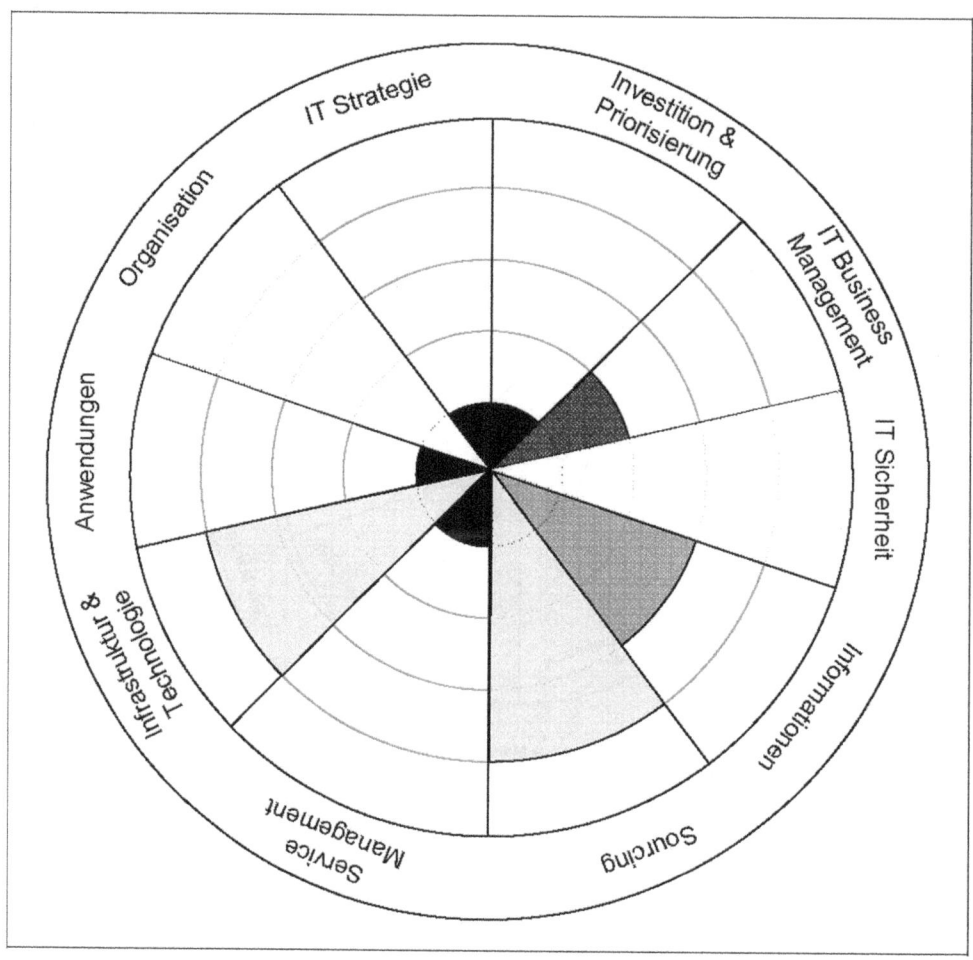

Quelle: PwC
Abbildung IV-29: *Beispiel eines Stärken- und Schwächenprofils*

Jedes der zehn Kreissegmente enthält eine Bewertung hinsichtlich der Reife. Innerhalb jedes einzelnen Segmentes der IT wird eine Positionierung des IT-Bereiches nach definierten Kriterien vorgenommen. Die Abbildung IV-30 zeigt typische Ausprägungen des Stärken- und Schwächenprofils.

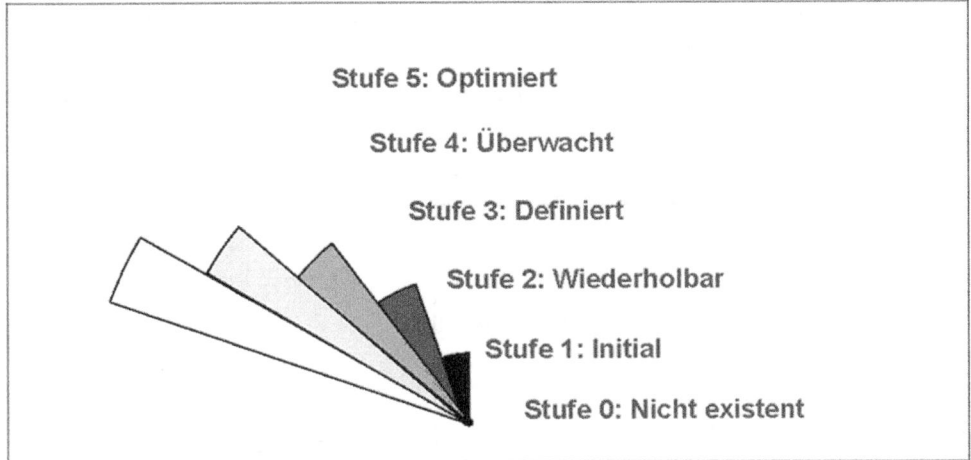

Quelle: PwC
Abbildung IV-30: *Darstellung der Reifegradstufen*

Je kleiner das ausgefüllte Segment ist, das heißt, je näher der Balken am Ursprung ist, desto geringer ist dessen Reife beurteilt worden. In Abbildung IV-29 sind zur optischen Abgrenzung Graustufen verwendet worden, je heller ein Segment dargestellt wird, desto größer ist sein Reifegrad. Weicht der gemessene Reifegrad in einem Segment stark vom notwendigen Reifegrad ab, besteht Entscheidungsbedarf in diesem Feld. Je höher die Abweichung ist, desto größer ist der Entscheidungs- und Handlungsdruck. In Abbildung IV-29 wird beispielsweise eine geringe Reife hinsichtlich der Anwendungen ausgewiesen. Weiterhin lässt sich daraus erkennen, dass das Service Management nicht adäquat etabliert ist, Bedürfnisse der Anwender nach IT-Leistungen werden offensichtlich nicht befriedigt. Dass in der Folge dieser mangelnden Serviceorientierung die IT nicht optimal die Geschäftsstrategie unterstützt (geringe Reife im Bereich IT-Strategie), überrascht nicht. Bewertet die Unternehmensführung IT als einen wesentlichen Erfolgsfaktor, beispielsweise weil sich dieses Unternehmen in einem Marktumfeld befindet, in dem die IT-Unterstützung bei den Geschäftsprozessen geschäftskritisch ist, dann besteht hier ein hoher Entscheidungsbedarf.

4.1.2 Positionierung am Beispiel von Anwendungen

Einen zentralen Indikator für den derzeitigen Zustand der IT-Landschaft stellt die Bewertung der Reife des aktuellen Applikationsportfolios dar. In Abbildung IV-29 ist beispielhaft ein hoher Entscheidungsbedarf für das Entscheidungsfeld Anwendungen attestiert. Diese aggregierte Beurteilung ist durch eine tiefergehende Analyse zu unterlegen, die das Zustandekommen obiger Bewertung der geringen Reife im Bereich der Anwendungen begründet. Neben der Bewertung der technischen Reife, ob eine Applikation auf einer nicht zukunftsfähigen

Architektur beruht, wird ebenso eine Bewertung der Applikation hinsichtlich des jeweiligen Wertbeitrages für den Geschäftsprozess vorgenommen.

Die Bewertung einzelner Anwendungen kann beispielsweise in einer „Anwendungsmatrix" dargestellt werden:

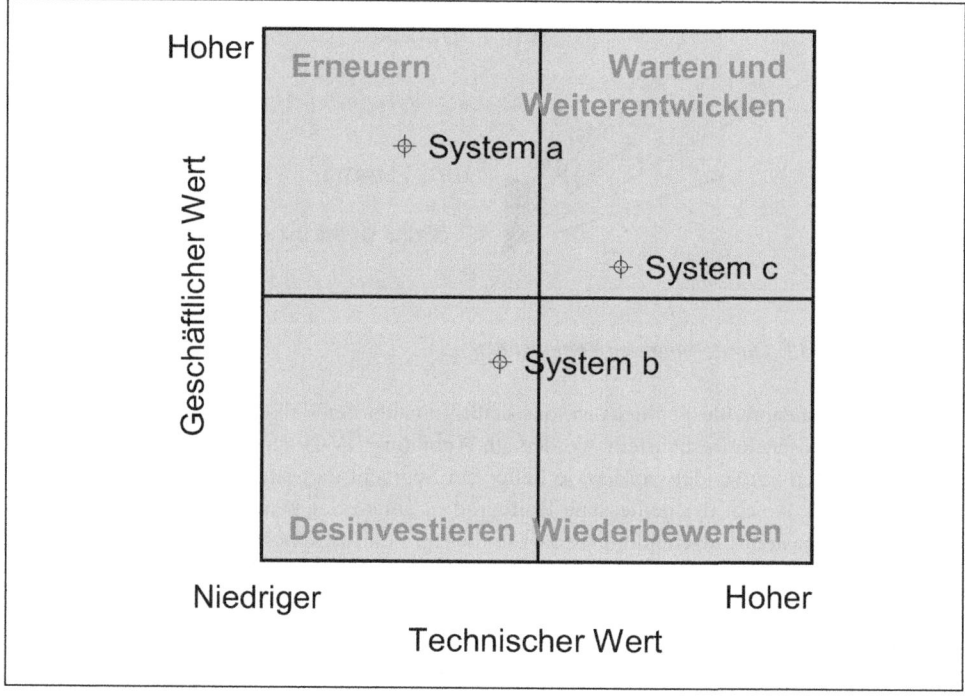

Quelle: PwC
Abbildung IV-31: *Anwendungsmatrix*

Die Systeme werden nach den Parametern „Geschäftswert" und „Technischer Wert" bewertet und entsprechend in der Matrix markiert, um Handlungsbedarfe zu identifizieren.

- Systeme, die in beiden Dimensionen niedrig bewertet sind, sollten stillgelegt beziehungsweise nicht ersetzt werden.
- Systeme, die einen hohen „Geschäftswert" (Wertigkeit für die Geschäftsunterstützung), aber einen geringen „Technischen Wert" haben, stellen möglicherweise ein Geschäftsrisiko dar und sollten erneuert oder ersetzt werden (zum Beispiel weil sie technisch veraltet oder weil Sicherheitslücken bekannt sind).
- Systeme, deren Wert zwar technisch hoch, aber geschäftlich gering eingeschätzt wird, sollten hinsichtlich ihrer zukünftigen geschäftlichen Nutzung und Nützlichkeit überprüft werden. Unter Umständen ist sogar eine Stilllegung in Betracht zu ziehen.

- Systeme mit hohen Werten in beiden Dimensionen sollten gepflegt und entsprechend der strategischen Anforderungen erweitert werden, um sie in ihrer derzeitigen Position zu halten.

Wie in der obigen Abbildung dargestellt, erfolgt in diesem Zusammenhang eine Einordnung der aktuellen Technologien hinsichtlich der technischen Reife („State of the Art") und ihrer Fähigkeit, reale Wettbewerbsvorteile für das Unternehmen zu erzeugen. Die Beurteilung der vorhandenen und der geplanten Technologien erfolgt regelmäßig auf Basis von Benchmark-Studien oder Best-Practice-Ansätzen.

In einem letzten Schritt sind dann die Einzelergebnisse der Anwendungsmatrix in einer einzigen, aggregierten Bewertung des Entscheidungsfeldes Anwendungen zusammenzufassen und in das Stärken-/Schwächenprofil im Segment Anwendungen einzutragen.

Mit der in diesem Kapitel erläuterten Vorgehensweise wurde eine Übersicht der Stärken und Schwächen in der IT Governance gewonnen. Die Positionierung in den Feldern des IT-Managements bildet die Voraussetzung, um den Entscheidungsbedarf für die Verbesserung der IT zu erkennen und das Business besser zu unterstützen. Diese Schritte werden in den folgenden Abschnitten IV.4.2 und IV.4.3 näher erläutert.

4.2 IT-Business Management

IT-Business Management beschreibt die Ausrichtung der IT anhand ihrer zugeordneten Entscheidungsfelder und steht für ein zu veränderndes bzw. ein sich bereits veränderndes Grundverständnis in der Steuerung der IT.

> „Typically, information technology ranks highly among the most companies' top five expenditures. Yet IT continues to be one of the least understood and most poorly managed areas in business. While all executives recognize the importance of technology as a means of improving customer service and of making work more efficient, few understand how to leverage IT strategically and how to use it as a driver of business success." [Lutc03]

Wenn dieses Zitat in seiner Aussage auch etwas stark polarisieren mag, so stehen die beiden Kernbotschaften doch außer Zweifel:

- Die IT-Kosten sind häufig hoch und bedürfen eines professionellen Managements.
- Die Bedeutung und der Wert der IT für ein Unternehmen werden häufig nicht verstanden und auf Kostenaspekte reduziert. Gerade dieser Aspekt erschwert und gefährdet aber den wertbringenden Einsatz der IT.

Entsprechend ist eine Brücke zwischen technologieorientierter IT und umsatzorientiertem Business zu schlagen. Dies wird durch die Etablierung des IT Governance-Frameworks im

Allgemeinen und durch die Ausgestaltung des IT-Business Managements im Besonderen gelingen.

Dazu wird ein gutes Verständnis über den tatsächlichen Wert des IT-Bereiches benötigt: Die IT-Unterstützung muss optimal auf unterschiedlichste unternehmens- oder konzernspezifische Strukturen ausgerichtet sein, beispielsweise durch eine funktionsspezifische Komposition aus zentralen und dezentralen Kompetenzen bei verschiedenen IT Governance Fragestellungen.

Der Vorstand und das Management erwarten, dass der Einsatz von IT einen Beitrag zur Erhöhung des Unternehmenserfolges erbringt. Diese Erhöhung definiert sich einerseits durch eine sinnvolle IT-Unterstützung in den wesentlichen Geschäftsprozessen, also im Bereich der Beschaffung, der Produktion und des Vertriebs, um schneller und sicherer qualitativ hochwertigere Produkte und/oder Dienstleistungen zu liefern. Andererseits muss durch die Investition in IT ein angemessener Return on Investment generiert werden.

Wenn der IT-Bereich dieses Versprechen einlösen will, müssen die Entscheider einen grundlegenden Wandel einleiten: Das betrifft das Verständnis, mit dem heute IT bewertet wird und die Art, wie Entscheidungen in den IT-Business Management Feldern getroffen werden. Zu den einzusetzenden Methoden gehören in diesem Entscheidungsfeld beispielsweise:

- die Kommunikation zu und zwischen den IT-Stakeholdern,
- das Marketing der IT,
- das Human Resource Management und Entwicklung oder
- das Risiko- und Qualitätsmanagement.

Diese Methoden sind in allen Entscheidungsfeldern anzuwenden. Konsequent eingesetzt helfen sie, die gegenseitigen Abhängigkeiten und Wechselwirkungen der übrigen Entscheidungsfelder, wie sie in Abb. IV-32 dargestellt sind, abzustimmen.

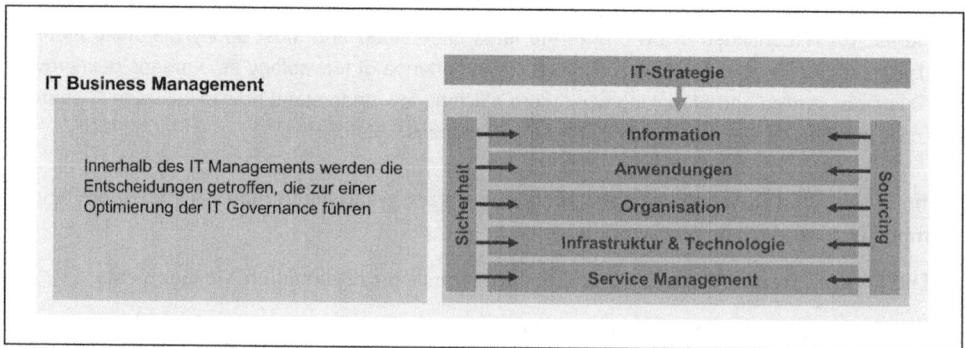

Quelle: PwC
Abbildung IV-32: *IT-Business Management*

Entscheidungsfelder des IT-Managements

Ein wirksames IT-Business Management ist nur über eine sinnvolle Balance zwischen den einzelnen Entscheidungsfeldern zu erreichen. Dies beschränkt sich nicht auf die bilaterale Abstimmung zwischen den einzelnen Entscheidungsfeldern, sondern thematisiert darüber hinaus auch multilaterale Beziehungen und Wechselwirkungen zwischen den jeweiligen Entscheidungsfeldern mit der übergreifenden Unternehmensführung.

Die Felder des Sourcing und der Sicherheit haben wesentliche Verknüpfungen mit allen anderen Entscheidungsfeldern des IT-Business Managements.

Abbildung IV-33 illustriert, dass Fragestellungen im Rahmen von Sicherheits- oder von Sourcing-Entscheidungen Auswirkungen auf die benachbarten Entscheidungsfelder haben. Ein wesentlicher Anteil der Aktivitäten in diesen Feldern besteht deshalb in der Analyse der gegenseitigen Beziehungen und Wechselwirkungen dieser Entscheidungsfelder auf die anderen sowie in dem Management und der aus dieser Abstimmung heraus resultierenden sinnvollen Balance der betroffenen Entscheidungsfelder.

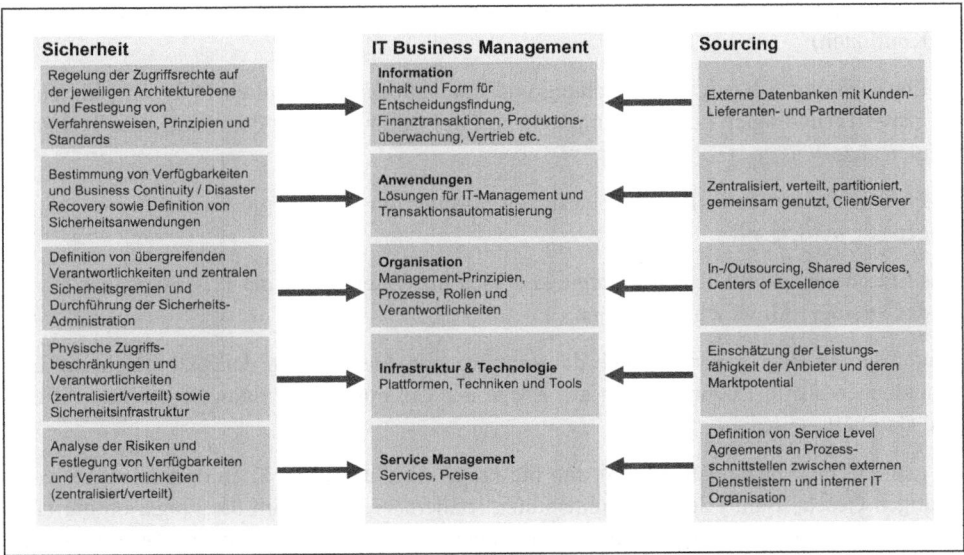

Quelle: PwC
Abbildung IV-33: *Sourcing und Sicherheit im IT-Business Management*

Im Folgenden werden die Entscheidungsfelder des IT-Business Managements einzeln beleuchtet.

4.2.1 IT-Strategie

Entscheidungen hinsichtlich der IT-Strategie haben eine zentrale Bedeutung dafür, dass IT das Kerngeschäft optimal unterstützt oder überhaupt erst ermöglicht. Strategische IT-Entscheidungen sollen einen ganzheitlichen Kontext und Rahmen für alle IT-Aktivitäten und -Initiativen liefern, um den langfristigen Unternehmenserfolg zu sichern. Beispiele hierfür sind unter anderem:

- Zustimmung der Unternehmensführung zur IT-Strategie

- Sicherstellung, dass IT- und Unternehmens-Strategie ausreichend miteinander harmonisieren (Alignment) und dass die IT-Strategie eine richtungsweisende Funktion für das Unternehmen übernimmt

- Technologische Positionierung der gesamten Organisation („First Mover" vs. „Fast Follower")

- Entscheidungen, die eng mit der Implementierung der Strategie beziehungsweise dem Monitoring der Ergebnisse verbunden sind (z. B. die Auflösung von Ressourcen-Konflikten)

- Entscheidungen bezüglich Forschung und Innovationen hinsichtlich IT-Trends und emergenter Technologien (z. B. Zustimmung zu Pilot-Initiativen, mit dem Ziel, neue Technologien zu testen)

- Entscheidungen bezüglich der Häufigkeit, mit der die IT-Strategie überprüft und ggf. angepasst werden soll

Das Entscheidungsfeld der IT-Strategie lässt sich im Wesentlichen der IT Governance Domäne des Strategic Alignments zuordnen.

Hinter diesem Begriff verbirgt sich die grundlegende Abstimmung der Aktivitäten und Entscheidungen auf IT-Ebene mit den auf Ebene der Gesamtunternehmung festgelegten Zielen und Geschäftsstrategien.

Es geht bei diesem Begriff weniger um die Frage, ob die heutige IT in optimaler Weise die heutigen Geschäftsanforderungen unterstützt, sondern viel mehr um die Frage, ob die IT in der Lage ist, zukünftige Geschäftsanforderungen sinnvoll zu unterstützen. Zweifellos setzt dies eine Kenntnis über die bestehenden Stärken und Schwächen des IT-Bereiches voraus.

Ein Unternehmen wird nur dann langfristig auf dem Markt bestehen können, wenn die IT-Strategie und die Gesamtunternehmensstrategie bestmöglich aufeinander abgestimmt sind.

Henderson/Venkataman [HeVe93] unterscheiden zwischen zwei Arten der Integration beziehungsweise Abstimmung:

- Strategische Integration: Diese charakterisiert die vertikale Abstimmung zwischen der externen und der korrespondierenden internen Domäne. Hierunter fällt zum einen die Abstimmung der Geschäftsstrategie (extern) mit der vorhandenen organisatorischen Infrastruktur (intern) und zum anderen die Integration der IT-Strategie mit den vorhandenen IT-Strukturen.

- Funktionale Integration: Horizontale Abstimmung der Geschäfts- mit der IT-Domäne; hierbei wird explizit zwischen der - die externen Domänen betreffenden - strategischen Integration (Abstimmung der Geschäftsstrategie mit der IT-Strategie) und der - die internen Domänen betreffenden - operativen Integration (Abstimmung der Organisationsstrukturen und Prozesse der Geschäftseite mit denen der Informationstechnologie) unterschieden.

„Strategic Alignment", d. h. die Ausrichtung aller Entscheidungsfelder an der Geschäftsstrategie, ist nicht als statischer Zustand anzusehen, den es zu erreichen gilt, sondern als ein kontinuierlicher Prozess.

4.2.2 Informationen

Der Geschäftsbetrieb drückt seine Anforderungen an IT-Unterstützung durch die Beschreibung der benötigten Informationen zur Abwicklung der Geschäftsprozesse aus. Aus diesem Informationsbedarf ist abzuleiten, welche Daten wie durch IT-Systeme zu verarbeiten sind. Dazu gehören Angaben zu Zugänglichkeit, Integrität und Aktualität etc. Das Feld der Information bildet die Schnittstelle zwischen Business und IT, an der Informationsbedürfnisse in Anwendungs- und Infrastruktur-Werte übersetzt werden. Das Geschäftsmodell wird in den Geschäftsprozessen abgebildet, die in Funktionen zerlegt und in Datenmodelle überführt werden können. Insbesondere das systemübergreifende Management der Stammdaten gewinnt für Unternehmen massiv an Bedeutung. Für den Umgang mit Informationen sind beispielsweise folgende Fragestellungen zu entscheiden:

- der Lebenszyklus von Information in Bezug auf Verfahrensweisen und Prozeduren, von der Generierung bis zur Löschung
- die Verwahrung von Daten
- der Zugang zu Daten (inkl. Fragen hinsichtlich der Informationssicherheit)
- die Informations-Implikationen um Risiken zu managen und Compliance zu sichern
- die Klassifizierung von Informationen

Im Rahmen dieses Entscheidungsfeldes stellt sich dem IT-Management die Frage, wie Knowledge Management die Transformation von Geschäftsprozessen unterstützen kann, damit die Knowledge Management Applikationen einen möglichst hohen Beitrag zur Steigerung des Unternehmenswertes beitragen. Weiterhin ist auch von hoher Entscheidungsrelevanz, wie am ehesten die Qualität der geschäftskritischen Entscheidungen durch die Bereitstellung der richtigen Informationen – zum Beispiel über ein Data Warehouse - erhöht werden kann.

4.2.3 Anwendungen

Die Gestaltung des Anwendungsportfolios zählt zu den wichtigsten Entscheidungsfeldern der IT. Anwendungen können den Unternehmenswert durch innovative Funktionalitäten erhöhen, Kosten reduzieren und operationale Effizienz durch automatisierte Prozessaktivitäten steigern. Daraus können sich Wettbewerbsvorteile ergeben (z. B. durch Business Intelligence Applications). Bei Anwendungen sind folgende Punkte von Bedeutung:

- Basisentscheidungen wie Eigenentwicklung vs. Standardapplikationen
- Plattformstrategie für Anwendungen (z. B. .NET und/oder J2EE)
- Akquisition, Entwicklung und Implementierung von Anwendungen, worunter auch der komplette Lebenszyklus der Systementwicklung fällt
- Schnittstellen und Integration zwischen den Anwendungen
- Hosting, Support und Instandhaltung von Anwendungen

Ein grundlegender Schritt zur Bestimmung jener Anwendungen, die wesentlich den Geschäftswert des Unternehmens zu steigern vermögen, ist die Zuordnung der konzeptionellen Architektur des Geschäftsmodells zur konzeptionellen Anwendungsarchitektur.

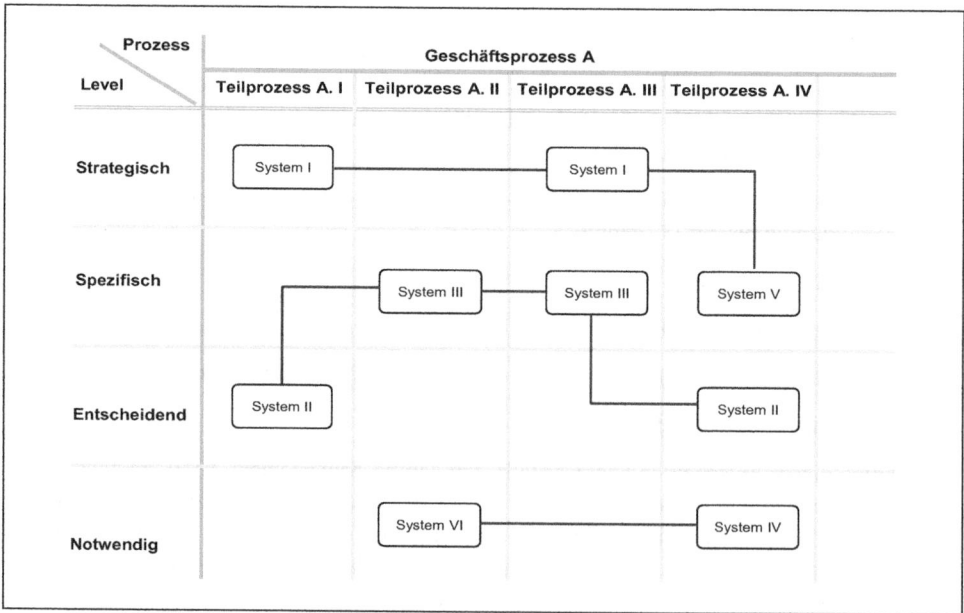

Quelle: PwC
Abbildung IV-34: *Geschäftssystemarchitektur*

Diese Geschäftssystemarchitektur dient zur Darstellung der Beziehungen zwischen Geschäftsprozessen und Anwendungssystemen. Sie visualisert die Ist-Situation und verdeutlicht, wie das Geschäftsmodell durch die implementierte Anwendungsarchitektur abgebildet wird.

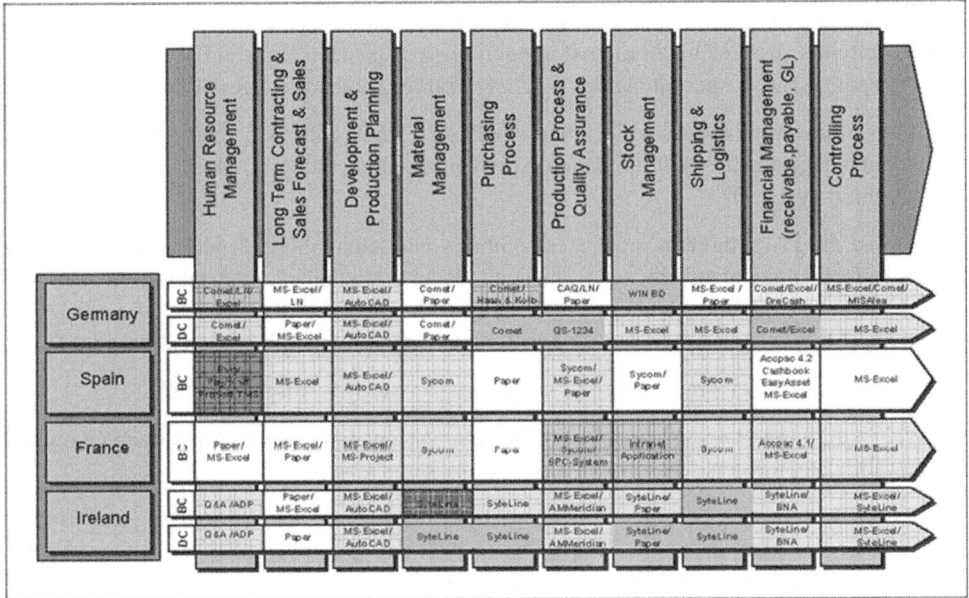

Quelle: PwC
Abbildung IV-35: *Anwendungen entlang der Wertschöpfungskette*

Dabei ist nicht immer die Strategie richtig, eine möglichst vollständig integrierte Anwendungslandschaft anzustreben, wenngleich viele Unternehmen heute im Sinne eines Standard-ERP-Systems diese Strategie verfolgen und immer weniger Unternehmen eigenentwickelte Systeme implementieren. In Abhängigkeit von der strategischen Ausrichtung kann auch ein „Best of Breed" Ansatz sinnvoll sein, wenn die Schnittstellen zwischen den Anwendungen beherrscht werden.

Im IT Governance Entscheidungsspektrum liegen neben der Entscheidung über die Rolle von Technologie im Unternehmen auch Entscheidungen im Rahmen des ERP-Softwareauswahlprozesses, beispielsweise über die Bewertung der Marktkonsolidierung auf dem Softwareanbietermarkt (Wie wird sich der Softwaremarkt verändern und welcher Anbieter wird diesen Prozess überleben?). Ebenso wichtig sind die Entscheidungen über die richtige Modularisierung der Anwendungslandschaft, die Bestimmung der Vorgehensweise zur Integration neuer hinzugekaufter oder eigenentwickelter Anwendungen bzw. Funktionen oder auch die Entscheidung einer Strategie zur Verbesserung der Konsistenz und Qualität von Informationen in einem verteilten Anwendungsumfeld.

4.2.4 IT-Organisation

In Abschnitt IV.4.2 wurde intensiv auf Fragen der Organisation aus dem Blickwinkel der IT Governance eingegangen. Zur Umsetzung muss das ITG-Organisationsmodell zum einen sowohl strukturell verankert als auch die Inhalte über eine bestehende Unternehmensorganisation verteilt sein. Die Organisationsfragen in diesem Entscheidungsfeld betreffen die weitere organisatorische Ausgestaltung der IT. Hierzu zählen folgende Fragestellungen:

- Wie soll die Applikationsentwicklung strukturiert sein? Gibt es mehrere Plattformen, die zu unterstützen sind? Soll überhaupt Applikationsentwicklung im Hause stattfinden (vgl. Abschnitt IV.4.2.6)?
- Wie ist die IT-Produktion organisiert? Gibt es eine einheitliche Produktion oder wird je nach Technologieplattform unterschieden? Welche Verfügbarkeiten müssen in den verschiedenen Bereichen gewährleistet werden (Schichtbetrieb)? Können Teile fremdbezogen werden? Lassen sich Arbeiten auch per Remote-Zugriff durchführen (vgl. Abschnitt V.2)?
- Welche Stabsstellen braucht die IT? In welcher personellen Ausgestaltung?
- Wie ist der User-Helpdesk organisiert? Welche Verfügbarkeiten und Antwortzeiten müssen gewährleistet werden? Lassen sich Teile davon fremdbeziehen?

An dieser Stelle lassen sich Schnittmengen zum Beispiel zum Thema Sourcing herausarbeiten: So ist es denkbar, dass zum Beispiel weite Teile des operativen IT-Betriebs (commodity) outgesourced sind, während die prozessorientierte Anwendungsentwicklung bewusst im eigenen Hause gehalten wird. Entsprechend ist dann die IT-Organisation auszugestalten.

4.2.5 Infrastruktur und Technologie

Die IT-Infrastruktur ist die technologische Grundlage der IT. Die Architektur der Infrastruktur mit den eingesetzten Technologien muss so gewählt werden, dass jederzeit die benötigte Kapazität bereitgestellt werden kann (skalierbar) und gleichzeitig eine hohe Flexibilität gewährleistet ist, um schnell Veränderungen im Wettbewerbsumfeld des Unternehmens adaptieren zu können. Maßnahmen, welche hier zur Entscheidung stehen, sind beispielsweise:

- Bestimmung der Architektur und der Plattformstrategie sowie Akquisition und Implementierung der geeigneten Infrastruktur, welche bestmöglich die Integration und Weiterentwicklung von Internet-, Intranet- und Extranetbasierten Anwendungen ermöglicht
- Festlegung von Standards für Infrastruktur und Technologie
- Abgrenzung von gemeinsam/geteilt genutzter Infrastruktur gegen solche, die einzelnen Geschäftsbereichen explizit zugeteilt wird
- Versorgung der Anwender mit Desktoprechnern, Druckern und Scannern, mit Netzwerken, Servern, IT-Hilfsmitteln oder dem Zugang zum Internet

- Der Verwaltung und Unterstützung der Infrastruktur sowie die Entwicklung der Netzwerkdienste der Zukunft
- Kontinuitätsmanagement
- Entwicklung von Migrationsstrategien
- Innovationsmanagement

In den Mittelpunkt sollten zum einen regelmäßig Entscheidungen zu neuen Technologien gestellt werden. Das Management muss sich beispielsweise mit Virtualisierungskonzepten in vielen Bereichen der Infrastruktur aktiv auseinandersetzen und prüfen, inwieweit der Einsatz solcher Technologiekonzepte Kosten senken oder/und die Flexibilität in der Bereitstellung von IT-Leistungen erhöhen kann. Zum anderen ist IT-Infrastruktur von Natur aus immer noch recht statisch, deren Änderung oder die Einführung von Neuerungen benötigt insbesondere in großen Unternehmen häufig mehr als ein Jahr. Das Management muss hier entscheiden, ob die IT in der Skalierung und der Technologie dem Business eineinhalb bis zwei Jahre vorauslaufen soll, um so Anpassungszeiten vorwegzunehmen und damit unmittelbar reaktionsfähig zu sein.

4.2.6 Sourcing

Eine gut strukturierte und wertorientiert gemanagte IT sollte in der Lage sein, die Gesamtheit der geforderten Dienstleistungen für den Rest des Unternehmens in wohldefinierte Services aufzugliedern. Für die Bereitstellung jedes dieser IT-Services ist die Frage nach dem ökonomisch sinnvollsten Weg zu stellen, diese Dienstleistung zu beschaffen und auszuliefern. Das heißt, es sind eine Vielzahl von Make-or-Buy-Entscheidungen zu treffen. Dieses Entscheidungsfeld übt daher einen wesentlichen Einfluss auf die gesamte Effizienz von IT innerhalb der Organisation aus.

IT-Sourcing taucht in einer Vielzahl von Varianten auf. Ist die Entscheidung bezüglich eines spezifischen IT-Service einmal in Richtung Beschaffung von einem Provider getroffen, so muss anschließend die konkrete Ausprägung bestimmt werden. In Anlehnung an [Joua05] seien hier die wichtigsten Ausprägungen genannt:

- Standort: In dieser Dimension ist zu entscheiden, ob die Dienstleistung im eigenen Land (Domestic Sourcing), in einem benachbarten Ausland mit günstigeren ökonomischen Rahmenbedingungen (Nearshore Sourcing) oder aus einem entfernten, aus globalen Überlegungen heraus vorteilhaften Land (Offshore Sourcing) bezogen werden soll.
- Geschäftsorientierung: Hier ist die Frage zu beantworten, ob "nur" IT-Infrastruktur, ganze Anwendungen oder vollständige Prozesse durch Outsourcing beschafft werden sollen.
- Provideranzahl: Will die IT bzw. das Unternehmen alle fremdbezogenen IT-Services aus einer Hand beschaffen (Single-Sourcing) oder wird ein Portfolio von Leistungsanbietern gemanagt (Multi-Sourcing)?

▪ Finanzielle Verknüpfung: Hierbei dreht es sich um die Frage, ob der Provider ein externes Unternehmen ist, ein eigenständiges Unternehmen innerhalb des Konzerns oder auch nur ein integrierter Bereich des Unternehmens, der in Form eines Shared-Service Centers organisiert ist, darstellt.

Aus den obigen Fragestellungen wird deutlich, dass die Grundentscheidungen zum Sourcing eine starke strategische Komponente aufweisen. Genauso haben Sourcingentscheidungen nicht zu vernachlässigende Auswirkungen auf benachbarte, mehr operativ ausgerichtete Felder. Entscheidungsrelevante Themen in diesem Gebiet sind:

▪ Überwachung von IT-Angebot und -Nachfrage und der Dienstleistungen die in-, out- oder co-gesourct werden sollen

▪ Beschaffungsprozess der Dienstleistungen; von Verhandlungen von Angeboten über das Verwalten der bestehenden Verträge und Service Level Agreements

▪ Regelung und Überwachung des Leistungsgrades der Dienstleister und Pflegen der Geschäftsbeziehungen; Preisverhandlungen und Bestimmung der Finanzierung

▪ Lösen auftauchender Probleme im Rahmen der vertraglich fixierten Eskalationswege und Schlichtungsmechanismen.

Die Ausprägung der Rollen und Verantwortlichkeiten erfordert große Sorgfalt, da fehlerhafte oder nachlässig getroffene Definitionen zu kostspieligen Mehrdeutigkeiten und Ineffizienzen führen, die dann oft nur mit großem Aufwand wieder behoben werden können. Outsourcing-Konstellationen stellen an die Unternehmensführung einen hohen Anspruch hinsichtlich der zielgerichteten Steuerung des oder der Leistungserbringer, denn nach wie vor liegt die Verantwortung für die Performance und die Compliance bei der Unternehmensführung. Diese Verantwortung lässt sich nicht outsourcen, sie liegt definitiv beim Management (relevant ist diesbezüglich insbesondere der SAS 70 Standard, näher beschrieben in Abschnitt II.2.2.2.)!

Insofern ist die Ausgestaltung der „Rest-IT" (retained organisation) für die Steuerung der Outsourcingpartner von entscheidender Bedeutung.

4.2.7 Sicherheit

Moderne Geschäftsmodelle erfordern moderne IT-Architekturen, die häufig durch expandierende, heterogene Organisationen mit verteilten IT-Systemen gekennzeichnet sind. Dabei bringen die einhergehende Dezentralisierung der Autorität und die Ausweitung der Verantwortlichkeiten neue sicherheitsrelevante Aspekte in die Entscheidungsfelder des IT-Managements ein. Sicherheitsfragestellungen können nicht ausschließlich durch technische Lösungen beantwortet werden, sondern müssen vor dem Hintergrund des gesamten Unternehmens, einschließlich aller damit verbundenen Einheiten betrachtet werden.

Es ist essentiell, sich ein klares Bild darüber zu machen, was ein umfassendes Sicherheitsprogramm erreichen muss. Durch die Komplexität dieser Herausforderung jedoch sind verschiedene Strategien entscheidend, um diese Ziele in einen pragmatischen Arbeitsansatz zu übersetzen.

Es gibt eine natürliche Spannung zwischen dem Bedürfnis eines Unternehmens, seine Informationen zu schützen, während gleichzeitig ein angemessener Zugriff ermöglicht werden muss. Zum Beispiel können unnötig starke Authentifizierungsmechanismen in einer Identity Management-Lösung ernsthafte und kostspielige Login-Verzögerungen im gesamten Netzwerk verursachen oder im schlimmsten Fall dazu führen, dass ein neuer wichtiger Kunde nicht gewonnen werden kann, weil Vertriebsbeauftragte nicht in angemessener Zeit von außerhalb auf ihre eigenen Daten zugreifen konnten. Mit anderen Worten, das Maß an Schutz oder Zugriffsmöglichkeit zu bestimmten Informationen – ob es sich nun um einen E-Mail-Server handelt, eine Datenbank oder eine Protokolldatei – müssen dem Wert des Objekts und dessen Rolle in der Unterstützung der Geschäftsziele angemessen sein und für ein Gleichgewicht zwischen den konkurrierenden Sicherheitsanforderungen und der Zugriffsmöglichkeit sorgen. Hier spiegelt sich das Spannungsverhältnis zwischen Performance und Compliance deutlich wieder.

Im Fokus der IT Governance steht die Sicherheit des gesamten Unternehmens, wobei der Mensch einen zentralen Faktor ist. Die beste Sicherheitstechnologie ist wirkungslos, wenn Anwender sich der Risiken nicht bewusst sind oder Sicherheitskontrollen durch entsprechende Taktiken oder Fahrlässigkeiten umgangen werden. Um die Sicherheit eines Unternehmens nachhaltig zu gestalten, sollten im Sinne des Entscheidungsfeldes IT-Sicherheit die verschiedenen Blickwinkel

- Sicherheitsvision und -strategie,
- Senior Management Commitment,
- Organisationsstruktur der Informationssicherheit und
- Training und Bewusstseinsmaßnahmen berücksichtigt werden.

Nachfolgende Abbildung IV-36 stellt diese Blickwinkel als elementare Säulen der IT-Sicherheit dar und konkretisiert diese aus Sicht des IT-Managements über den abgebildeten Prozess. Dieser besteht aus den drei Phasen Analyse, Entwicklung und Implementierung, die eine Reihenfolge für die Ausgestaltung vorgeben.

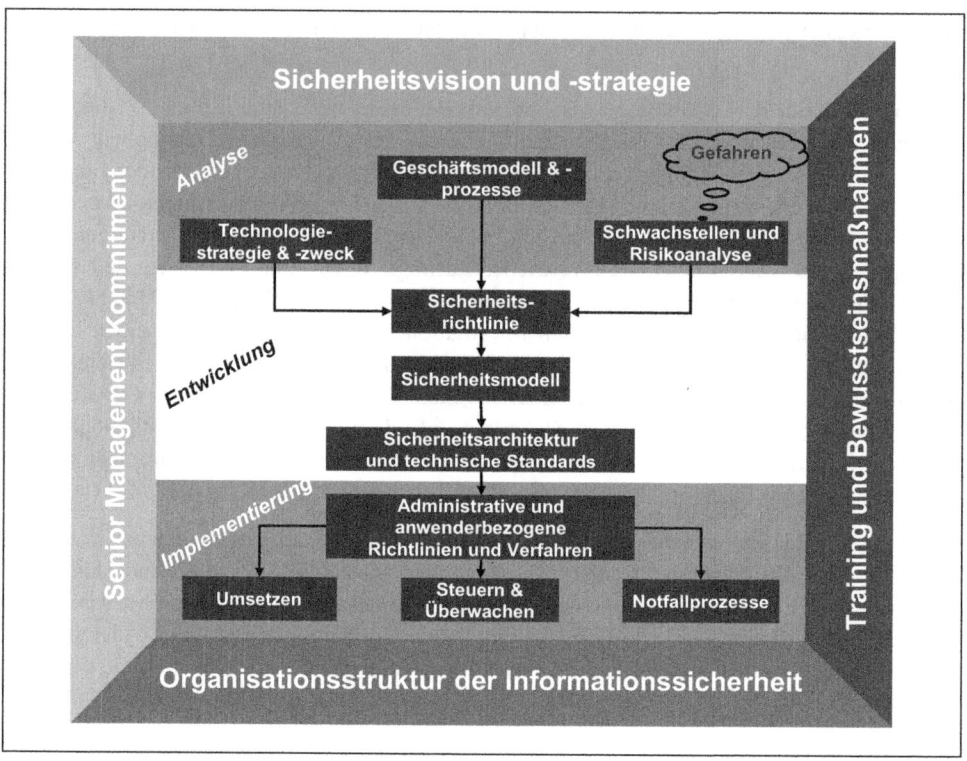

Quelle: PwC
Abbildung IV-36: *Entscheidungsfeld IT-Sicherheit*

Sicherheitsvision und -strategie

Ein wichtiger Aspekt einer Sicherheitsgovernance ist die strategische Stellung, welche die Sicherheit im Unternehmen einnehmen soll. Diese ergibt sich aus dem zugrunde liegenden Business Case, so dass verschiedene Ausprägungen von Sicherheitsniveaus zu beobachten sind. Unabhängig vom durch das Unternehmen gewählten Niveau, ist die Entscheidung zu diesem Niveau inklusive Motivation bewusst auszuformulieren und schriftlich zu fixieren. Im Ergebnis liegt eine unternehmensübergreifende Sicherheitsstrategie vor, die durch folgende Merkmale gekennzeichnet ist:

- Stellungnahmen zu Sicherheitszielsetzungen, Sicherheitsrichtlinien und zur Sicherheitsphilosophie.
- Festlegung von Maßnahmen zum Informationsschutz.
- Etablierung eines Sicherheitskomitees als maßgebenden Entscheidungs- und Kommunikationsträger.

Senior Management Commitment

Der Erfolg einer Sicherheitsabteilung ist im hohen Maße von der politischen und finanziellen Unterstützung durch das Top-Level-Management sowie seiner Stellung in der Unternehmenshierarchie abhängig. Ein formales und gelebtes Bekenntnis des Top-Managements hat hier zentrale Bedeutung, weil dadurch Zeichen in die Organisation hinein gesetzt werden.

Organisationsstruktur der Informationssicherheit

Die Sicherheitsabteilung muss eine entsprechend gewichtete Position im Gesamtunternehmen einnehmen. Viele Unternehmen unterstellen daher den Chief Security Officer (CSO) dem CIO. Eine weitere Lösung ist die Anbindung der Sicherheitsabteilung an den CFO, um die Beziehung zwischen Informationen und finanziellen Vermögenswerten hervorzuheben. Dies stellt die gewisse Unabhängigkeit von der IT-Abteilung sicher, die bei der Durchsetzung von IT-Sicherheit im und für das gesamte Unternehmen erforderlich ist. Dies gewährleistet gleichzeitig eine entsprechende Priorisierung.

Die Aufgabe einer Sicherheitsabteilung besteht nicht nur in der technischen Absicherung der IT-Systeme, sondern vielmehr darin, alle elementaren Informationen im Unternehmen zu schützen. Ein weiterer Aspekt ist die Vielfalt an Qualifikationen und Fähigkeiten des Personals, die notwendig sind, um diesem Standpunkt Rechnung zu tragen. Je nach Organisation sind daher verschiedenste Aufgaben zu bewältigen, von denen einige beispielhaft aufgelistet sind:

- Entwicklung von Sicherheitsrichtlinien
- Absicherung von Betriebs- oder Datenbanksystemen
- Anwendung von Sicherheitswerkzeugen
- Anwendungssicherheit
- Verfahrensorientierte Sicherheit
- Physische Sicherheit
- Entwicklung ermittlungstechnischer Fähigkeiten
- Förderung des Sicherheitsbewusstseins
- Sicherstellung von Prüfungsabläufen und Erfüllung von Vorgaben
- Regelung der Zugriffsrechte auf der jeweiligen Architekturebene und Festlegung von Verfahrensweisen, Prinzipien und Standards
- Bestimmung von Verfügbarkeiten und Business Continuity/Disaster Recovery sowie Definition von Sicherheitsanwendungen

- Definition von übergreifenden Verantwortlichkeiten und zentralen Sicherheitsgremien und Durchführung der Sicherheits-Administration
- Physische Zugriffsbeschränkungen und Verantwortlichkeiten (zentralisiert/verteilt) sowie Sicherheitsinfrastruktur
- Analyse der Risiken und Festlegung von Verfügbarkeiten und Verantwortlichkeiten (zentralisiert/verteilt)

Mitarbeitertraining

Die Mitarbeiter eines Unternehmens sind ein wesentlicher Schlüsselfaktor eines effektiven (Informations)Sicherheitsprogramms. Daher ist es elementar, den Mitarbeitern ihre Rolle innerhalb des Sicherheitsprogramms mit Hilfe entsprechender Maßnahmen zu vermitteln. Dabei sollte jeder Mitarbeiter immer wieder sicherheitstechnisch geschult werden. Neben den im Unternehmen bereits beschäftigten Mitarbeitern sollte der Trainings- und Schulungsfokus insbesondere auf die Neuanstellungen gerichtet werden. Mögliche Themen sind: Internet- oder E-Mail-Richtlinien, Passwortrichtlinien oder Schutz vor Social Engineering (auch Social Hacking genannt).

Nach Betrachtung der vier Elemente ist festzuhalten, dass es einer festgelegten Sicherheitsstrategie und -systematik bedarf, um sicherheitsrelevante Informationen adäquat schützen zu können. Technische Sicherheit steht nicht länger allein im Vordergrund, vielmehr ist der Mitarbeiter im Umgang mit Sicherheitsrisiken zu schulen.

4.2.8 IT-Service Management und Support

Die Kundenzufriedenheit bezüglich IT-Leistungen ist ein Maßstab für den Wertbeitrag der IT. Deshalb ist die systematische Pflege der Kundenbeziehung im Rahmen der Erbringung von IT-Leistungen von zentraler Bedeutung. Die Einrichtung standardisierter Service-Management Prozesse und die unterstützende Bereitstellung von ausgereiften Service Management Systemen ist ein wichtiger Bestandteil der IT-Organisation. Dieses Entscheidungsfeld fokussiert sowohl kurzfristig auf den alltäglichen Support als auch langfristig auf einen Abgleichungsprozess zwischen operativem Geschäft und IT. Die Qualitätswahrnehmung und damit auch das Business Alignment werden durch regelmäßige Analyse der Kundenzufriedenheit ermittelt. Beispielhaft betreffen die Entscheidungen folgenden Bereiche:

- Versorgung mit Desktop Support Services (z. B. Änderungen der Betriebszeiten, Eskalationsmanagement)
- Prozess- und Prozedurenmanagement im Bezug auf die Bedienung der Kunden an sich, darüber hinaus Verarbeitung von Beschwerden und Problemen

- Genehmigung von Service Level Agreements zwischen IT und entsprechenden Dienstleistern
- Analyse und Priorisierung von Kundenbedürfnissen (z. B. Mechanismen zur geregelten Interaktion zwischen Dienstleister und Kunden)
- Abstimmen von Push- (proaktives Herangehen und Beraten von Kunden) und Pull-Dienstleistungen (Anfragen von Kunden beantworten)

Dieses Entscheidungsfeld spiegelt sich in Best Practices wie CObIT oder ITIL wieder. An dieser Stelle wird deutlich, wie der Spannungsbogen zwischen den Aufgaben des IT-Managements und der IT-Produktion geschlossen werden kann. Das IT-Management entscheidet zum Beispiel, ITIL ganz oder für bestimmte Prozessen einzusetzen, dies ggf. mit CObIT zu kombinieren und definiert dabei die messbaren Ziele, die zur Businessunterstützung erreicht werden sollen.

Über diese klassischen Ansätze muss das Service Management unter dem Gesichtspunkt der IT Governance deutlich hinausgehen: Es reicht nicht aus, nur die Services innerhalb der IT zu betrachten. Vielmehr müssen Services in den Fachbereichen beginnen und auch wieder enden. Konkretes Beispiel ist die Veränderung von Kontenplänen für das Rechnungswesen: Die Änderung wird durch den Fachbereich beauftragt, in der IT bearbeitet und umgesetzt, und dann durch den Fachbereich abgenommen und freigegeben. So wird der Gedanke des Dateneigentümers in den des Prozesseigentümers überführt. Der zu Beginn des Buches beschriebene Regelkreis findet hier eine zwar einfache, doch konkrete Ausprägung. IT ist dabei ein integraler Bestandteil der Wertschöpfung.

Eine kurze Beschreibung der de facto-Standards ist bereits in den Abschnitten II.3 und II.4 gegeben worden. Für darüber hinausgehende Informationen zum Thema Service Management sei an dieser Stelle auf die einschlägige Fachliteratur verwiesen.

4.3 Investition und Priorisierung

Am sichtbarsten und kontroversesten sind häufig die IT-Investitions- und Priorisierungsentscheidungen.

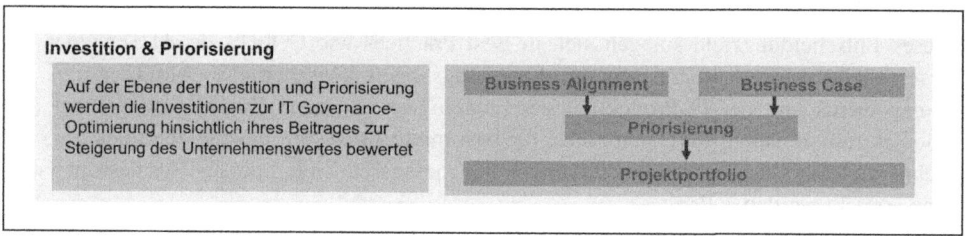

Quelle: PwC
Abbildung IV-37: *Investition und Priorisierung*

Typische Entscheidungen in diesem Rahmen betreffen:

- den Prozess, um das Volumen und die Zusammensetzung des übergeordneten IT-Budgets zu bestimmen (dies sollte servicebasiert erfolgen; z. B. abgeleitet von bereits bestehenden, von der IT angebotenen Services oder ausgehandelten SLAs)

- die Beurteilung von Investitionsanfragen, einschließlich der Priorisierung und Genehmigung von beantragten Projekten; dabei Berücksichtigung der verschiedenen Stakeholder Interessen. Wichtig ist hierbei die richtige Balance zwischen Ersatzinvestitionen, Investitionen in Wachstum oder Initiativen mit Innovationspotenzial

- die Festlegung von zu nehmenden Investment Hürden und Grenzen und aufbauend darauf die Bewilligung, Zurückstellung und Ablehnung von Projektanträgen

- die Wahrnehmung übergreifender Projekt- und Qualitätsmanagementaufgaben sowie

- die Kontrolle und Überwachung von Projekten aus der Sicht der Auftraggeber, insbesondere der Ergebnisse und die Messung der erhofften Vorteile der Projekte

Die Entscheidungen im Rahmen der Investition und Priorisierung stellen einen besonders wichtigen Teilbereich des IT-Business Managements dar. Dabei wird immer häufiger auch der Begriff des Projektportfoliomanagements verwendet. Dazu gehören alle Aufgaben, welche für das Priorisieren, die übergreifende Steuerung und Überwachung der anstehenden und laufenden Projekte notwendig sind. Während das Projektmanagement auf der Ebene der Einzelprojekte mit dem Abschluss der Projekte endet (Projektzielorientierung), handelt es sich bei den Entscheidungen im Rahmen der Investition und Priorisierung regelmäßig um Fragestellungen des Projektportfoliomanagements, und damit um eine permanente Aufgabe, die zyklisch wiederholt wird.

Zur Verdeutlichung sei ein vereinfachtes Prozessmodell des Feldes Investition & Priorisierung dargestellt:

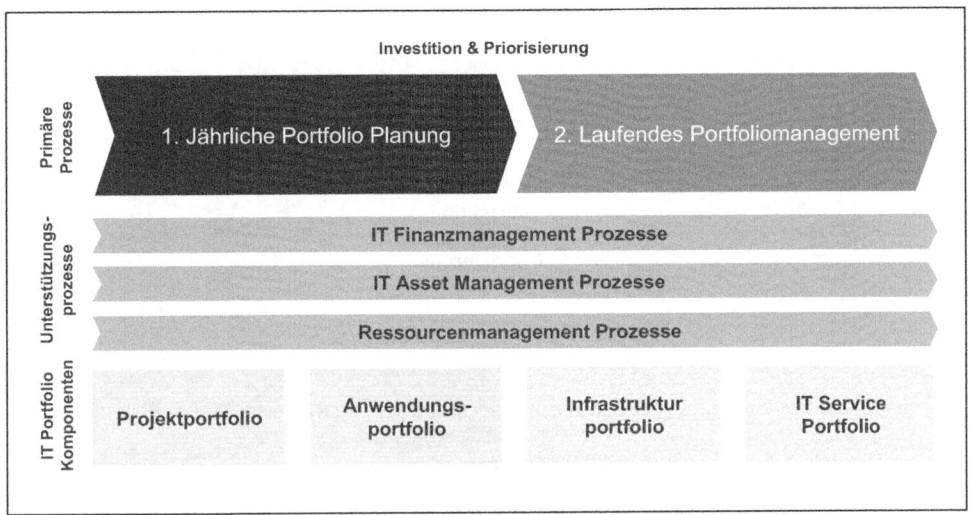

Quelle: PwC
Abbildung IV-38: *Prozessmodell der Investition und Priorisierung*

Sehr viele Unternehmen sehen sich zahlreichen Herausforderungen beim Management ihrer IT-Investitionen gegenübergestellt. Die Vielschichtigkeit und Mehrdimensionalität der Fragestellungen in diesem Entscheidungsfeld stellt einen hohen Anspruch an das IT-Business Management. Nachfolgende Schematisierung verdeutlicht die Vielseitigkeit:

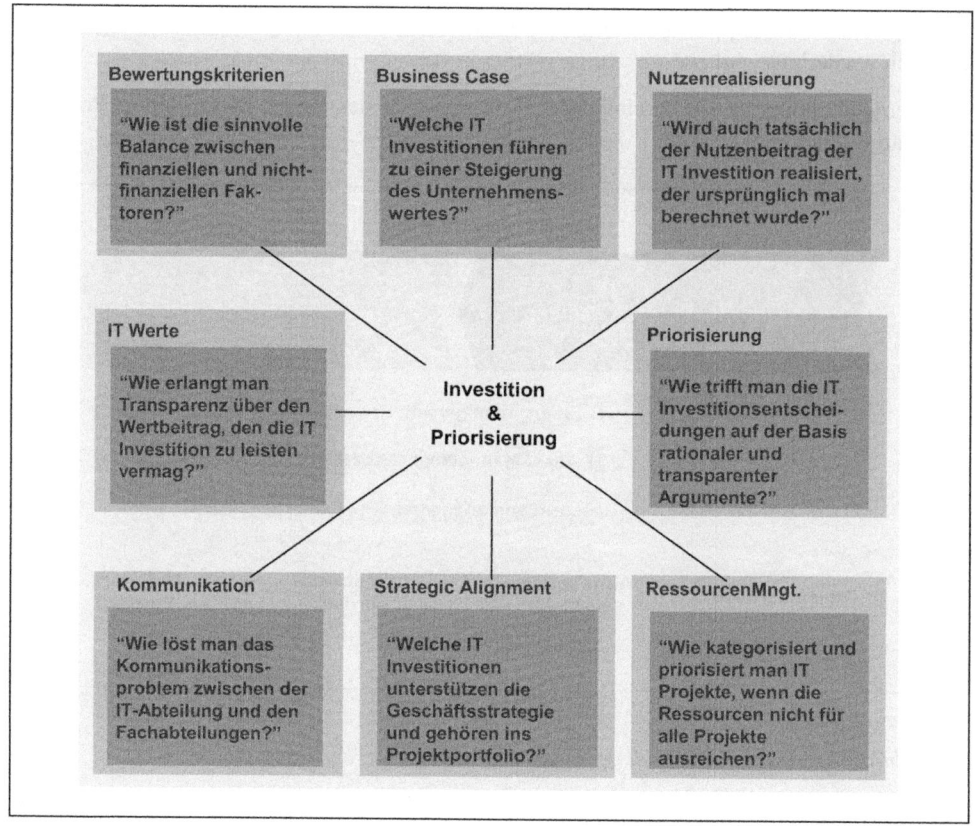

Quelle: PwC
Abbildung IV-39: *Herausforderungen beim Managen der IT-Investitionen*

Das Projektportfoliomanagement führt also alle Projekte des IT-Business Managements und ist somit verantwortlich dafür, dass einerseits alle Projekte im Portfolio die IT-Strategie unterstützen und andererseits bewertet man die Effizienz und Effektivität der Prozesse des IT-Projektportfoliomanagements hinsichtlich ihrer Eignung, einen Beitrag zu leisten, nachhaltig den Unternehmenswert zu steigern. Damit schliesst sich der Kreis des IT-Business Managements in unserem Modell: Innerhalb der dritten Ebene „Investition und Priorisierung" unseres Modells wird die Erarbeitung einer detaillierten Planung zur Umsetzung der Entscheidungen der anderen Entscheidungsfelder des IT-Business Managements beschrieben.

Verstärkt wird dieser Erwartungsdruck auf die IT-Abteilungen der Unternehmen und deren CIOs noch zusätzlich durch den mit wachsender Dynamik verlaufenden technologischen Fortschritt im Bereich der Informations- und Datenverarbeitung. Der vom sich veränderten Marktumfeld oder von geschäftlichen Rahmenbedingungen ausgehende Veränderungsdruck wird als Business Pull [DaKa00] bezeichnet, der durch sich wandelnde Technologien oder

Entscheidungsfelder des IT-Managements

aufgrund erweiterter technischer Möglichkeiten und innovativer Konzepte verursachte Druck als Technologie Push.

Während in der Vergangenheit IT-Prozesse in erster Linie als Unterstützung für die primären Geschäftsprozesse erachtet wurden und dementsprechend die IT-Abteilungen als reine „Cost Center" geführt wurden, zeichnet sich in den letzen Jahren immer mehr der Trend ab, IT-Prozesse in „Service Center" oder „Profit Center" abzubilden und als wesentliche Treiber des unternehmerischen Gesamterfolgs anzusehen [Lutc03]. Allerdings zieht diese gesteigerte Bedeutung, die der IT mittlerweile zugebilligt wird, unweigerlich nach sich, dass sich die IT-Verantwortlichen nicht mehr nur und ausschließlich an den tatsächlich angefallenen Kosten der IT messen lassen müssen, sondern von ihnen verstärkt und mit Recht gefordert wird, den von der IT zum Unternehmenserfolg beigesteuerten Wertbeitrag zu messen und explizit nachzuweisen. Dies führt allerdings zu folgendem Dilemma: Während sich die IT-Kosten noch relativ einfach anhand des tatsächlichen verausgabten IT-Budgets messen lassen, lässt sich die Frage, ob und inwieweit die IT ihre Leistung sowohl effektiv (bezogen auf den Gesamterfolg) als auch effizient (insbesondere im Hinblick auf konkurrierende Mitbewerber oder externe Dienstleister) erbringt, ungleich schwerer beantworten. Das IT Governance Institute definiert den von der IT zu erbringenden Wertbeitrag wie folgt:

- „The basic principles of IT value are delivery on time, within budget and with the benefits that were promised. In business terms, this is often translated into: **competitive advantage, elapsed time for order/service fulfilment, customer satisfaction, customer wait time, employee productivity and profitability.**" [ITGI03a]

Auf den von der IT zu leistenden Beitrag zur Erlangung eines Wettbewerbsvorteils [Port99] soll im Folgenden etwas genauer eingegangen werden.

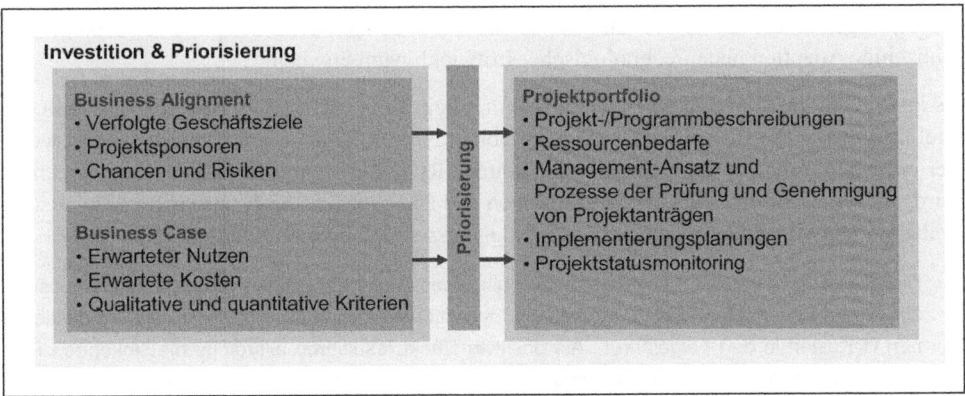

Quelle: PwC
Abbildung IV-40: *Die Ebene Investition und Priorisierung*

Wie aus der Abbildung deutlich wird, werden einerseits die aus der Investition resultierenden Kosten abgebildet. Dies erfolgt durch die Definition von Meilensteinen, das Herunterbrechen in Aktivitäten, der Schätzung des internen und externen Personalaufwandes und der notwendigen Sachkosten zur Erreichung des gesetzten Projektzieles. Ohne diese Kostentransparenz wird die Investitionsentscheidung auf der Basis nicht-valider Informationen getroffen und das Management wird den IT-Entscheider leicht in Frage stellen können.

Aber dies ist nur die eine Seite der Transformation. Ebenso entscheidend ist die Nachweisbarkeit eines entsprechenden Nutzens aus der IT-Investition.

Der Nutzen, der durch eine IT-Investition generiert wird, wird sehr oft nicht im IT-Bereich selbst realisiert, sondern in den betroffenen Fachbereichen. Die Investitionskosten hierfür werden aber der IT zugerechnet, ebenso die daraus folgenden Betriebskosten.

4.3.1 Business Alignment

Hierzu ist bei jeder Investitionsentscheidung zunächst zwischen der Zielsetzung der operativen Effektivität und der strategischen Positionierung zu unterscheiden:

- **Operative Effektivität**: Hierunter ist die Fähigkeit eines Unternehmens zu verstehen, Aktivitäten und Prozesse, die branchentypisch und weitgehend standardisiert sind, besser auszuführen als die jeweiligen Wettbewerber.

- **Strategische Positionierung**: Hierunter fällt die Fähigkeit eines Unternehmens, andere (noch nicht in dieser Form auf dem Markt vorzufindende) Aktivitäten auszuführen beziehungsweise bereits von Wettbewerben ebenfalls ausgeführte Aktivitäten anders auszuführen.

Wettbewerbsvorteile im Bereich der operativen Effektivität im Sinne von Zeit und Kostenvorteilen gegenüber der unmittelbaren Konkurrenz können sich beispielsweise durch die frühzeitige Adaption neuer technologischer Entwicklungen ergeben.

Es kann nicht das Ziel des Managements sein, allein die IT-Kosten zu senken – es muss das Ziel sein, durch die Investition in IT einen hohen Nutzen zu generieren. Hierbei ist es weniger erheblich, mit welchem formalen Verfahren (ROI, ROCE etc.) dieser Nutzen berechnet wird. Entscheidend ist, dass alle Investitionen in IT konsequent nach unternehmensweit vereinbarten betriebswirtschaftlichen Verfahren gemessen und beurteilt werden.

> Die Ablösung manueller Tätigkeiten innerhalb eines Geschäftsprozesses durch eine IT-Lösung zur Prozessautomation führt zu einmaligen Investitionskosten in das IT-System und zu gestiegenen IT-Kosten in den Folgejahren. Als positiver Effekt resultieren allerdings die sinkenden Prozesskosten in den betroffenen Fachbereichen (trade off). Der IT-Bereich befindet sich in einem Dilemma: die Kosten der IT steigen nachhaltig (denn die Investitionen in IT lösen ja in der Regel auch eine Steigerung der IT-Betriebskosten aus), während die Einspareffekte im Fachbereich realisiert werden.

Die isolierte Fokussierung nur auf die Kostenseite führt also zu falschen Entscheidungen aus Sicht des Unternehmens. Allerdings ist eine verbesserte Wettbewerbssituation, die primär auf der im Vergleich zu unmittelbaren Wettbewerben schnelleren Einführung und Integration neuer Technologien beruht, in der Regel nur von kurzer Dauer.

An dieser Stelle wird klar, wie wichtig die Transparenz über diese beiden Entscheidungskriterien ist, aber: Es bedarf hierfür der Auswahl der richtigen Kennzahlen und diese müssen auch für den CFO verständlich sein. Langfristige Wettbewerbsvorteile sind eher im Bereich der strategischen Positionierung zu finden und ergeben sich immer dann, wenn es ein Unternehmen schafft, bestehende Technologien auf eine andere, innovativere Art und Weise zu nutzen als der unmittelbare Wettbewerber. Hier bietet die IT, insbesondere in der Funktion als „Business Enabler", ein immenses Potenzial, sich gegenüber dem Wettbewerb zu differenzieren.

Allerdings gestalten sich IT-Investitionen, die darauf abzielen, die strategische Positionierung des Unternehmens gegenüber seinen Mitbewerbern zu verbessern, alles andere als unproblematisch. Zwar kann im Erfolgsfalle mit hohen Renditen gerechnet werden, aber im umgekehrten Falle eines Scheiterns ist einer hoher Abschreibungsbedarf nahezu vorprogrammiert.

4.3.2 Business Case

Damit der IT-Bereich als Partner des Managements ernst genommen wird, gehört zu jedem (IT-)Investitionsantrag ein plausibler Business Case mit der Berechnung der Kosten und des Nutzens mittels finanzmathematischer Methoden/Verfahren im Bereich der operativen Effizienzsteigerung. Im Fall der Verbesserung der strategischen Positionierung durch diese Investition müssen diese finanzmathematischen Entscheidungsparameter um qualitative Beschreibungen des Nutzens der IT-Lösung ergänzt werden, wenn möglich wird dieser Nutzen auch hier in Form einer Nutzwertanalyse oder einem ähnlichem Verfahren quantifiziert.

Aufgabe und Zweck des Business Cases ist es auch insbesondere sicherzustellen, dass das IT-Business Management den Nutzenrealisierungsprozess als wesentlichen Bestandteil innerhalb des Entscheidungsfeldes Investition & Priorisierung von Beginn eines Projektes an im Blickfeld hat. In einem Business Case sind alle für das angestrebte Projekt relevanten Rahmendaten zu dokumentieren. Ein richtig konstruierter und formal genehmigter Business Case bildet die Grundlage für die erfolgreiche Realisierung der geplanten Geschäftsergebnisse und des zu realisierenden Nutzens aus der IT-Investition.

Ein Business Case beinhaltet in der Regel folgende Elemente:

- Zusammenfassung, Projektübersicht, Projektbegründung
- Strategische Absichten und kritische Erfolgsfaktoren
- Projekt- und Geschäftsergebnisse
- Annahmen über wirtschaftliche/ökonomische Vorteile
- Projektstrategie und Einführungsansatz

> Alternativenvergleich
> Stakeholder und Verantwortlichkeiten
> Interdependenzen
> Projektrisiko-Beurteilung
> Projektannahmen
> Formale Abnahme; Unterschrift durch Projektsponsoren
> Anhänge / Ergänzungen

Dieser Ansatz ist derzeit allerdings nicht selbstverständlich. So besagt eine im Jahre 2002 von Gartner durchgeführte Studie, dass 20 Prozent aller IT-Ausgaben keinerlei Wertbeitrag für die Gesamtunternehmung leisten [Robe02]. Angesichts dieser Zahl erscheint der Wunsch nach einer höheren Transparenz der Kosten und Nutzenrelationen bei IT-Investitionen alles andere als ungerechtfertigt.

4.3.3 Priorisierung

Ein Blick in die betriebliche Praxis zeigt, dass die Summe aller laufenden Projekte zuzüglich der Gesamtzahl aller vollständigen Projektanträge die Kapazität der IT bei weitem übersteigen. Auch durch Fremdbezug von Dienstleitungen lässt sich der Bedarf nicht vollständig abdecken. Dies ist aber auch weder unter ökonomischen Gesichtspunkten (unendlich großes Budget) nötig noch aus allgemeinen Überlegungen (Veränderungsfähigkeit einer Organisation) unbedingt wünschenswert. Es muss daher wie in allen anderen Fällen, wenn der Bedarf die verfügbare Kapazität übersteigt, ein Priorisierungs- und Entscheidungsprozess installiert werden.

Nach welchen Kriterien soll aber der CIO zusammen mit den anderen relevanten Entscheidungsträgern entscheiden? Als Entscheidungshilfe haben sich die Klassifizierung der Projekte sowie die Zuordnung der Klassen in Prioritätsstufen als hilfreich erwiesen.

Mögliche Klassifizierungen:

1. Umsetzung zwingender gesetzlicher Vorgaben; muss unter allen Umständen durchgeführt werden

2. Zwingend notwendig für den Geschäftserfolges, da sonst Verlust der Marktstellung mit Umsatz- und Ergebniseinbruch droht; muss durchgeführt werden

3. Erfolgreich laufendes Projekt, das daher fortgeführt werden muss

4. Ersatzinvestition für veraltete Infrastruktur; kann allenfalls kurzfristig verzögert werden

5. Wünschenswert, aber nicht unbedingt notwendig; kann verschoben werden

Die Klassifizierung sollte sich direkt aus dem Business Case ableiten lassen. Das Projektportfolio ist daher in der Weise zusammenzustellen, dass die Projekte in der Reihenfolge abnehmender Priorität und Nutzwert aufgenommen werden. Entsprechend der jeweils möglichen Zeitfenster sowie der Abhängigkeiten hinsichtlich des Ressourcenbedarfs und der inhaltlichen Ergebnisse ist die Planung dann im zweiten Schritt im Sinne der Netzplantechnik auszugestalten. Hierbei ist zu beachten, dass gewisse Reserven in zeitlicher Hinsicht und bezüglich der Ressourcen belassen werden müssen, um auf Unvorhersehbarkeiten angemessen flexibel reagieren zu können. Sollten diese einmal nicht eintreten, so lassen sich entsprechend der durchgeführten Priorisierung nachrückende Projekte jederzeit identifizieren und in Angriff nehmen.

Die obige Klassifizierung enthielt explizit auch die bereits laufenden Projekte. Hierdurch wird sichergestellt, dass diese auch während ihrer Laufzeit aktualisiert beurteilt werden. Projekte, die durch veränderte Rahmenbedingungen weniger wichtig oder obsolet werden, können so rechtzeitig identifiziert und gegebenenfalls gestoppt werden. Gleiches gilt für Projekte, die ihre Ziele erkennbar nicht mehr erreichen können.

Die Priorisierung der Veränderungsprojekte sollte nicht darauf beschränkt sein, jährlich im Rahmen des Budgetierungsprozesses durchgeführt zu werden. Zumindest die Validierung der getroffenen Portfolioentscheidungen sollte mehrmals unterjährig erfolgen. Bei erkannten Planabweichungen sind dann steuernde Maßnahmen zu entscheiden (vgl. Abschnitt V.1.1.2).

4.3.4 Projektportfolio

In diesem Kapitel ist beschrieben worden, wie ein Portfolio an Projekten mit IT-Relevanz definiert und zusammengestellt werden kann. Im Folgenden wird aufgezeigt, welche Wirkungszusammenhänge bei der Realisierung des Projektportfolios und dessen Überführung in den IT-Betrieb im Rahmen des IT Governance-Frameworks gelten. Ziel ist nicht, eine weitere Projektmanagementmethodik zu beschreiben.

Der Bedarf zur Änderung von Prozessen einschließlich der unterstützenden IT kann zwei Auslöser haben: In den meisten Fällen kommen Anforderungen für Änderungen aus dem Fachbereich außerhalb der IT. Diese werden getrieben durch den Markt, durch neue Geschäftsideen oder durch regulatorische Vorgaben des Fachbereichs (Business Pull). Betrachtet man IT auch als Träger von Innovation, kann diese ebenfalls entsprechende Bedarfe auslösen. Dies ist dann der Fall, wenn die IT durch den Einsatz neuer Technologien Geschäftsprozesse nachhaltig verändert oder neue Geschäftsprozesse erst ermöglicht (Technology Push). Hierbei gilt aber auch stets: Die Fachabteilung entscheidet über die Nutzung neuer Technologien. Diese Anforderungen oder Bedarfe werden als „Demands" bezeichnet. Damit wird zum Ausdruck gebracht, dass es sich hier um eine Nachfrage nach Veränderung der bestehenden Unternehmensstrukturen handelt. Ein Demand muss durch die initiierende Einheit des Unternehmens im Sinne der Anforderungen des Portfoliomanagements ausgeprägt werden. Dazu gehört, dass mit der Beschreibung des Business Cases der Nutzen explizit geplant und kommuniziert wird. Aufgabe des Managements ist, die einzelnen Demands gegeneinander abzuwägen und zu entscheiden, welche im Rahmen des Projektportfolios realisiert werden sollen. Hierbei handelt es sich um die Beantwortung der Frage nach der Effektivität. Das Gremium für solche Entscheidungen kann beispielsweise das in Abschnitt IV.2 beschriebene IT Steering Committee sein.

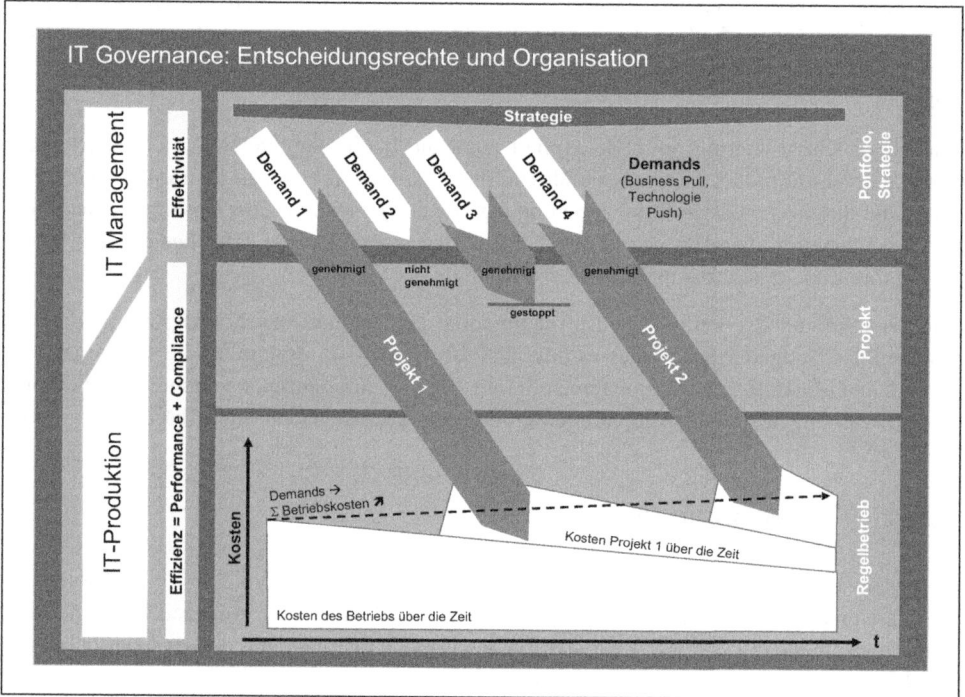

Quelle: PwC
Abbildung IV-41: *IT-Investitionsentscheidungen und IT-Betrieb*

Hier erfolgt die Prüfung auf Übereinstimmung mit der Geschäfts- und der IT-Strategie. Mittels der zugehörigen Veränderungsprojekte erfolgt dann die Umsetzung in den Regelbetrieb. Die regelmäßige Überprüfung des Projektportfolios stellt sicher, dass nicht nur die strategische Relevanz weiterhin gilt, sondern ermöglicht auch Steuerungsmaßnahmen zur Neuausrichtung oder sogar des Abbruchs, wenn eine Fortführung nicht mehr im Geschäftsinteresse sinnvoll erscheint. Durch diese Maßnahmen wird sichergestellt, dass sich der Regelbetrieb den Geschäftserfordernissen anpasst.

Entscheidungsfelder des IT-Managements

CIO-Checkbox:

1. Positionierung:
   - Haben Sie eine Standortbestimmung Ihrer IT in allen relevanten Entscheidungsfeldern durchgeführt? Sie können dies entweder durch ein externes Benchmarking oder mittels einer internen oder externen Analyse durchführen. Achten Sie darauf, dass die eingesetzte Methodik alle relevanten Themenbereiche abdeckt. Nehmen Sie das hier vorgestellte Modell zumindest als Referenz zur Überprüfung!
   - Kennen Sie Ihren angestrebten, strategisch begründeten Soll-Zustand in allen relevanten Entscheidungsfeldern? Sie können den Veränderungsbedarf nur nach erfolgter Fit-/Gap-Analyse im Detail bestimmen.

2. IT-Business Management:
   - Ist Ihre IT konsequent an den Geschäftserfordernissen ausgerichtet? Hinterfragen Sie Ihre IT-Strategie regelmäßig?
   - Gibt es für alle Entscheidungsfelder dokumentierte Festlegungen in Form von Grundsätzen (Policies), Organisationsstrukturen, Prozessen und Methoden?
   - Kennen Sie die wesentlichen Applikationen entlang Ihrer Wertschöpfungskette? Haben alle einen hohen technischen Wert?
   - Haben Sie sichergestellt, das Sicherheit nicht nur ein in der IT vernetztes Thema ist, sondern auch unternehmensweit integriert und konsistent behandelt wird?
   - Haben Sie sichergestellt, dass das IT-Sourcing nicht nur innerhalb der IT konsistent behandelt wird, sondern auch der Unternehmensstrategie entspricht und die Beschaffung mit den unternehmensweiten Beschaffungsprozessen und -strukturen abgestimmt ist?

3. Investition und Priorisierung:
   - Haben Sie einen Regelkreis geschaffen, der sicherstellt, dass die IT operativ wie strategisch an den Geschäftserfordernissen ausgerichtet ist?
   - Gibt es für alle Veränderungsprojekte einen validierten Business Case, der nach einheitlichen Vorgaben strukturiert ist?
   - Werden alle Veränderungsprojekte vor Beginn und regelmäßig während der Laufzeit überprüft und priorisiert?
   - Managen Sie Ihre Projekte als Portfolio? Gibt es allgemeine Trenderkenntnisse für das Portolio als Ganzes (z. B. regelmäßige Budget- und/oder Laufzeitüberschreitungen)? Reagieren Sie darauf übergreifend (z. B. Überprüfung der eingesetzten Methoden) oder individuell je Projekt?

5. Steuerung

Zielsetzung:	Überwachung der Zielerreichung in den Entscheidungsfeldern, Ableitung von Verbesserungsbedarf
Positionierung:	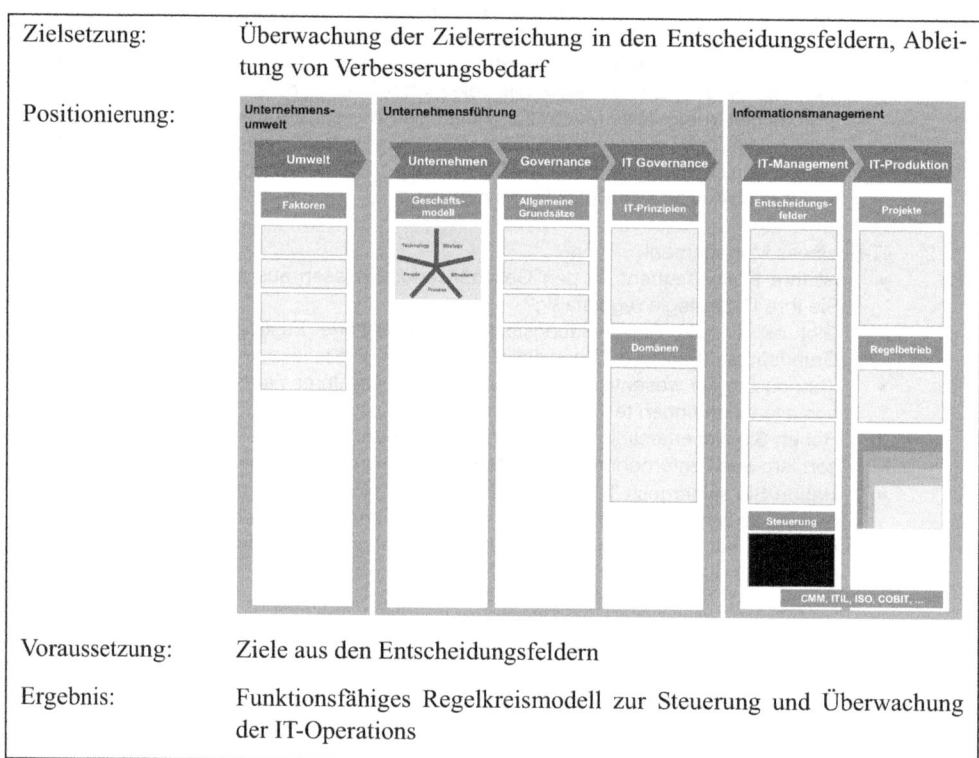
Voraussetzung:	Ziele aus den Entscheidungsfeldern
Ergebnis:	Funktionsfähiges Regelkreismodell zur Steuerung und Überwachung der IT-Operations

5.1 Überblick

Zweck der Steuerung ist die Überwachung der Zielerreichung sowie die Ableitung von Verbesserungsmaßnahmen. Im Allgemeinen ergeben sich Ziele aus funktionalen und strategischen Anforderungen interner und externer Stakeholder, aus verschiedenen Einflussbereichen (Markt, Kunde, Mitbewerber) sowie aus gesetzlichen Vorgaben. Ziele sind damit aus Sicht der Steuerung in der Regel vordefiniert und vorgegeben.

Die erste Managementaufgabe im Rahmen der Steuerung liegt darin, aus den vorgegebenen Zielen messbare Zielvorgaben abzuleiten. Diese abgeleiteten Zielvorgaben sind über geeignete quantitative und qualitative Kenngrößen für die Messung und die Steuerung zu operationalisieren.

Wesentliche Bestandteile der operativen Steuerung sind die Messung und der Abgleich von Steuerungsgrößen im Rahmen von Monitoring sowie das Reporting, in dem die Ergebnisse entsprechend den Informationsbedürfnissen der jeweiligen Adressaten aufbereitet werden.

Weichen die Istwerte von den Plan- beziehungsweise Sollwerten ab, muss steuernd eingegriffen werden. Dabei gilt es zunächst, die Ergebnisse in einen angemessenen Zusammenhang zu stellen und die mögliche Ursache der Abweichung zu identifizieren oder hinreichend einzugrenzen. In einem zweiten Schritt ist, basierend auf der dann erkannten Abweichungsursache, die Wirksamkeit der ursprünglich vorgesehenen Maßnahmen zur Zielerreichung zu hinterfragen. Hieraus sind entsprechende Anpassungen vorzunehmen oder, im Extremfall, die ursprüngliche Maßnahme gänzlich zu verwerfen.

Übertragen auf den Bereich der IT Governance bedeutet dies, dass die Steuerungsfunktion sicherstellen muss, dass die in den Entscheidungsfeldern definierten Ziele von IT Governance im operativen Geschäft erreicht werden. Das Thema Steuerung lässt sich folgendermaßen darstellen:

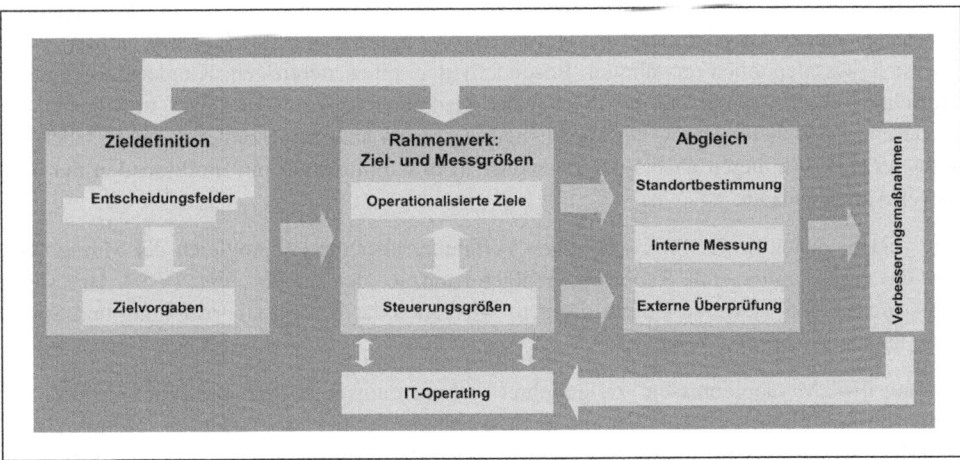

Quelle: PwC
Abbildung IV-42: *Steuerung unter IT Governance-Gesichtspunkten*

Bei IT Governance werden die Ziele, die für die Steuerung benötigt werden, über die Entscheidungsfelder definiert. Die Ziele ergeben sich aus den dort getroffenen Entscheidungen und sind Grundlage für die Steuerung (vgl. Abschnitt IV.4).

Damit die Steuerungsfunktion eine Überwachung dieser Ziele leisten kann, sind in Anlehnung an bereits existierende unternehmensweite Ziele und Messgrößen aussagekräftige IT-Ziele und Messgrößen zu definieren. Diese Operationalisierung von Zielen sowie die Ableitung von geeigneten Messgrößen sind in einem Rahmenwerk für Ziel- und Messgrößen zu dokumentieren. So sind beispielsweise für das Ziel „Kundenzufriedenheit" operative Ziele und Messgrößen zu definieren, die den von der IT zur Kundenzufriedenheit beigesteuerten Wertbeitrag widerspiegeln. Wesentliche Eckpunkte beim Aufbau eines solchen Rahmenwerks werden im nächsten Abschnitt IV.5.2 erläutert.

Von Nutzen für die Steuerung sind derartige Messgrößen, wenn sie regelmäßig überwacht und kontrolliert werden. Jedes Management ist darauf angewiesen, verlässliche, zeitnahe und aussagekräftigen Informationen über das zu steuernde Geschäft zu erhalten. In der Praxis übliche Verfahren zur Gewinnung von Infomationen über Zielerreichungen sind zum Beispiel Standortbestimmungen, interne Messungen und externe Überprüfungen. Verbunden mit dem Prozess des Messens ist ein entsprechendes Reporting, welches die im Rahmen des Monitorings erhobenen Messergebnisse in Abhängigkeit von den jeweiligen Informationsbedürfnissen des Adressaten aufbereitet. Ein durchgängiges und transparentes Abgleich- & Reporting-Modell bildet demnach eine weitere Voraussetzung für die IT-Steuerung.

Besondere Anforderungen an die Steuerung ergeben sich immer dann, wenn einzelne IT-Funktionen nicht vom Unternehmen selbst, sondern von einem Dritten operativ erfüllt werden. Bei einer derartigen Konstellation entzieht sich der ausgelagerte Prozess einer unmittelbaren Steuerung und Überwachung durch den Auftraggeber und erfordert deshalb besondere Maßnahmen zur Einhaltung und Überwachung regulatorischer Anforderungen. Die Steuerung von ausgelagerten IT- oder Geschäftsprozessen muss daher stets zusätzlichen Risikoaspekten, die sich aus den oben erwähnten Besonderheiten einer derartigen Kunden-Lieferanten-Beziehung ergeben, über ein entsprechendes Risikomanagement Rechnung tragen. Für die Steuerung und Überwachung bei IT-Outsourcing bieten sich insbesondere externe Überprüfungen (z. B. Prüfungen nach SAS 70 Standard) in Kombination mit umfassenden Service-Level-Agreements an.

Die verschiedenen in der Praxis üblichen Verfahren, über die ein Abgleich der Messgrößen und das darauf aufbauende Reporting erfolgen kann, werden im Abschnitt IV.5.3 dargestellt. Unter dem Fokus „Externe Überprüfungen" wird auch das Thema Überwachung und Steuerung bei IT-Outsourcing behandelt.

Um aus den „Messergebnissen" zielgerichtet Verbesserungspotenziale abzuleiten, müssen die beim Messen erhobenen Daten zu einem Gesamtstatus verdichtet werden. In der Praxis können die Ergebnisse von Messungen im IT-Bereich dann zum Beispiel zentral über eine IT-Balanced-Scorecard dargestellt werden. Ein solcher Gesamtstatus über die IT kann zum einen Informationen über Effektivität und Effizienz der IT, Kosten, Kundenzufriedenheit sowie über Chancen und Risiken enthalten. Zum anderen sind aber auch die Beziehungen und insbesondere Wechselwirkungen zwischen den Zielen und Ergebnissen zu berücksichtigen, um geeignete Verbesserungsmaßnahmen zu definieren. Bei dieser Definition von Verbesserungsmaßnahmen sind dann sämtliche Bereiche zu berücksichtigen. Neben direkten Verbesserungsmaßnahmen für die operativen IT-Prozesse können sich auch Korrekturen für das Rahmenwerk der Messung ergeben. Auch die Ziele selbst sollten Gegenstand der Überprüfung sein.

Eine Methode, um die Ergebnisse der Messung in einen logischen Zusammenhang zu stellen, zu aggregieren und entsprechende Maßnahmen abzuleiten, wird im Abschnitt IV.5.4 „Verbesserung" dargestellt.

5.2 Rahmenwerk für Ziel- und Messgrößen

5.2.1 Operationalisierung von Zielen

Die Zielvorgaben aus den Entscheidungsfeldern müssen in Unterziele für die einzelnen IT-Bereiche beziehungsweise IT-Prozesse übersetzt werden. Dabei sind Zusammenhänge und Wechselwirkungen zu berücksichtigen.

Im Folgenden werden für die Ziele in der IT die Leitungsebene (IT-Ziele) sowie die Prozessebene (Prozess- und Aktivitätsziele) unterschieden:

- **Leitungsebene**

  Auf dieser Ebene werden Ziele aus Sicht des Unternehmers und des IT-Managements definiert. Schwerpunkt sind nicht die Effektivität oder Effizienz einzelner Prozessbestandteile, sondern es wird anhand von prozessübergreifenden IT-Zielen vorgegeben, welche Anforderungen an die IT insgesamt mit Maßnahmen in den IT-Prozessen und in den prozessunabhängigen IT-Bereichen erfüllt werden müssen.

- **Prozessebene**

  Auf dieser Ebene werden Ziele für die einzelnen IT-Prozesse definiert, um die übergreifenden Ziele der IT zu unterstützen. Diese Ziele betreffen in der Regel die Leistungsfähigkeit der einzelnen IT-Prozesse und der darin enthaltenen Aktivitäten. Die Ergebnisse der Zielerreichung auf Prozessebene sind Indikatoren dafür, wie wahrscheinlich es ist, dass die übergreifenden IT-Ziele erreicht werden können.

  Ein Beispiel für ein typisches Prozessziel ist die Reduzierung der Anzahl fehlerhafter Änderungen im Change-Management, die zu Produktionsstörungen führen.

Die Vorgaben aus den Entscheidungsfeldern stellen in der Regel IT-Ziele auf Leitungsebene dar, die auf Ziele für die einzelnen IT-Bereiche oder IT-Prozesse heruntergebrochen werden müssen.

Auf Prozessebene lassen sich die Ziele zur Steuerung der IT weiterhin in Leistungsziele und Kontrollziele unterteilen. Eine strukturierte Ableitung von Prozesszielen unter expliziter Beachtung dieser beiden Ziel-Aspekte ist notwendig, um sowohl Performance- als auch Compliance-Aspekte angemessen zu berücksichtigen.

- **Leistungziele** richten sich in der Regel auf Performance-Aspekte und stellen Anforderungen dar, wie gut etwas ausgeführt wird. Sie lassen sich damit als Vergleichswerte definieren. Das gewünschte Ziel ist erreicht, wenn das zu messende Kriterium den Vergleichswert erreicht oder übertrifft.

- **Kontrollziele** sind in der Regel auf Compliance-Aspekte ausgerichtet und stellen Anforderungen dar, ob etwas „korrekt" ausgeführt wird. Sie sind damit auf eine vollständige Abdeckung ausgerichtet. Das gewünschte Ziel ist dann erreicht, wenn das zu messende Kriterium für alle Einheiten gegeben ist.

Auf Leitungsebene spiegelt sich diese Aufteilung zum Beispiel in den IT Governance-Themenbereichen Risk-Management mit dem Schwerpunkt auf Compliance-Zielen und Value-Management sowie Performance Measurement mit dem Schwerpunkt auf Leistungszielen wieder.

Bei der Operationalisierung von Zielen sind weiterhin die Wechselwirkungen zwischen den Zielen auf den verschiedenen Ebenen zu berücksichtigen.

- Zum einen können Ursache-Wirkungs-Beziehungen zwischen den strategischen Zielen bestehen, die sich am besten anhand eines Beispiels verdeutlichen lassen: Eine verbesserte Schulung von IT-Mitarbeitern wirkt sich in der Regel positiv auf die Qualität der zur Verfügung gestellten IT-Lösungen aus, was wiederum die Zufriedenheit der Benutzer erhöht und die Unterstützung der Geschäfts- durch die IT-Prozesse verbessert [Grem00].

- Zum anderen kann die Erreichung eines strategischen Zieles sowohl von direkten (prozessunabhängigen) Einflussgrößen abhängen, als auch von der Zielerreichung in den verschiedenen operativen Prozessen beeinflusst werden. Hier sind die Wechselwirkungen zwischen den verschiedenen Einflussfaktoren zu berücksichtigen. Neben augenscheinlichen Wechselwirkungen zum Beispiel zwischen den Zielen eines Prozesses „Cost Management" (z. B. Kosten reduzieren) und den Zielen eines Prozesses „Availability Management" (z. B. Verfügbarkeit optimieren) sind auch indirekte Abhängigkeiten zu berücksichtigen (z. B. Anzahl von Fehlertickets im Prozess-Incident-Management, die aus Änderungen aus dem Prozess Change-Management resultieren).

Für eine spätere Beurteilung der Zielerreichung müssen daher die einzelnen Prozessaktivitäten und die prozessunabhängigen Einflussgrößen in einen integrierten Kontext gestellt und gemeinsam bewertet werden.

5.2.2 Definition von Steuerungsgrößen

Das Ergebnis der Operationalisierung von Zielen fließt in ein Gesamtmodell strategischer und operationeller Ziele sowie in die Darstellung der Abhängigkeiten und Wechselwirkungen ein. Sind die Ziele operationalisiert und klar definiert, muss anschließend die Zielerreichung überprüft werden, um feststellen zu können, ob die an die IT gestellten Erwartungen getroffen werden. Zu diesem Zweck müssen entsprechende Steuerungsgrößen entwickelt werden.

Je komplexer IT-Umgebungen werden, desto schwieriger wird es, die richtigen Informationen zum richtigen Zeitpunkt zu generieren. Damit wird deutlich, dass Identifikation, Definition und Implementierung von zielführenden Steuerungsgrößen zu einem wesentlichen Bestandteil der Steuerung gehören. Die wesentliche Aufgabe besteht darin, eine angemessene Systematik für die Messbarkeit von IT zu entwickeln, relevante Steuerungsgrößen zu definieren und diese in den richtigen Zusammenhang zu setzen, um kontinuierlich eindeutige und verwertbare Messergebnisse zu erhalten. Darüber hinaus müssen geeignete Rahmenbedingungen bezüglich der Verantwortlichkeiten und des Reportings geschaffen werden.

Generelle Anforderungen an Steuerungsgrößen sind:

- Sie sollten konkret, einfach und klar definiert werden, um messbar zu sein.
- Sie sollten vergleichbar sein (sowohl intern, z. B. im Zeitverlauf, als auch extern, z. B. im Rahmen von Benchmarking).
- Die Steuerungsgrößen müssen beeinflussbar sein.

Bei einer solchen Definition der Steuerungsgrößen sollten die folgenden Informationen berücksichtigt werden:

- Eigenschaften der Steuerungsgrößen: zum Beispiel Beschreibung, Quantifizierbarkeit, Wertebereich, Messperioden, Datenquelle, Berechnungsgrundlage
- Anforderungen an das Reporting: zum Beispiel Darstellungsform, Frequenz und Häufigkeit, Detaillevel, Aggregationsmöglichkeiten, Verwertung historischer Daten
- Verantwortungsbereiche: Zuständigkeiten für die Originaldaten und deren Qualität, für Messung und Reporting, für Auswertung und Reaktion

Die Messung im IT-Bereich lässt sich im Rahmen einer umfassenden IT Governance nicht auf die Prozesssteuerung mit Steuerungsgrößen für einzelne Prozesse reduzieren. Wie bei der Operationalisierung der Ziele beschrieben, lassen sich Ziele in zwei Arten unterscheiden: Leistungs- und Kontrollziele. Daraus ergibt sich, dass auch die Messung der Performance aus zwei Blickwinkeln betrachtet werden kann:

- Steuerungsgrößen müssen einerseits einen Überblick über den aktuellen Status der IT im Sinne ihrer Leistungsfähigkeit geben. Über Leistungs-Steuerungsgrößen kann analysiert werden, wie „gut" die IT funktioniert (Performance/Effizienz). Diese Steuerungsgrößen werden im Folgenden als Metriken bezeichnet.
- Darüber hinaus müssen aber auch Informationen darüber gegeben werden, inwieweit die IT entsprechend den Größen gelebt wird und ob Risiken kontrolliert werden können. Über Kontroll-Steuerungsgrößen kann ausgewertet werden, inwieweit die IT kontrolliert abläuft und wie geplant ausgeführt wird (Compliance/Effektivität). Diese Steuerungsgrößen werden im Folgenden als Controls bezeichnet.

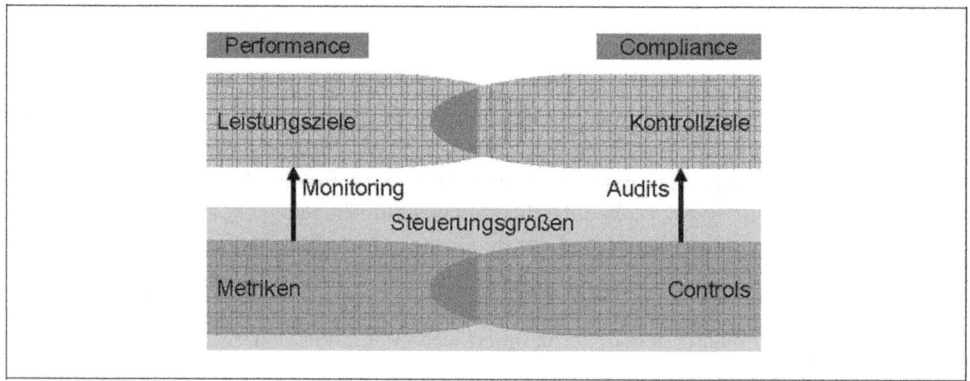

Quelle: PwC
Abbildung IV-43: *Zusammenhang zwischen Steuerungsgrößen und Zielen*

Bei der Definition von Steuerungsgrößen und den daraus abgeleiteten Zielen sind jeweils spezifische Schwellenwerte festzulegen, an die die Zielerreichung geknüpft ist. Die Schwellenwerte für Controls und Metriken haben dabei einen unterschiedlichen Fokus:

- **Metriken** sind in der Regel als Vergleichswerte definiert. Zum Beispiel besteht eine gängige Vorgabe darin, dass Change-Management-Tickets mit einer bestimmten Priorisierung im Durchschnitt weniger als zwei Tage in Bearbeitung sein sollen. Sobald sich über die entsprechende Metrik ergibt, dass diese Change-Management-Tickets im Durchschnitt länger als zwei Tage in Bearbeitung waren, ist das Ziel damit nicht erreicht. In diesem Fall muss die Schwellenwert-Überschreitung zu einer entsprechenden Berichterstattung oder Eskalation führen.

- **Controls** sind in der Regel auf eine vollständige Abdeckung einer bestimmten Compliance Anforderung ausgerichtet. Zum Beispiel besteht eine gängige Vorgabe darin, dass alle Change-Anforderungen vor Produktivsetzung freigegeben werden. Der Zielwert für Change-Anforderungen mit Freigabe ist in diesem Fall „100 %". Sobald sich über die entsprechende Control ergibt, dass nicht alle Change-Anforderungen vor Produktivsetzung freigegeben wurden, war die Control nicht vollständig wirksam, das Ziel damit nicht erfüllt und eine Compliance mit den Vorgaben ist nicht gegeben. Auch in diesem Fall muss eine entsprechende Berichterstattung oder Eskalation erfolgen.

Die Festlegung eines Steuerungsmechanismus als Control oder als Metrik ist dabei nicht zwingend eindeutig. Zum Teil können einzelne Steuerungsgrößen beide Bereiche der Messung abdecken, zum Teil liegt es an unternehmensspezifischen Gegebenheiten, ob eine Steuerungsgröße als Metrik oder als Control definiert wird. Unabhängig davon ist aber, dass immer eine integrierte Betrachtung von Steuerungsgrößen für Leistung und für Compliance notwendig ist, um die Ziele von IT Governance umfassend abzudecken.

Insgesamt lässt sich das Rahmenwerk für Ziele und Steuerungsgrößen aus IT Governance-Sicht damit folgendermaßen darstellen:

Steuerung

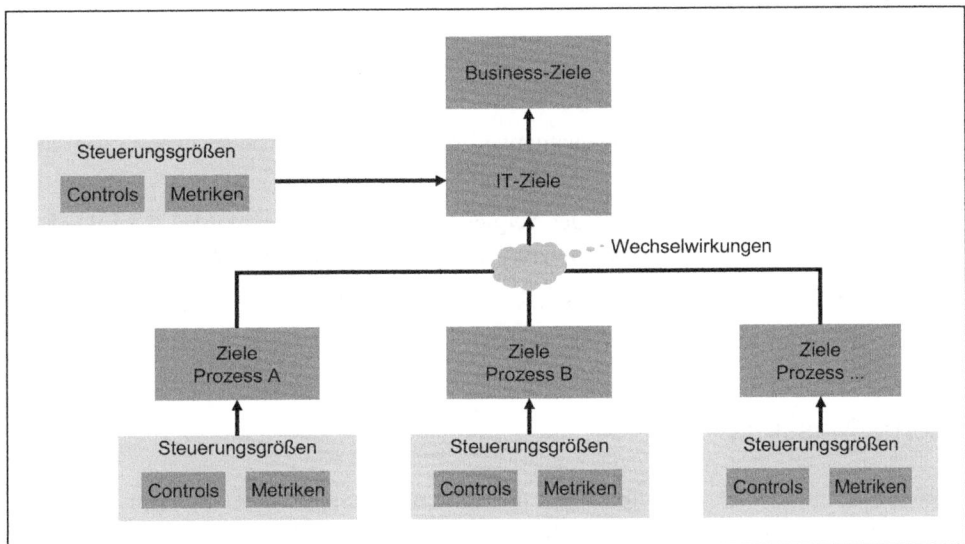

Quelle: PwC
Abbildung IV-44: *Rahmenwerk für Ziele und Steuerungsgrößen*

5.3 Messverfahren

Nachdem das Rahmenwerk für Ziele und Steuerungsgrößen aufgebaut ist, müssen die Metriken und Controls gemessen sowie die sich daraus ergebende Ergebnisinformationen ausgewertet werden. Dieser Teil der Steuerungsaufgabe wird als „Abgleich" bezeichnet. Die benötigten Informationen über den Status der IT können über verschiedene Arten von Abgleichen gewonnen werden. Der Prozess des Abgleichens lässt sich – zum Beispiel anhand der folgenden Fragen – verschiedenen Kategorien zuordnen:

- Was wird abgeglichen und wie wird es berichtet?
- Wann wird abgeglichen und berichtet?
- Wer führt den Abgleich durch?

Die verschiedenen Arten des Abgleiches lassen sich in drei Kategorien einteilen:

- Standortbestimmungen (z. B. Maturity Modelle, Benchmarking)
- Interne Messungen (z. B. Dashboards, Reports)
- Externe Überprüfungen (z. B. Zertifizierungen)

Standortbestimmung

Standortbestimmungen sind zeitpunktbezogen.

- Reifegrad-Modelle sind auf eine qualitative Beurteilung des Zustandes einer Organisation oder eines Prozesses gerichtet.
- Bei Benchmarkingansätzen steht der Vergleich quantitativer Kennzahlen (Metriken) des eigenen Unternehmens mit denen anderer Unternehmen im Vordergrund.
- Die dritte Möglichkeit einer Standortbestimmung ist die Durchführung von Befragungen, z. B. Kundenzufriedenheitsanalysen.

Interne Messung

Interne Messungen sind vornehmlich auf die Leistungsmessung von IT-Prozessen gerichtet. Der Schwerpunkt der Messung liegt in der Regel auf den Metriken.

Gemessen und berichtet wird regelmäßig und zeitnah beziehungsweise in Echtzeit. Eine typische Form der internen Performance-Messung und Ergebnisdarstellung sind Dashboards, in denen der aktuelle, meistens automatisiert gemessene (Leistungs-)Status der Messobjekte in Echtzeit dargestellt wird. Eine andere Form liegt in der Darstellung von Messergebnissen in regelmäßigen Reports, die beispielsweise zu Trendanalysen verdichtet werden.

Die Verantwortung für die Messung und das Berichtswesen liegen in den operativen Betriebsbereichen. Oft erfolgt die interne Performance-Messung durch Mitarbeiter, die für einen oder mehrere IT-Prozesse verantwortlich sind, oder durch eine eigens für die Durchführung von Performance-Messungen bestellte Mitarbeitergruppe. Zum Teil erfolgen diese Messungen auch durch diejenigen Mitarbeiter, die direkt an der Prozessdurchführung beteiligt sind.

Externe Überprüfungen

Der Fokus von externen Überprüfungen im hier verstandenen Sinne liegt in der Regel auf dem Compliance-Aspekt. Externe Überprüfungen stellen vornehmlich dar, ob die IT-Prozesse in der Praxis wie vorgegeben gelebt werden und ob sie die an sie gestellten Anforderungen erfüllen. Schwerpunkt von externen Überprüfungen sind damit die Angemessenheit und Wirksamkeit von Controls.

Die Durchführung und die Ergebnisdarstellung von externen Überprüfungen kann auch regelmäßig erfolgen. Ziel ist aber eher eine stichtagsbezogene Gesamtaussage über die Ergebnisse der Prüfung. Die Regelmäßigkeit besteht oft nicht in einem Tages- oder Wochenrhythmus, sondern eher auf (Halb-)Jahreszyklen. Basis für externe Überprüfungen sind oft risikoorientierte Planungen (z. B. Security-Audits in verschiedenen Risikobereichen), regulatorische Anforderungen (jährliche Bestätigungen der Sicherheit und der Ordnungsmäßigkeit) oder Kontroll- und Transparenzbedürfnisse von Management oder Stakeholdern.

Durchgeführt werden externe Überprüfungen durch Mitarbeiter, die unabhängig von dem Prüf- beziehungsweise Messobjekt sind. Diese Unabhängigkeit kann unternehmensintern vorhanden sein (z. B. durch ein Qualitätsmanagement oder die Interne Revision), oder durch die Beauftragung einer unabhängigen Wirtschaftsprüfungsgesellschaft hergestellt werden.

Dabei ist zu beachten, dass eine Zuweisung der verschiedenen Arten des Abgleiches zu diesen Kategorien nicht immer eindeutig sein muss, da die die Grenzen fließend sind. Wichtig ist aber, dass die unterschiedlichen Konzepte der Messung, die in den drei folgenden Kategorien abgebildet sind, möglichst umfassend genutzt werden, um weitgehend vollständige, transparente und qualitätsgesicherte Ergebnisse zu erhalten.

Die folgenden Abschnitte stellen mögliche Eigenschaften, Strukturen und Ausprägungen von Performance-Messungen in den genannten Kategorien anhand von Beispielen näher dar.

5.3.1 Standortbestimmungen

Die erste Säule der Messverfahren sind die Methoden zur Standortbestimmung.

Reifegrad-Modelle liefern Ergebnisse über den Reifegrad von Prozessen und spiegeln damit den Entwicklungsstand der IT. Das Reifegrad-Modell wurde bereits in Abschnitt II.5 skizziert, eine erste Einsatzmöglichkeit ist in Abschnitt IV.4 im Rahmen der Positionierung beschrieben. Reifegrad-Modelle können zur Standortbestimmung eingesetzt werden, um die Entscheidungs- und Organisationsstrukturen, die Qualität der IT-Management-Prozesse oder der IT-Produktion zu messen und auf Basis der Ergebnisse Verbesserungsprojekte zu initiieren. Das Reifegrad-Modell beantwortet die Frage: Wie ist der Reifegrad? Wo bestehen Defizite gegenüber dem vorgegebenen Reifegrad? Das Modell kann bei jedem Aspekt des IT Governance-Frameworks eingesetzt werden. So kann beispielsweise bei Projekten die Qualität des Projektmanagements oder im Betrieb die Konsequenz der Umsetzung von ITIL-Prozessen überprüft werden. Voraussetzung ist: Im Rahmen der Ausprägung des IT Governance-Frameworks muss entschieden werden, welcher Reifegrad für das jeweils betrachtete Element (Entscheidungsrechte, Organisation, Entscheidungsfeld …) vorgegeben wird. Kosten sind nicht Gegenstand der Betrachtung. Die möglichen Reifegrade werden in der Regel anhand einer normierten Skala definiert. Die Ergebnisse von Reifegrad-Modellen liefern Informationen darüber, wo die IT mit ihren Prozessen steht; sie können mit den Entscheidungen beziehungsweise Vorgaben des Managements verglichen und daraus Handlungsbedarfe abgeleitet werden. Da sich die Qualität von Prozessen im Zeitablauf ändern kann, sind regelmäßige Standortbestimmungen in dieser Form sinnvoll. Entsprechend sollte dies durch die IT Governance und im IT-Management verankert sein.

Benchmarking folgt einem anderen Ansatz: Hier wird nicht gegen eine neutrale, qualitative Norm, sondern gegen Best Practices gemessen und damit gegen die Kennzahlen anderer Unternehmen. Benchmarks sind darauf ausgerichtet, die Leistungsfähigkeit der eigenen IT mit derjenigen von Unternehmen gleicher Größe und Branche zu vergleichen. Hierbei ist darauf zu achten, dass nicht nur Zahlen (z. B. Kosten) verglichen werden, sondern dass die damit verknüpften Prozesse auch vergleichbar sind.

Es gibt eine Reihe weiterer Einflussfaktoren, welche die Verwendung und die Interpretation von Benchmarks erschweren. Dazu zählen die Business-Strategie (Standortkonzept, Technologieführerschaft/Innovationsführerschaft), das Sourcingkonzept etc. Die Problematik wird an einem Beispiel verdeutlicht:

> Der Grad der IT-Durchdringung des Unternehmens wirkt besonders auf die IT-Kostenstruktur: Setzt ein Unternehmen im Dienstleistungsbereich bei der Bearbeitung von Standardprozessen beispielsweise auf massive Automatisierung durch die IT, dann kann es eine hohe Effizienz in den Fachbereichen erzielen und Mitarbeiterkapazitäten freisetzen. Der entstandene Brutto-Nutzen wird dabei häufig dem Fachbereich zugerechnet. Dafür entstehen aber zum Teil deutliche höhere Kosten in der IT, die eigentlich nicht diese, sondern der Prozessverantwortliche verursacht hat. An dieser Stelle müssen Benchmarks die reine Kostenbetrachtung in der IT verlassen und die gesamten Prozesskosten betrachten, um den tatsächlichen Wert des Prozesses beziehungsweise der Prozessveränderung durch die Automatisierung aus Sicht des Unternehmens zu ermitteln. Im Bankensektor dürfen dann zum Beispiel nicht isoliert die Kosten für das Web-Portal des Online-Banking betrachtet werden. Vielmehr muss verglichen werden, welche Kosten einen auf konventionellem Wege eingereichte und eine online aufgegebene Überweisung verursacht. Die Differenz zwischen den Varianten entspricht dem jeweiligen Mehr-/Minderwert des Geschäftsprozesses. Hier ist der Einsatz einer klassischen Prozesskostenrechnung auf Vollkostenbasis sinnvoll. Eine solche Sicht zu verankern, ist Aufgabe der IT Governance.

Benchmarks sollten nicht nur für die Beurteilung der Effizienz der Produktion genutzt werden, sondern auch als Entscheidungshilfe im IT-Management Einsatz finden: Bei der Zusammenstellung des Projektportfolios kann mit Hilfe von Benchmarks geprüft werden, inwieweit die geplanten Ansätze und Technologiekonzepte dem Benchmark standhalten, diesem hinterherhinken oder sogar vorwegschreiten.

Die letzte Form der Standortbestimmung stellt die **Durchführung von Befragungen** dar. Üblicherweise werden die internen beziehungsweise externen Kunden der IT befragt, wie zufrieden sie mit einzelnen Leistungen der IT sind. Die Ergebnisse von Zufriedenheitsumfragen liefern qualitative Bewertungen. Interessant ist hierbei, ob und wieweit Fremdwahrnehmung und Selbstwahrnehmung der IT auseinanderfallen oder deckungsgleich sind.

Gezielt eingesetzt, kann mit Kundenzufriedenheitsumfragen überprüft werden, welche Qualität die Entscheidungen des Managements gehabt haben und wie konsequent diese bis hin zur operativen Ebene erreicht worden sind.

Die Vorteile und Nachteile der einzelnen Methoden zeigen, dass nur eine Methode zur Steuerung nicht ausreicht. Eine Kombination aller drei Methoden liefert ein zutreffendes Bild der IT: Sie beleuchten gleiche Sachverhalte aus unterschiedlichen Blickwinkeln. Da alle drei Formen der Standortbestimmung einen hohen Zeitpunktbezug haben, ist eine regelmäßige

Wiederholung sinnvoll, so dass überprüft werden kann, ob und wie wirksam steuernde Maßnahmen gewesen sind. Ferner wird durch eine regelmäßige Durchführung der Standortbestimmungen identifiziert, ob schleichende Veränderungen wie Qualitätsverluste oder eine Verschlechterung der Kostenstruktur eingetreten sind.

5.3.2 Interne Messung

Die zweite Kategorie der Performance-Messung betrifft interne Messungen. Zwei gängige Verfahren sind Dashboards und Reports.

Dashboards

Mit Dashboards werden die aus dem Abgleich zur Verfügung gestellten Information entscheidungsrelevant aufbereitet. Dashboards sind zumeist IT-gestützte Managementinformationssystems, die basierend auf den Bewegungs- und Stammdaten der operativ ablaufenden IT-Prozesse die Ist-Werte von vorab definierten Steuerungsgrößen ermitteln und diese in komprimierter Form dem jeweiligen Entscheidungsträger zur Verfügung stellen.

Damit handelt es sich bei einem Dashboard lediglich um ein Hilfsmittel, das den Entscheidungsträger in die Lage versetzt, Abweichungen der Steuerungsgrößen von den vorab definierten Zielvorgaben rasch zu erkennen, um dann entsprechend korrigierend eingreifen zu können.

Mit diesen Instrumenten wird ein Blick auf die Leistungsfähigkeit der IT-Prozesse gewährt. Sie erlauben der Leitungsebene schnell und sicher Entscheidungen zu treffen, da diese zu jedem Zeitpunkt den aktuellen Zustand der IT-Prozesse und der laufenden IT-Projekte aufzeigen.

Dashboards tragen zu einer Erhöhung der Effizienz eines Prozesses bei, indem Probleme bereits vor ihrer Eskalation erkannt und angegangen werden können. Beispielsweise kann die Bearbeitung von Incident-Tickets mit Severity 1 und 2 in Echtzeit für einen bestimmten Adressatenkreis visualisiert werden.

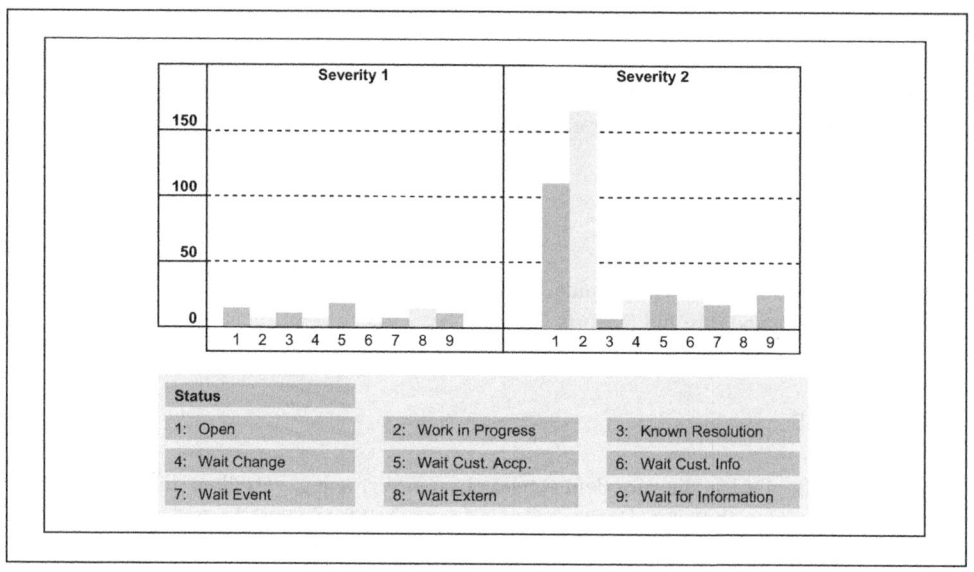

Quelle: PwC
Abbildung IV-45: „Tickets with Severity 1 and 2"

In der Praxis stellt sich die Frage der konkreten Ausgestaltung von Dashboards. Ein Dashboard pro Prozessverantwortung einzurichten und somit die spezifischen Aufgaben, Hilfestellungen sowie Steuerungsgrößen vorzukonfigurieren, ist sinnvoll und erhöht die Transparenz für die Prozessbeteiligten. Abhängig vom jeweiligen Prozessziel sollte der Prozessverantwortliche ein Dashboard zur Steuerung und Überwachung seines Prozesses erhalten. Je nach Größe und Komplexitätsgrad des Unternehmens kann durch eine „Abteilungs- beziehungsweise Bereichssicht" die Entscheidungsfindung und die Möglichkeit für eine zeitnahe Reaktion für die Leitungsebene vereinfacht werden.

Oft wird die Festlegung einer sinnvollen Metrik – welche Größen sind überhaupt relevant und wer ist dafür verantwortlich – zu einem Problem. Ein pragmatischer Lösungsansatz ist eine Erhebung der notwendigen Zielsetzungen und Steuerungsgrößen anhand der Organisationsstruktur (Aufbau- und Ablauforganisation). Dabei muss einerseits darauf geachtet werden, dass für die Ziele (Kontrollziele, Prozessziele, Unternehmensziele, ...) jeweils ein Gesamtverantwortlicher benannt ist, der die notwendige Handlungsbefugnis besitzt. Andererseits dürfen nicht zu viele Indikatoren definiert und ausgewertet werden, da sonst der Überblick über die Metriken und damit die Transparenz der Ergebnisdarstellung verloren geht.

Steuerung

Reports

Ein „Report" ist eine stichtagsbezogene Darstellung aktueller Geschäftszahlen beziehungsweise Steuerungsgrößen. Adressaten können Prozessverantwortliche aber auch Controller und Kunden sein. Im Prinzip gelten die gleichen Kriterien und Strukturen wie für die eben besprochenen Dashboards.

Zwei Kategorien von Reports können unterschieden werden:

- Qualitative Reports und
- Quantitative Reports.

In qualitativen Reports werden Informationen im Kontext des Unternehmen für einem definierten Zeitraum dargestellt. Beispiele können Auswertungen pro Abteilung und Niederlassung oder je Kategorie sein.

Beispiele hierfür sind:

- Zusammenfassung aller „Emergency" Change Tickets pro Abteilung,
- Zusammenfassung aller „Shortcut" Change Tickets pro System,
- Offene oder geschlossene Tickets
    - nach Kategorien wie Changes, Incidents usw.,
    - nach Priorität,
    - gruppiert nach Datum (geöffnet am),
    - die zum Beispiel SAP betreffen,
    - nach Workflowsteps,
- Ticketverteilung (Incidents) über alle Niederlassungen.

Quantitative Reports sagen etwas über die Anzahl und das damit verbundene Verhalten eines Berichtsobjektes in einem definierten Zeitraum aus, beispielsweise über die Anzahl von Incidents oder die Zunahme von Verstößen in dem vergangenen Jahr. Durchschnittswerte und Prozentsätze aus verschiedenen Aspekten werden im Report berichtet.

Beispiele hierfür sind:

- Prozentzahl der über SLA abgedeckten Services,
- Anzahl der SLA-Verstöße im Jahr (SLAM Chart),
- Durchschnittswerte von gemessenen Verfügbarkeiten
    - MTTR (Mean Time To Repair),
    - MTBF (Mean Time Between Failures),
    - MTBSI (Mean Time Between System Incidents),

- Anzahl der laufenden Projekte,
- Verbrauch des IT-Budgets.

Der Unterschied zwischen Reports und Dashboards ist die zeitliche Dimension der verfügbaren Information. Dashboards sollten permanent verfügbar sein - der Adressat kann sich jederzeit über den Status seines Prozesses informieren. Reports beziehen sich auf das Datum (Stichtag), zu dem sie erstellt wurden. Sie werden vornehmlich für Darstellungen mit Bezug auf einen Zeitraum benutzt, der auch in die Zukunft reichen kann (Trendanalysen, Prognosen, ...). Einmal erstellt, verändern sie sich nicht im weiteren Zeitverlauf, ihre Inhalte sind somit archivierbar.

5.3.3 Externe Überprüfungen

Durchführung von SAS 70-Prüfungen

Die dritte Kategorie von Informationen, die zur Überwachung und zur Steuerung benutzt werden können, wird aus externen Überprüfungen gewonnen. Hinsichtlich Zielrichtung, Zweck und Qualität sind hierbei aber erhebliche Unterschiede zu beachten.

Gängige Ausprägungen von externen Überprüfungen sind zum Beispiel Prozessprüfungen, Zertifizierungen (z. B. nach ISO-Normen), Gütesiegel, Effektivitäts- und Effizienz-Assessments, Softwarezertifizierungen oder Ordnungsmäßigkeitsüberprüfungen. Der Untersuchungsgegenstand erstreckt sich dabei von einzelnen Softwarekomponenten über integrierte Systeme (z. B. ITSEC) bis hin zu Prozessen (z. B. BS 15000) oder Managementsystemen (z. B. ISO 17799).

Der Begriff „Zertifizierung" bedeutet eine Bestätigung von Eigenschaften auf Basis eines klar definierten Anforderungskataloges. Mit Prüfungen beziehungsweise Audits werden in der Regel unabhängige Untersuchungen bezeichnet, ob (interne oder externe) Vorgaben angemessen und wirksam umgesetzt wurden. Assessments werden in der Regel dann eingesetzt, wenn ein bestimmtes (Management-)System gegen ein Referenzmodell evaluiert werden soll, um daraus eine Statusbestimmung zu erhalten.

Die bei externen Überprüfungen verwandten Begriffe sind nicht geschützt. So ist selten klar, welche Qualitätsmerkmale an Überprüfungen geknüpft werden können und welche Aussagekraft die Ergebnisse solcher externen Überprüfungen haben. Die Anforderungen an die Inhalte externer Überprüfungen und auch die Qualität der Prüfungsdurchführung können äußerst unterschiedlich sein. Daraus ergeben sich Konsequenzen auf die Belastbarkeit und die Verwertbarkeit der Prüfungsergebnisse.

Klare Qualitätsstandards für externe Überprüfungen sind besonders dann wichtig, wenn deren Ergebnisse in die IT Governance-Strukturen eingebunden werden sollen. Um zuverlässige und gesicherte Informationen zum Beispiel über die Funktionsfähigkeit von Controls mittels externer Überprüfungen zu erhalten, sollten die folgenden Kriterien erfüllt sein:

- Regulatorische Anforderungen müssen ebenso wie spezifische Kundenanforderungen berücksichtigt und beurteilt werden.
- Die Überprüfung muss belastbare Ergebnisse erzeugen. Die Überprüfung durch einen unabhängigen Dritten sollte an klare Qualitätsstandards geknüpft sein, um die Verlässlichkeit der getroffenen Aussagen zu erhöhen. Dabei sind hohe Anforderungen sowohl an die Professionalität des durchführenden Prüfers als auch an das Vorgehen bei der Durchführung zu stellen.
- Die Überprüfung sollte auf (international) akzeptierten Standards basieren, um die Vergleichbarkeit der Ergebnisse sicherzustellen. Ist dies gegeben, können die Ergebnisse der externen Überprüfung darüber hinaus auch zur Außendarstellung genutzt werden, um zum Beispiel Informationsbedürfnisse von Kunden oder Stakeholdern zu befriedigen.

Eine gängige Form der externen Überprüfung ist die Prüfung nach SAS 70 Standard, der ursprünglich als Prüfungsstandard für die Einbindung und die Überwachung von ausgelagerten Geschäfts- oder IT-Prozessen in das interne Kontrollsystem entwickelt wurde.

Die folgenden Eigenschaften des internationalen Standards SAS 70 zeigen – basierend auf den o. g. Anforderungen an externe Überprüfungen – die Vorteile einer Verwendung für IT Governance auf:

- Die Prüfungen bieten hohe Flexibilität in Bezug auf die unternehmensspezifischen Anforderungen. Regulatorische Anforderungen und spezifische Kundenanforderungen können uneingeschränkt berücksichtigt werden und die Prüfung auf individuelle IT-Prozesse ausgerichtet werden.
- Der SAS 70 Standard stellt hohe Anforderungen an die Professionalität der Prüfungsdurchführung. So sind zum einen hohe Anforderungen an die Personen definiert, welche die Prüfungen durchführen dürfen, zum anderen werden klare Qualitätsstandards an die Vorgehensweisen und Verfahren bei der Durchführung der Prüfung definiert.
- Durch die Anforderungen an die Berichterstattung herrscht weitreichende Transparenz über die Inhalte und das Vorgehen der Prüfung. Wird bei herkömmlichen IT-Prüfungen in der Regel nur das Resultat mit einer übergreifenden Einschätzung kommuniziert, werden bei Prüfungen nach SAS 70 Standard alle wesentlichen Informationen zur Prüfung veröffentlicht (z. B. Prüfverfahren, Resultate, zeitliche Gültigkeit der Ergebnisse).

Im Folgenden werden die Eigenschaften und eine praxisorientierte Vorgehensweise bei einer Prüfung nach dem SAS 70 Standard an einem Beispiel vorgestellt. Im Anschluss werden Anwendung, Nutzen und Verwertbarkeit einer solchen Prüfung insbesondere bei Outsourcing beschrieben.

Ein praxisorientiertes Vorgehensmodell zur Durchführung einer SAS 70-Prüfung besteht aus mehreren Phasen:

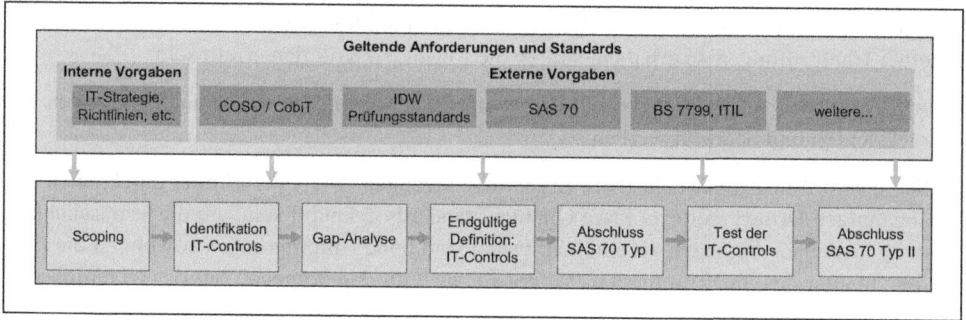

Quelle: PwC
Abbildung IV-46: *Vorgehensmodell SAS 70-Prüfung*

Die Phasen „Scoping" bis „Abschluss SAS 70 Report Type I" werden sowohl für einen SAS 70 Report Type I als auch für einen SAS 70 Report Type II benötigt. Bei einem SAS 70 Report Type II folgt zusätzlich die Phase „Test of Controls", bevor die Prüfung mit einem SAS 70 Report Type II abgeschlossen werden kann. Auch wenn ein SAS 70 Report Type I für verlässliche Informationen und Transparenz über das Design der Controls verwendet werden kann - ausreichende Kontrollierbarkeit und Sicherheit über die tatsächliche Funktionsfähigkeit der Controls wird erst mit einem SAS 70 Report Type II erreicht.

Basis einer Prüfung nach SAS 70 Standard sollte ein Betriebsmodell sein (vgl. Abschnitt V.2), in dem die IT-Prozesse unter anderem mit den notwendigen Controls zur Einhaltung regulatorischer und innerbetrieblicher Anforderungen verknüpft werden. Damit dient es als Bindeglied zwischen den IT-Prozessen, den bestehenden Risiken und den erforderlichen Controls.

■ **Phase 1: Scoping**

Ziel der Scoping-Phase ist die Schaffung eines Verständnisses über

- o das IT-Umfeld (Organisation, Verantwortlichkeiten, Rollen),
- o die wesentlichen Komponenten der IT-Landschaft (Applikationen, IT-Systeme und IT-Infrastruktur),
- o die beteiligten IT-Service Provider (interne, externe) sowie
- o die Geschäftstätigkeit sowie die Anforderungen der Kunden an die IT als Basis für die spätere Beurteilung der Angemessenheit der Controls.

Die Informationssammlung in dieser Phase basiert im Wesentlichen auf einer Auswertung von Dokumentationen, Projekt- und Prozessbeschreibungen. Besonderes Augenmerk ist dabei auf die Vereinbarungen zur Geschäftstätigkeit zwischen dem IT-Bereich als Dienstleister und den Kunden als Leistungsempfänger zu legen.

Die Ergebnisse dieser Phase werden in einem Scoping-Dokument festgehalten.

Phase 2: Identifikation der Controls

Ziel in dieser Phase ist es, ein Verständnis über die unternehmensspezifischen IT-Prozesse und Kontrollen zu gewinnen.

Für eine SAS 70-Zertifizierung sollten in der Regel alle wesentlichen IT-Prozesse (z. B. Betriebs- und Support-Prozesse) als auch prozessunabhängige IT-Bereiche (z. B. Company Level Controls) betrachtet werden.

Um dieses Ziel zu erreichen, werden die in der Phase „Scoping" identifizierten IT-Prozesse auf Risiken untersucht und mit den erforderlichen Controls verknüpft. Ergebnis sind die einer SAS 70-Prüfung zugrunde zulegenden und zu zertifizierenden unternehmensspezifischen IT-Prozesse und Kontrollen.

Phase 3: Abweichungsanalysen

Im Rahmen von Abweichungsanalysen wird festgestellt, ob die IT-Prozesse und Kontrollen vollständig und angemessen in den einzelnen Organisationseinheiten umgesetzt sind.

Das Ergebnis stellt zunächst einen konkreten Maßnahmenkatalog gemäß durchgeführter Abweichungsanalyse für die noch umzusetzenden Controls dar. Dieser Dokumentationsstand kann bereits als Entwurf für einen SAS 70 Type I Report genutzt werden.

Phase 4: Endgültige Definition der Controls

In dieser Phase werden zunächst die Controls überarbeitet und abschließend je Prozessvariante dokumentiert. Dieses Dokument dient als Grundlage für die anschließende Beurteilung der so genannten „Design Effectiveness" für einen SAS 70 Report Type I. Ferner werden die Kontrolldokumentationen Grundlage für mögliche Kontrolltests und die spätere Beurteilung der so genannten Operating Effectiveness für einen SAS 70 Report Type II darstellen.

Phase 5: Abschluss SAS 70 Type I

Die Abschlussphase endet mit der Auslieferung eines SAS 70 Report Type I mit einer Beurteilung der definierten Kontrollen im Hinblick auf die Kontrollziele sowie deren Eignung zur Minimierung der Risiken.

Phase 6: Test der Controls

Ziel dieser Phase ist eine Aussage über die tatsächliche Funktionsfähigkeit der Kontrollen in den zu prüfenden Bereichen. Es erfolgt ein Test der Kontrollen, ob sie mit hinreichender Effektivität funktionieren, um die entsprechenden Kontrollziele in einer bestimmten Zeitperiode zu erreichen und die identifizierten Risiken minimieren.

Das Ergebnis ist ein Katalog über die Funktionsfähigkeit der einzelnen Controls.

Phase 7: Abschluss SAS 70 Type II

Die Abschlussphase endet mit einem SAS 70 Report Type II, der eine Beurteilung über die Funktionsfähigkeit der Controls enthält. Neben der Beschreibung der Kontrollen und deren Kontrollziele und der Stellungnahme des Wirtschaftsprüfers enthält der Bericht eine Beschreibung der Testverfahren und -ergebnisse inklusive Wirksamkeit sowie eine zusammenfassende Beurteilung über das Erreichen der übergeordneten Kontrollziele.

Nutzung des SAS 70 Standards für Outsourcing

Die Nutzung einer externen Überprüfung nach SAS 70 Standard können grundsätzlich zwei Situationen unterschieden werden:

- Externe Überprüfungen bei Outsourcing: Bei dieser Variante wird die externe Überprüfung für diejenigen IT Governance-Aspekte, die ausgelagerte IT-Bereiche betreffen, genutzt.

- Externe Überprüfungen im Innenverhältnis: Die externe Überprüfung wird für selbstverantwortete IT Governance-Bereiche, zum Beispiel als Mittel der externen Qualitätssicherung, eingesetzt.

Im Folgenden wird ein Praxismodell zur Nutzung von externen Überprüfungen bei Outsourcing dargestellt. Vorgehensweise und Nutzen einer solchen externen Überprüfung im Innenverhältnis sind grundsätzlich vergleichbar, allerdings ergeben sich in der Regel weitere Erleichterungen hinsichtlich der formalen Anforderungen an die Prüfung und Berichterstattung.

Outsourcing von IT-Bereichen bedeutet aus IT Governance-Sicht insbesondere, dass die Steuerung des ausgelagerten Bereiches nicht mehr im direkten Zugriff des Managements liegt. Sowohl die Implementierung von IT Governance-Strukturen (z. B. ein Rahmenwerk für Ziel und Messgrößen) als auch die ständige Messung, die Überwachung und die Weiterentwicklung dieser Strukturen liegen zunächst außerhalb des eigenen Handlungsbereichs. Um eine umfassende IT Governance auch für die ausgelagerten Bereiche zu erreichen, müssen folgende Anforderungen erfüllt werden:

- Ausgelagerte Steuerungsgrößen (Metriken und Controls) müssen mit der gleichen Stringenz behandelt werden wie interne Steuerungsgrößen. Dazu muss das Management zum einen klare Vorgaben zu Art und Umfang der gewünschten Steuerungsgrößen auch für den Dienstleister definieren. Zum anderen müssen die tatsächlich implementierten Steuerungsgrößen in den ausgelagerten Bereichen jederzeit transparent sein.

- Weiterhin sind Informationen darüber wichtig, ob die implementierten IT Governance-Strukturen und Steuerungsgrößen bei dem Dienstleister dauerhaft in Betrieb sind und zu jedem Zeitpunkt funktionieren. Dazu muss das Management die Steuerungsgrößen genau wie im internen Verhältnis messen und überwachen können.

Die Anforderungen des Managements an die Messung von IT-Performance und Compliance bestehen demnach uneingeschränkt weiter, unabhängig davon, ob Steuerungsgrößen intern definiert sind oder ausgelagert sind. Das Messen, Berichten und Auswerten sowohl der Metriken als auch der Controls hat regelmäßig zu erfolgen.

Externe Überprüfungen sind überwiegend auf Controls fokussiert, was auch für Prüfungen nach SAS 70 Standard gilt. Metriken dagegen können in SLA's vereinbart werden. Eine optimale Verbindung zur ganzheitlichen Performance-Messung bei Outsourcing besteht daher in der Kombination von externen Überprüfungen und SLA's. Ein Modell zur Performance-Messung bei Outsourcing ist im Folgenden dargestellt:

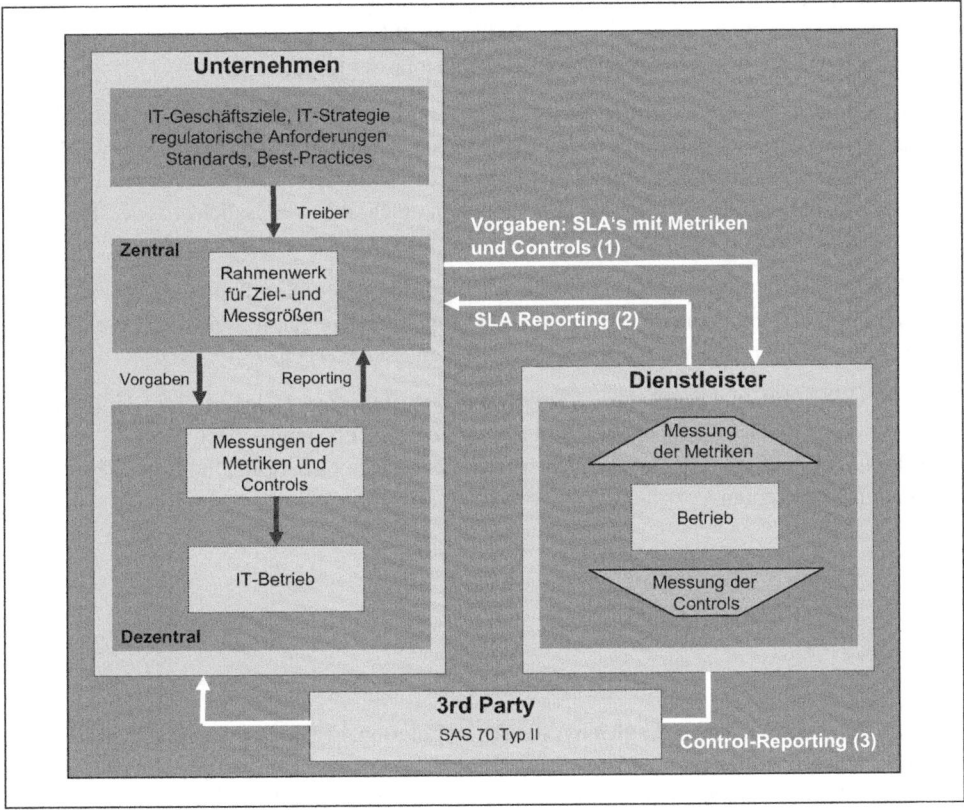

Quelle: PwC
Abbildung IV-47: *Performance-Messung bei Outsourcing*

Um die Überwachung des Outsourcings in die eigenen IT Governance-Strukturen einzubinden, werden zunächst Vorgaben benötigt, in denen die Anforderungen des Unternehmens an den Dienstleister beschrieben werden. Da nur mit einer klaren Definition der Anforderungen eine Integration ausgelagerter IT-Bereiche in die eigene IT Governance möglich ist, müssen die (ausgegliederten) IT-Services auf klar definierten SLA's basieren (siehe (1)).

Wesentlich aus Sicht von IT Governance ist dabei, dass die Vorgaben bezüglich der Steuerung an den Dienstleister entsprechend der in Abschnitt IV.5.2 beschriebenen Kategorisierung sowohl angemessene Leistungsziele als auch umfassende Kontrollziele enthalten. Zu den

Leistungszielen in den SLA's werden in der Regel direkte Metriken vorgegeben (z. B. durchschnittliche Verfügbarkeitsanforderungen). Die detaillierten Controls zur Erreichung der Kontrollziele können vom Dienstleister selbst definiert werden.

Für die in den SLA's definierten Leistungsziele muss ein regelmäßiges SLA-Reporting erfolgen. Indem der Dienstleister zeitnah berichtet, wie gut die Messergebnisse für Metriken sind, werden die vereinbarten Leistungsziele adressiert (siehe (2)). In der Praxis ergibt sich immer wieder die Fragestellung, inwieweit die gelieferten Zahlen in dem SLA-Reporting der Realität entsprechen. Die Antwort darauf findet sich im Controls-Reporting.

Das Reporting der Controls erfolgt über das Konzept der externen Überprüfung nach SAS 70 Standard. Zum einen kann hiermit die Compliance des Dienstleisters sichergestellt werden, in dem die Angemessenheit und Funktionsfähigkeit der Controls (für die vorgegebenen Kontrollziele) sichergestellt wird. Zum anderen kann auch die Verlässlichkeit der im SLA-Reporting gelieferten Daten überprüft und bescheinigt werden (siehe (3)).

Das Zusammenspiel von SLA's und externen Überprüfungen ergibt damit eine optimale Einbindung unter IT Governance-Gesichtspunkten. Sowohl ausgelagerte Leistungsziele als auch Kontrollziele können transparent und verlässlich gemessen werden.

Externe Überprüfungen sind ein wesentlicher Baustein im Rahmen der Performance-Messung unter IT Governance. Wesentliche Vorteile von Prüfungen nach SAS 70 Standard sind die Flexibilität der Inhalte, die Transparenz, die nachweisbare Prüfungsqualität und die internationale Akzeptanz.

5.4 Verbesserung

Die von den verschiedenen Abgleichverfahren gelieferten Ergebnisse für die Metriken und Controls müssen aufbereitet und in einen sinnvollen Zusammenhang gestellt werden, um zielgerichtet analysiert werden zu können. Diese Aufbereitung erfolgt idealerweise entsprechend der individuellen Informationsanforderungen einzelner Empfängerkreise. So werden Entscheidungsträger auf verschiedenen Ebenen des Unternehmens in die Lage versetzt werden, Steuerungsentscheidungen zielgerichtet zu treffen.

Das bedeutet, dass auf der einen Seite Messergebnisse im Detail auf operativer Ebene dargestellt werden müssen, um zum Beispiel Prozesseigentümern die Entscheidung über detaillierte Verbesserungsmaßnahmen auf Basis einzelner IT-Prozesse zu ermöglichen. Aggregiert bieten sie auf der anderen Seite die Möglichkeit für das Management, die übergreifende Zielerreichung zu messen und entsprechende Maßnahmen einzuleiten.

Die IT-Balanced Scorecard ist ein in der Praxis häufig anzutreffendes System für eine solche Verdichtung der Ergebnisse. Dies gilt insbesondere, wenn schon bei der Operationalisierung der Ziele nicht allein auf die finanzielle Perspektive abgestellt wurde, sondern auch weitere

Sichten in den Fokus der Steuerung gerückt sind und ein kaskadierendes System von mehreren IT-Balanced Scorecards eingerichtet wurde. Die visuelle Darstellung der Ergebnisse von IT-Balanced Scorecards kann durch Dashboards (vgl. Abschnitt IV5.3.2) erfolgen.

Bei der Maßnahmendefinition nach erkannten Abweichungen von Vorgabewerten ist stets die Wirtschaftlichkeit der möglichen Steuerungsmaßnahmen zu beachten. Sollte sich im Rahmen der Abweichungsanalyse zeigen, dass ein Gegensteuern nur mit einem erheblichen finanziellen Mehraufwand erreichbar ist, dieser allerdings dazu führt, dass das übergeordnete Zielvorhaben unrentabel würde, kann die Steuerungsentscheidung auch darin bestehen, nicht die zielführende Maßnahme, sondern die Zielvorgabe zu hinterfragen. Dies gilt gleichermaßen, wenn beispielsweise eine Messung der Zielerreichung nicht wirtschaftlich möglich ist.

Aus diesen Gründen sollte sich die Maßnahmendefinition auf die folgenden Bereiche konzentrieren:

- Maßnahmen auf operativer Ebene: direkte Optimierungsmaßnahmen in den IT-Prozessen
- Maßnahmen auf Steuerungs-/Abgleichebene: Maßnahmen, die die Ableitung von Zielen, die Definition von Messgrößen oder die Durchführung von Abgleichen betreffen
- Maßnahmen auf Zielebene: Maßnahmen, die eine Korrektur der Ziele bis hin zu den Entscheidungen aus den Entscheidungsfeldern betreffen können.

5.5 Fazit

Steuerung unter IT Governance-Gesichtspunkten basiert auf bekannten und in der Praxis erprobten Maßnahmen und Systemen zur Unternehmenssteuerung.

Ausgehend von den Erwartungen des Business an die IT müssen die IT-Ziele abgeleitet und definiert werden. Auf den darunterliegenden Ebenen muss eine entsprechende Verknüpfung der IT-Ziele mit den IT-Prozessen vorgenommen werden und abgeleitet werden, welche Prozessziele erreicht werden müssen.

Der Abgleich von Zielen mit aktuellen Messergebnissen kann über verschiedene Arten erfolgen. Wichtig ist, dass die unterschiedlichen Konzepte des Abgleiches, die in den vorgehenden Kapiteln beschrieben sind, möglichst umfassend genutzt werden, um weitgehend vollständige, transparente und qualitätsgesicherte Ergebnisse zu erhalten. Bei IT-Outsourcing ist ein integriertes Steuerungskonzept, das Leistungsziele und Metriken sowie Kontrollziele und Controls umfasst, zwingend notwendig.

Die im Planungsprozess definierten Ziele und die Ergebnisse des Abgleichs sind im Reporting entsprechend der Informationsbedürfnisse des Adressaten aufzubereiten. Ergeben sich Abweichungen zwischen den geplanten Soll- und den tatsächlichen Istwerten sind diese zu analysieren und zu bewerten, um dadurch in der Lage zu sein, entsprechende Gegenmaßnahem zu definieren und umzusetzen. Die Wirksamkeit dieser Gegenmaßnahmen lässt sich wiederum über die vom Monitoring und Reporting gelieferten Ausprägungen der Steuerungsgrößen überwachen.

Die Fähigkeit zur Steuerung ist unmittelbar aus dem Grad der Implementierung eines geeigneten Modells und aus dessen Nachhaltigkeit abgeleitet. Die bereits vorgestellten internationalen Standards und Rahmenwerke eignen sich als Organisations- und Prozessrahmen, den es mit einem Steuerungskonzept auszufüllen gilt. Unabhängig vom jeweils zum Einsatz kommenden Steuerungsinstrument beziehungsweise -modell schließt die Steuerungsfunktion den Kreislauf aus Planung, Umsetzung, Monitoring und Reporting.

Die Wahl des Steuerungsinstruments für die IT darf dabei nicht isoliert erfolgen, sondern muss mit den zur Steuerung des Gesamtunternehmens verwendeten Methoden abgestimmt werden. Die Steuerung der Unternehmens-IT mit Hilfe einer IT-Balanced Scorecard ist demnach am wirkungsvollsten, wenn auch auf Ebene des Gesamtunternehmens mit einer Balanced Scorecard gesteuert wird.

IV. Ausgestaltung des IT Governance-Frameworks

CIO-Checkbox:
1. Wurde aus den Entscheidungsfeldern ein zur Steuerung der IT geeignetes Rahmenwerk für Ziele und Messgrößen entwickelt und dokumentiert?
   - Sind IT-Ziele aus der Sicht der Geschäftsführung und des IT-Managements definiert und in Beziehung gesetzt?
   - Sind hieraus Zielvorgaben für die IT-Prozesse abgeleitet?

2. Sind quantitative und qualitative Steuerungsgrößen zur Messung der Zielerreichung festgelegt?
   - Formulierung konkreter und einfacher Messgrößen durch Metriken und Controls
   - Gewährleistung der internen Vergleichbarkeit und externen Prüfbarkeit

3. Sind Messverfahren eingerichtet und miteinander kombiniert?
   - Werden Reifegrad-Modelle oder Benchmarking zur Standortbestimmung genutzt?
   - Werden die Ergebnisse aus internen Leistungsmessungen mit den Ergebnissen aus externen Überprüfungen abgeglichen?

4. Werden bei Outsourcing-Situationen Instrumente wie SAS 70 Reports zur Gewährleistung der Qualität der Leistungserbringung durch Dritte verwendet?

V. IT-Produktion

1. Projekte

Zielsetzung:	Projekte überführen Entscheidungen des IT-Managements in den operativen IT-Regelbetrieb. Ein wesentlicher Aspekt ist dabei die Ausrichtung der Projektaktivitäten an der Realisierung des geplanten Nutzens.
Positionierung:	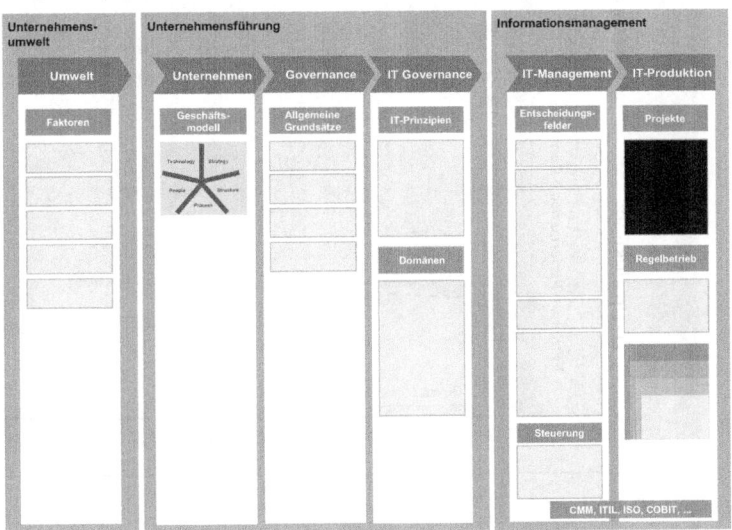
Voraussetzung:	Abschnitt IV.4.3 (Investition und Priorisierung)
Ergebnis:	Bedeutung der Wertorientierung ist herausgearbeitet

1.1 Organisation von Projekten

In Abschnitt IV.4.3 wurde beschrieben, wie ein Portfolio an IT-Projekten definiert und zusammengestellt werden kann. Gegenstand dieses Kapitels ist, aufzuzeigen, welche Wirkungszusammenhänge bei der Realisierung des Projektportfolios und dessen Überführung in den IT-Betrieb im Rahmen des IT Governance-Frameworks gelten.

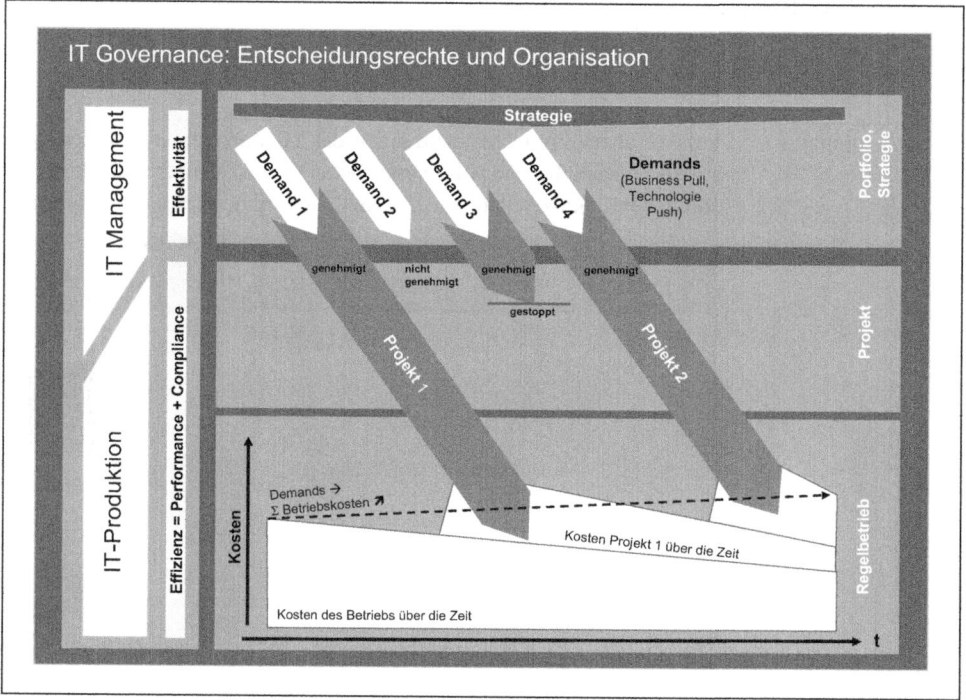

Quelle: PwC
Abbildung V-1: *IT-Investitionsentscheidungen und IT-Betrieb*

Der Bedarf zur Änderung von Prozessen einschließlich der sie unterstützenden IT kann zwei Auslöser haben: In den meisten Fällen kommen Anforderungen für Änderungen aus dem Fachbereich außerhalb der IT. Diese werden getrieben durch den Markt, durch neue Geschäftsideen oder durch regulatorische Vorgaben des Fachbereichs (Business Pull). Betrachtet man IT auch als Träger von Innovation, kann diese ebenfalls entsprechende Bedarfe auslösen. Dies ist dann der Fall, wenn die IT durch den Einsatz neuer Technologien Geschäftsprozesse nachhaltig verändert oder neue Geschäftsprozesse erst ermöglicht (Technology Push). Hierbei gilt aber auch stets: Die Fachabteilung entscheidet über die Nutzung neuer Technologien. Diese Anforderungen oder Bedarfe werden als „Demands" bezeichnet. Damit wird zum Ausdruck gebracht, dass es sich hier um eine Nachfrage nach Veränderung der bestehenden Unternehmensstrukturen handelt. Ein Demand muss durch die initiierende Einheit des Unternehmens im Sinne der Anforderungen des Portfoliomanagements ausgeprägt werden. Dazu gehört, dass mit der Beschreibung des Business Cases der Nutzen explizit nachgewiesen und kommuniziert wird. Aufgabe des Managements ist, die einzelnen Demands gegeneinander abzuwägen und zu entscheiden, welche im Rahmen des Projektportfolios realisiert werden sollen. Hierbei handelt es sich um die Beantwortung der Frage nach der Effektivität.

Sind die erforderlichen Entscheidungen gefällt, geht es letztlich nur noch um deren Umsetzung, die in Form von Projekten erfolgt. Hier findet der Übergang von Effektivitäts- zu Effizienz-Aspekten statt! Die Umsetzung erfolgt auf Basis klassischer Projektmanagement-Methoden. Die in die IT hineinwirkenden Änderungen lassen sich dabei gut über Prozesse steuern, wie sie zum Beispiel ITIL über das Change Management definiert.

Ein Aspekt soll dennoch hervorgehoben werden, da er häufig keine oder nicht genug Berücksichtigung findet: Bei der konkreten Projektarbeit findet das Design von Prozessen häufig unter dem Primat der Performance statt, das heißt: Der Prozess soll schnell durchlaufen werden und darf wenig kosten. Compliance-Aspekte werden dabei meist ausgeblendet, weil sie als Bremse verstanden werden und der risikominimierende Charakter nicht hinreichend gewichtet wird. Die Berücksichtigung der gängigen Compliance-Anforderungen hilft aber, die Risiken zu eliminieren beziehungsweise zu kontrollieren, Prozesse dadurch sicherer zu machen und im Ergebnis auch schneller, da Fehler nicht beseitigt und eingetretene Schäden nicht behoben werden müssen.

Projekte führen nach erfolgreichem Abschluss zu einer Überführung der Prozesse und der IT in den Betrieb. Sie verändern dadurch die IT-Betriebssituation. Betriebskosten steigen durch die Betreuung neuer oder erweiterter Infrastruktur, zusätzliche Ressourcen müssen eingesetzt werden. Die operative IT-Führung muss dafür Sorge tragen, dass die getroffenen Entscheidungen dauerhaft effizient umgesetzt werden. Die Kosten, die hier im IT-Betrieb entstehen, sind in letzter Instanz aber lediglich eine aus der Entscheidung zum Projekt abgeleitete Größe. Folglich trägt im Sinne der IT Governance der IT-Betrieb auch nicht die Verantwortung dafür, dass die Kosten in der IT anfallen. Verantwortlich im Sinne des (IT) Governance-Frameworks ist das über die Prozesse und damit die IT-Nutzung entscheidende Management. In den meisten Fällen wird heute der Nutzen neuer oder geänderter Prozesse in Form höherer Umsätze oder niedrigerer Personalkosten auf Seiten der Fachabteilungen anfallen, die Kosten entstehen jedoch im IT-Betrieb und werden im Laufe der Zeit vom entstehenden Nutzen abgekoppelt.

Damit durch eine derartige Sichtweise nicht dauerhaft verzerrte Entscheidungen entstehen, ist es wichtig, bereits bei der Entscheidungsfindung und der Projektarbeit den Nutzen in den Vordergrund zu stellen und nachhaltig zu verfolgen (Nutzen-Tracking). Hierbei handelt es sich nicht um ein Element des Investitionsmanagements, sondern um einen Governance-konformen Management-Ansatz: Derjenige, der Sachverhalte gestaltet und entscheidet, trägt die entsprechende Verantwortung für Kosten und Nutzen.

Konsequenterweise sollte der Projektowner, oft auch Projektsponsor genannt, derjenige sein, der den Nutzen aus dem Projekt zieht. Dies ist normalerweise der Fachbereich und nicht der IT-Bereich. Um den Regel- und Steuerkreis im Sinne der IT Governance zu schließen, sind die Kosten des Projekts dem Projektowner (=Nutznießer) über die (interne) Leistungsverrechnung zuzurechnen.

1.2 Nachhalten des geplanten Nutzens

Die nachfolgende Abbildung zeigt, wie der geplante Nutzen über den gesamten Prozess von der Entscheidungsvorbereitung über Projekte bis hin zum Betrieb erarbeitet und konsequent gemanaget werden kann.

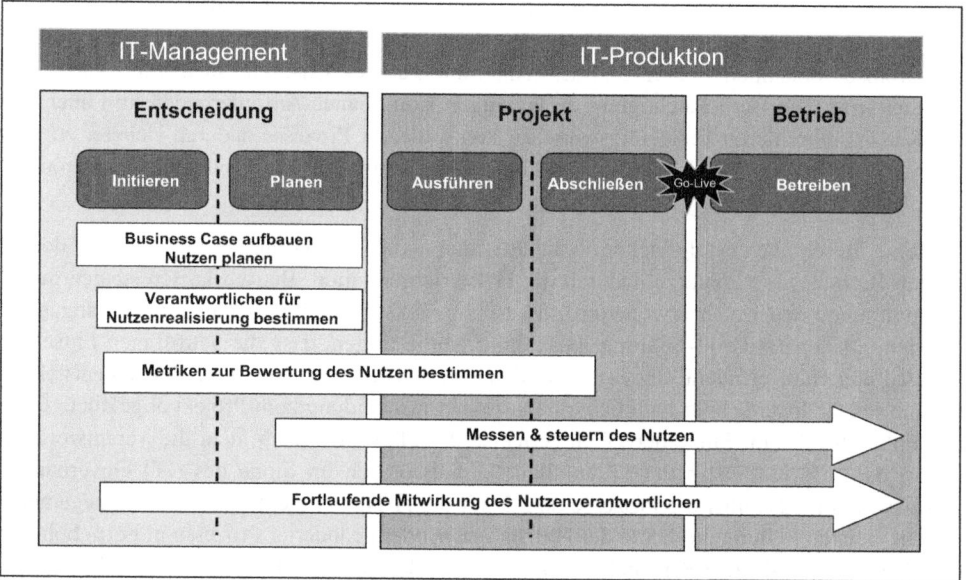

Quelle: PwC
Abbildung V-2: *Lebenszyklusorientiertes Nutzenmanagement*

Für die Entscheidungsfindung muss der erwartete Nutzen bereits geplant werden. Dazu gehört die Festlegung der Parameter, an denen er gemessen werden soll und wem er zuzurechnen ist. Der klassische „Prozessowner" wird zum „Nutzenowner". Er klammert die Fachbereichs- und IT-Seite unter dem Gesichtspunkt der Nutzenrealisierung. Er ist dafür verantwortlich, dass bereits im Projekt die Grundlagen für die volle Realisierung des Nutzens gelegt und später im Betrieb nachhaltig realisiert werden. Damit gewinnt die Phase der Entscheidungsvorbereitung eine extrem hohe Bedeutung. In klassischen Organisationskonzepten findet man noch eine Dreiteilung von Entscheidung, Projekt und Betrieb. Dieses Denkmodell, das dazu führt, dass – wie eingangs beschrieben – die Verantwortung für Kosten und Nutzen auseinanderfällt und häufig entkoppelt ist, wird durch eine nachhaltiges Wertemanagement ersetzt. Welche Bedeutung hat dies nun für IT-Projekte und den IT-Betrieb? Die strikte Trennung von Projekt und Betrieb bleibt zwar im Sinne eines Phasenmodells erhalten, bei konsequentem Einsatz von Best Practices à la ITIL sogar noch verstärkt. Neu ist, dass ein Lebenszyklus aufgebaut wird, der mit der Entscheidung beginnt und über das Projekt in den Betrieb überführt wird. Für diesen Lebenszyklus gibt es *eine* eindeutige Verantwortung, die Nutzenrealisierung mit einschließt. Projekte sind in diesem Kontext die Übersetzung von Managemententscheidungen in Betriebssituationen und damit das Bindeglied zwischen definierten Unternehmenszielen und dem Tagesgeschäft. Was im Detail im Rahmen von Projekten bei der „Übersetzung von Entscheidungen" operativ zu tun ist, muss auch nicht neu erfunden werden. Denn der bereits etablierte IT-Betrieb gibt eine operative Zielstruktur vor. Details hierzu sind im folgenden Kapitel zu finden.

CIO-Checkbox:

1. Wer ist für Projekte verantwortlich, die Geschäftsprozesse und IT tangieren?

2. Ist der spätere Prozessverantwortliche in angemessener Weise in das Projekt eingebunden?

3. Ist vor Beginn eines Projektes der erwartete Nutzen definiert?
   Ist definiert, woran die Erzielung des Nutzens gemessen werden soll?
   Wird der Nutzen während des Projektes und später im Betrieb (permanent) nachgehalten?

4. Sind Projekte oder Systeme oder Prozesse schon einmal aufgrund mangelnder Nutzenerreichung gestoppt worden?

2. Regelbetrieb

Zielsetzung:	Gestaltung der IT-Prozesse nach internationalen Standards und Best Practices unter Beachtung von Compliance-Anforderungen.
Positionierung:	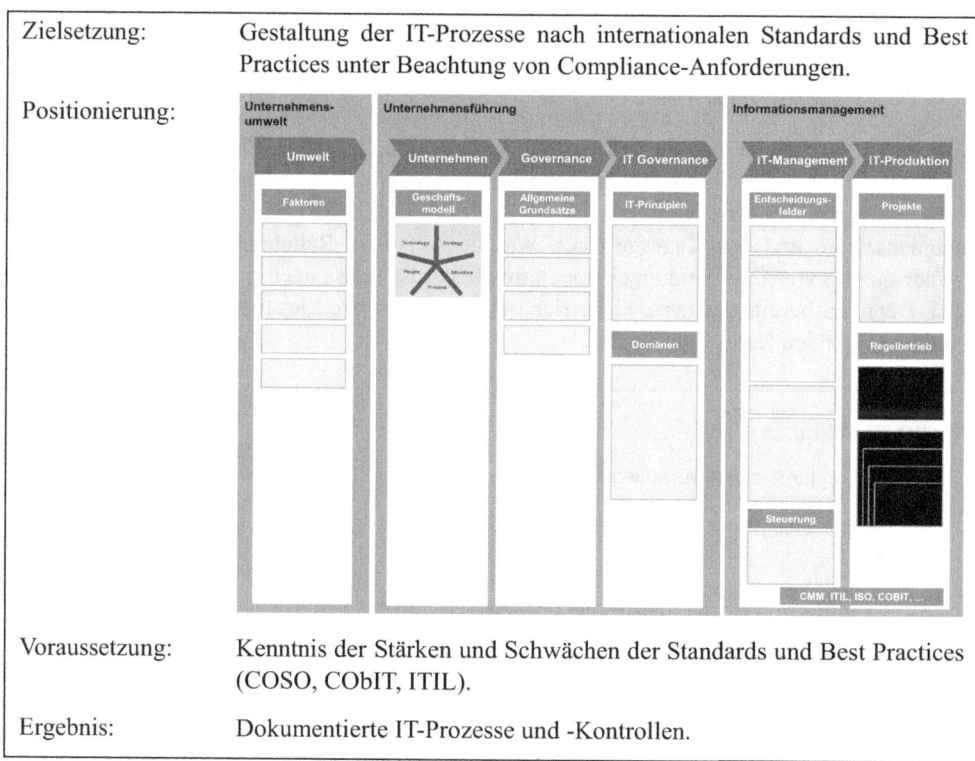
Voraussetzung:	Kenntnis der Stärken und Schwächen der Standards und Best Practices (COSO, CObIT, ITIL).
Ergebnis:	Dokumentierte IT-Prozesse und -Kontrollen.

Nach der Darstellung der für die IT Governance notwendigen Strukturen sowie der Entscheidungsfelder und der Steuerung folgt nun der Einstieg in den operativen Teil der IT Governance. Hier stellt sich die Frage, wie die IT nach den gegebenen Regeln und Randbedingungen zu arbeiten hat und wie sie kontrolliert werden kann.

Im Folgenden wird für den Regelbetrieb ein Betriebsmodell beschrieben, das gemäß seiner Spezifikation als „Interface" zwischen IT-Management und IT-Operating zu verstehen ist. Das bedeutet zum einen, dass das Betriebsmodell gemäß der innerhalb der Entscheidungsfelder getroffenen Rahmenbedingungen aufgebaut ist und zum anderen Möglichkeiten bietet, zum Zweck der Überwachung und Steuerung der IT kontinuierlich Informationen an das IT-Management zu liefern.

Es wird ferner ein Lösungsansatz vorgeschlagen, der als Kern des Betriebsmodells die Kombination von Standards und Best Practices zu einem integrierten Betriebsmodell enthält. In einem praxisnahen Beispiel wird die Kombination international bekannter und erprobter Standards und Best Practices vorgestellt, wobei die jeweiligen Stärken der einzelnen Standards und Best Practices besonders zur Geltung kommen.

Die gewählte Kombination der Standards und Best Practices ist als Vorschlag zu verstehen - eine solche Kombination ist grundsätzlich an die Unternehmensspezifika anzupassen. Unbenommen gilt jedoch, dass eine Kombination aus einzelnen Standards und Best Practices die beste Variante für die Umsetzung des Betriebsmodells ist.

2.1 Rahmenbedingungen

Das Betriebsmodell beschreibt die operative Umsetzung der festgelegten Rand- und Rahmenbedingungen im Sinne der IT Governance des Unternehmens. Dabei dient es in erster Linie dazu, den IT-Betrieb zu organisieren, den Mitarbeitern Handlungsanweisungen in Form von IT-Prozessen zu geben und Technologien zur Verfügung zu stellen, mit denen der IT-Betrieb sowie dessen Überwachung automatisiert beziehungsweise unterstützt wird.

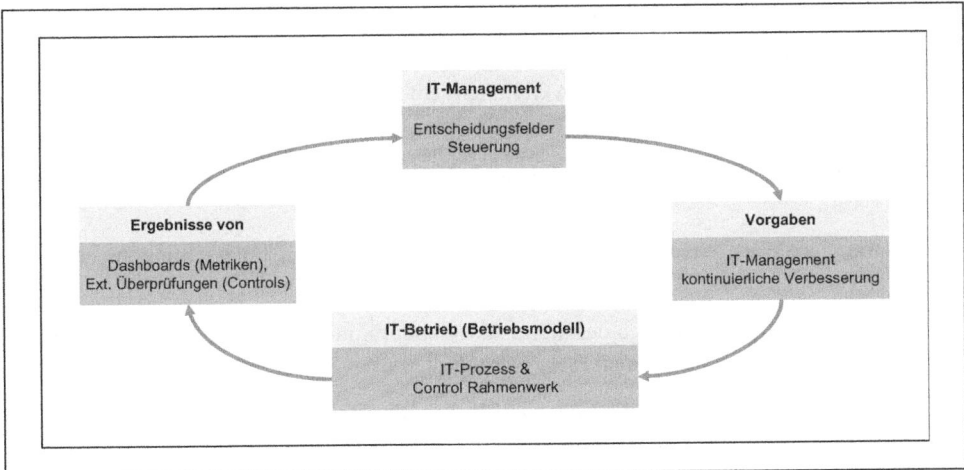

Quelle: PwC
Abbildung V-3: *Betriebsmodell zur Umsetzung von IT Governance*

Ausgangspunkt des Betriebsmodells ist das IT-Management, aus dem Vorgaben bezüglich der Entscheidungsfelder und der Steuerung kommen. Ferner stammen aus dem IT-Management die Impulse, die der kontinuierlichen Verbesserung des IT-Betriebs dienen. Die Ergebnisse aus internen Messungen (z. B. Dashboards) sowie externen Überprüfungen des IT-Betriebes werden zurück an das IT-Management gespiegelt. Sie dienen dort zur Messung der Zielerreichung sowie als Grundlage für die in den Entscheidungsfeldern zu treffenden Entscheidungen (inkl. kontinuierliche Verbesserung).

Das Betriebsmodell besteht aus sechs Bereichen und stellt sich schematisch wie folgt dar:

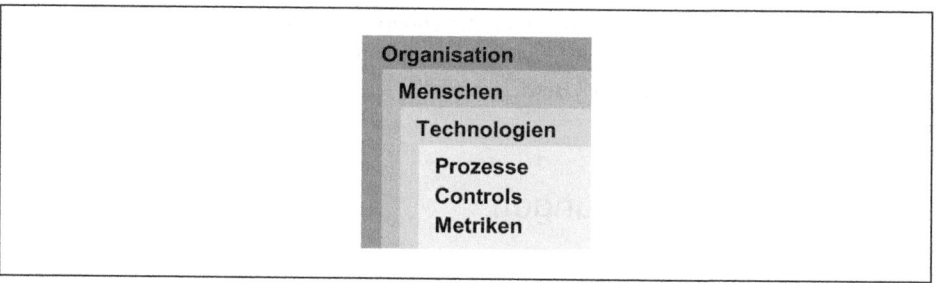

Quelle: PwC
Abbildung V-4: *Das Betriebsmodell*

Der Kern des Modells besteht aus den IT-Prozessen mit den Steuerungsgrößen Controls und Metriken. Diese können jedoch nur im Kontext mit der Organisation, den Rollen und Verantwortlichkeiten sowie den beteiligten Mitarbeitern wirksam sein. Ferner werden geeignete Technologien eingesetzt, die die IT-Leistungserbringung unterstützen und messbar machen:

- Rollen, Organisation: Organisation sowie die Rollen und Verantwortlichkeiten für die Durchführung einzelner (Prozess-) Aktivitäten, Überwachungsmaßnahmen und darauf basierender Entscheidungen.
- Menschen: Mitarbeiter, die das effektive und effiziente IT-Service Management sicherstellen.
- Technologien: Werkzeuge, die eingesetzt werden, um die IT-Leistungserbringung zu unterstützen (beispielsweise Workflow-Systeme).
- Prozesse: In zeitlicher Abfolge definierte Aktivitäten, mittels derer die IT-Services für die internen und externen Kunden erbracht werden.
- Controls: Die Mechanismen, die sicherstellen, dass die IT-Leistungserbringung den gesetzlichen und unternehmensspezifischen Anforderungen entspricht.
- Metriken: Die Indikatoren, mit denen gemessen und überwacht wird, ob die beteiligten Organisationen, Menschen, Technologien und Prozesse auch effizient funktionieren.

Die Ausgestaltung des Betriebsmodells wird durch das IT-Management (Entscheidungsfelder, Steuerung) vorgegeben.

Regelbetrieb

Entscheidungsfeld (Beispiel)		Rollen, Organisation	Menschen	Technologien	Prozesse	Controls	Metriken
		wesentliche Auswirkungen auf					
Service Management	Entscheidung, ITIL als Best Practices für IT-Prozesse einzusetzen	x			x		
Organisation	Entscheidung, welche Organisationseinheiten im Rechenzentrum zu etablieren sind	x	x				
IT-Security	Entscheidung, ein Inventar aller schützenswerten IT-Komponenten gemäß BS7799/ISO17799 aufzubauen					x	
Steuerung: Ziel							
	Erfassung sämtlicher Anrufe sowie deren Klassifizierung und Priorisierung über einen zentralen Service-Desk	x		x	x	x	
	Messung der Performance des IT-Supports mittels der Reports "Anzahl der eingehenden Requests pro Mitarbeiter" und "Erreichbarkeit des Service Desks (Telefon-Wartezeiten / Abbruchraten)"						x

Quelle: PwC
Abbildung V-5: *Betriebsmodells und IT-Management, Beispiel*

Die Beispiele verdeutlichen die Einflussnahme des IT-Managements durch die dort etablierten Entscheidungsfelder sowie die Steuerungsgrößen.

2.2 Design von Prozessen und Kontrollen

Der hier vorgestellte Lösungsansatz zur Gestaltung von IT-Prozessen kombiniert im Wesentlichen ITIL, CObIT und BS 7799/ISO 17799 zu einem integrierten Betriebsmodell. Im Vordergrund steht dabei die Sicherstellung der Verfügbarkeit, Vertraulichkeit und Integrität der Daten sowie die Effizienz und Effektivität der IT-Leistungserbringung.

Ziel dieses Ansatzes ist die Erstellung eines Betriebsmodells mit IT-Prozessen, die den Mitarbeitern klare Handlungsanweisungen geben und deren Performance mittels wohl definierter Metriken messbar gemacht werden, wobei geeignete Controls die Einhaltung regulatorischer und innerbetrieblicher Anforderungen sicherstellen. Es muss vorgesehen sein, die Controls über geeignete Testmechanismen regelmäßig auf ihre Wirksamkeit zu überprüfen.

Kombination von Standards und Best Practices

Es stellt sich zunächst die Frage nach den Stärken und Schwächen der verwendeten Standards und Best Practices sowie deren Einbettung in das oben vorgestellte Betriebsmodell:

Standard	Stärken und Schwächen		Betriebsmodell					
			Rollen, Organisation	Menschen	Technologien	Prozesse	Controls	Metriken
COBIT	Stärken	• ganzheitlicher Blick auf IT-Governance, • Katalog von Control-Objectives, • Vielzahl von Metriken.					x	x
	Schwächen	• Compliance- bzw. Control-View, • rudimentäre Prozessbeschreibung, • IT-Sicherheit schwach ausgeprägt, • akademisch - beispielsweise KPIs/ KGIs als mehrstufiges Indikatormodell.						
ITIL	Stärken	• umfangreiche Sicht auf erprobte Prozesse, • ausgeprägtes Funktions- / Rollenkonzept, • verbreitete Nomenklatur (eine Sprache), • pragmatisch umsetzbar - Erfahrungen liegen vor.	x	x		x		
	Schwächen	• lediglich Prozess- bzw. Business-View - Compliance nicht formuliert, • unvollständig, da nur Service-Erbringung, • IT-Sicherheit und Systementwicklungs-Prozess schwach ausgeprägt.						
BS7799	Stärken	• ganzheitliche Sicht auf IT-Sicherheit und Umsetzung (von Policy bis zu Controls).	x^{sec}			x^{sec}	x^{sec}	
	Schwächen	• nur IT-Sicherheit.						

x^{sec} betrifft nur IT-Sicherheit.

Quelle: PwC
Abbildung V-6: *Ausprägung der Standards und Best Practices*

Insgesamt ergeben sich bei der Betrachtung der Standards und Best Practices weder Widersprüche noch wesentliche Überlappungen. ITIL und CObIT decken einen großen Umfang des Betriebsmodells ab, sind aber im Bereich IT-Sicherheit unvollständig. Die notwendigen Grundlagen für IT-Sicherheit können jedoch BS7799/ISO17799 entnommen werden.

Der Bereich „Technologien" wird an dieser Stelle nicht betrachtet. Er wird im Abschnitt V.3 behandelt.

Aus den oben angeführten Stärken und Schwächen der einzelnen Standards folgt die Frage, wie ihre Kombination aussehen kann und welche ihrer jeweiligen Komponenten ausgewählt werden müssen, um Performance und Compliance gleichermaßen zu berücksichtigen. Insbesondere die Frage nach der Compliance kann von vielen Unternehmen nur bedingt beurteilt werden, da dort beim Design von IT-Prozessen die Frage der Effizienz der IT-Leistungserbringung – also der Performance – im Vordergrund steht.

Aufbau eines Betriebsmodells

Die Kombination der Standards und Best Practices dient dem Aufbau eines unternehmensspezifischen Betriebsmodells, in dem alle IT-Prozesse gleichermaßen betrachtet werden. Es ist zwingend notwendig, dass Fachbereiche und IT-Bereiche sich auf ein gemeinsames Rahmenwerk verständigen, damit am Ende die Geschäftsziele von allen Beteiligten verstanden und somit auch tatsächlich erreicht werden können.

Ausgangsbasis für das Rahmenwerk sind die Anforderungen, die das Unternehmen an seine IT stellt. Dabei ist auch hier grundsätzlich zwischen Performance- und Compliance-Anforderungen zu unterscheiden.

Beispiele für diese Anforderungen können sein:

- Performance
    - Anforderungen zur Steuerung und Messbarkeit der IT aus der IT Governance-Sicht,
    - Anforderungen der Kunden (formuliert in den SLAs),
    - Anforderungen aus der unternehmenseigenen IT-Strategie.
- Compliance
    - regulatorische Erfordernisse wie dem Sarbanes-Oxley Act oder den Stellungnahmen des Instituts der Wirtschaftsprüfer (IdW),
    - unternehmensspezifische Regeln und Policies wie beispielsweise bestehende Arbeitsanweisungen oder die IT-Sicherheitsrichtlinie (IT-Security Policy).

Es ist im Allgemeinen nicht möglich, die einzelnen Anforderungen eindeutig der Performance oder der Compliance zuzuordnen. Für das Design des Rahmenwerks ist dies aber auch unerheblich, da später ein und dieselbe Control oder Metrik als Nachweis sowohl für die Performance als auch für die Compliance dienen kann.

Insgesamt stellt sich der Lösungsansatz für die Gestaltung eines Betriebsmodells wie folgt dar:

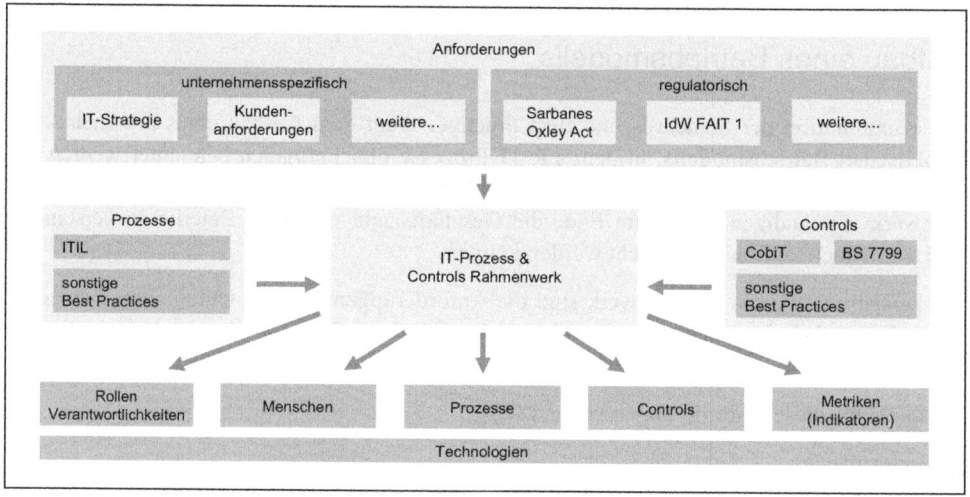

Quelle: PwC
Abbildung V-7: *Das Betriebsmodell*

Hat sich das Unternehmen einen Überblick über die Anforderungen verschafft und in einem Anforderungskatalog niedergelegt, gilt es nun, diese Anforderungen für die Spezifikation des Rahmenwerkes zu bündeln, durch Controls steuerbar und durch Metriken messbar zu machen. Dabei werden Prozesse gemäß ITIL dargestellt und die Controls aus den vorhandenen Rahmenwerken (CObIT, BS7799/ISO17799) entnommen.

Vorgehensweise

Ein unternehmensspezifisches Betriebsmodell kann vereinfacht wie folgt erstellt werden:

- Zunächst werden die geschäftlichen und regulatorischen Anforderungen identifiziert und katalogisiert. Dazu gehören auch die Anforderungen der Kunden.
- Mittels einer Prozesslandkarte werden die IT-Prozesse auf Basis der verwendeten IT-Standards und Best Practices (ITIL, BS7799/ISO17799) unternehmensspezifisch erstellt. Ferner werden die Rollen und Verantwortlichkeiten sowie die benötigte Organisation festgelegt.

Regelbetrieb

- Die auf Grund der identifizierten Anforderungen erforderlichen Controls (Compliance) und Metriken (Performance) werden auf Basis von Standards, insbesondere CObIT, mit den IT-Prozessen zu einem integrierten Betriebsmodell zusammengefügt.
- Das Betriebsmodell wird im Betrieb verankert.

2.3 Modellierung eines Prozess & Kontroll-Rahmenwerkes

Im Folgenden wird die Modellierung eines Betriebsmodells exemplarisch vorgestellt. Das Beispiel ist vereinfacht; es dient lediglich dazu, die Integration der verschiedenen Standards und Best Practices in einem Modell zu illustrieren. In der tatsächlichen Umsetzung sind erhebliche Detaillierungen erforderlich.

Die vorgestellten Elemente des Betriebsmodells bauen im Wesentlichen auf ITIL, BS7799/ISO17799 und CObIT 4.0 auf.

Elemente eines Betriebsmodells

Das Beispiel besteht aus acht Prozessen:

System Development Life Cycle	Durchführung von IT-Projekten zur Systementwicklung
Change Management	Änderung von Applikationen oder der IT-Infrastruktur
Configuration Management	Management der Konfiguration aller IT-Komponenten
IT-Operations	Relevante Verfahren für den IT-Betrieb: Datensicherung, Jobsteuerung, Monitoring
IT-Security Management	Sicherheit und Verfügbarkeit der IT-Komponenten und IT-Infrastruktur
Incident & Problem Management	Behandlung von Ereignissen und Beleuchtung ihrer Ursachen
Contract Management	Umgang mit Beauftragung Dritter für IT-Services
Service Management	Management der IT-Services, Kundenkontakt

Quelle: PwC
Abbildung V-8: *Beispielprozesse eines Betriebsmodells*

Modellierung der IT-Prozesse

Die IT-Prozesse können im Wesentlichen gemäß ITIL modelliert werden (vgl. Abbildung V-9):

System Development Life Cycle	Best Practice
Change Management	ITIL: Change Management, Release Management
Configuration Management	ITIL: Configuration Management
IT-Operations	Best Practice
IT-Security Management	Best Practice, angelehnt an BS7799
Incident & Problem Management	ITIL: Incident Management, Problem Management
Contract Management	ITIL: Service Level Management
Service Management	ITIL: Service Level Management

Quelle: PwC
Abbildung V-9: *Modellierung der IT-Prozesse*

Dabei können einzelne ITIL-Prozesse zu einem Prozess zusammengefasst werden, hier z. B. Incident & Problem Management und Change & Release Management. Es wurden insbesondere auch die in ITIL verwendeten Begrifflichkeiten sowie die vordefinierten Rollen und Verantwortlichkeiten übernommen.

Bei den drei nachfolgend genannten Prozessen werden auf Grund von immanenten ITIL-Schwächen Anpassungen bzw. ein Rückgriff auf andere Standards und Best Practices vorgenommen:

- **System Development Life Cycle**

  Der System Development Life Cycle ist in ITIL nicht enthalten. Allgemein üblichen Aktivitäten wären hier beispielsweise die Erstellung eines Lastenhefts/Pflichtenhefts, die Durchführung einer Risikoanalyse und die Durchführung eines Anwendertests.

- **IT Operations**

  Auch der Prozess IT-Operations hat keine Entsprechung in ITIL. Für die Compliance ist als Nachweis des ordnungsgemäßen Betriebs die Dokumentation der wesentlichen IT-Systeme erforderlich. Aus diesem Grund muss jedes wesentliche IT-System in einem Betriebskonzept (Operations Plan) beschrieben sein. Die Pflege des aktuellen Inhaltes dieses Betriebskonzepts sowie die kontinuierliche Überwachung der Übereinstimmung des Plans mit der Realität und den Kundenanforderungen sollten Inhalt des Prozesses sein. Modelliert werden müssen zumindest die Bereiche

  – Datensicherungsverfahren,
  – Job-Control beziehungsweise automatisierte Steuerung von Programmen,

Regelbetrieb

- Überwachung des Betriebs der jeweiligen IT-Systeme sowie
- Wiederanlauf nach Ausfällen.

■ **IT Security Management**

ITIL hat eine Schwäche beim IT-Security Management. Hier ist BS7799/ ISO 17799 vorzuziehen.

Modellierung der Controls und Metriken

Zunächst werden je Prozess in Anlehnung an CObIT Kontroll- und Leistungsziele erarbeitet. Durch diese Ziele sollen im Sinne der IT Governance erreicht werden:

■ Sicherstellung der Verfügbarkeit, Vertraulichkeit und Integrität der Daten

■ Messung der Effizienz und Effektivität der IT-Leistungserbringung mit dem Zweck der Zielüberwachung.

Darauf aufbauend werden die Controls und Metriken zur Zielerreichung modelliert. Hierbei sollte man sich an dem CObIT-Rahmenwerk orientieren. Für den dort schwach ausgeprägten IT-Security Management Prozess kann zusätzlich auf BS7799/ISO17799 zurückgegriffen werden. Controls und Metriken für ein Betriebsmodell lassen sich beispielhaft aus CObIT wie folgt ableiten:

Prozess	Referenz	Bezeichnung
System Development Life Cycle	AI1	Identify Automated Services
	AI2	Acquire and Maintain Application Software
	AI3	Acquire and Maintain Technology Infrastructure
	AI4	Enable Operation and Use
	AI5	Procure IT Services
	AI7	Install and Accredit Solutions and Changes
Change Management	AI2	Acquire and Maintain Application Software
	AI6	Manage Changes
	AI7	Install and Accredit Solutions and Changes
Configuration Management	DS9	Manage the Configuration
IT-Operations	DS11	Manage Data
	DS13	Manage Operations
IT-Security Management	DS4	Ensure Continuous Service
	DS5	Ensure Systems Security
	DS12	Manage the Physical Environment
	BS7799	
Incident & Problem Management	DS8	Manage Service Desk and Incidents
	DS10	Manage Problems
Contract Management	AI5	Procure IT Services
	DS2	Manage Third-Party Services
Service Management	DS1	Define and Manage Service Levels

Quelle: PwC
Abbildung V-10: *Ableitung von Controls und Metriken*

Die Controls werden den Anforderungen an einen IT-Betrieb unter IT Governance-Gesichtspunkten entsprechend definiert als Maßnahmen

- zur Erreichung der Kontrollziele und
- zur Minimierung der mit einzelnen Prozessen beziehungsweise Prozessaktivitäten verbundenen Risiken.

Die Metriken zur Messung der Performance messen die Zielerreichung auf den Ebenen

- Prozess/Prozessaktivität,
- IT und
- Business.

2.4 Präzisierung anhand des Change Management-Prozesses

Dieser Abschnitt stellt den Change Management-Prozess als vertiefendes Beispiel der integrierten Darstellung des Betriebsmodells vor. Dieser Prozess wurde ausgewählt, da er sich durch einen klaren Ablauf auszeichnet und gut aus den vorhandenen Standards ableiten lässt.

2.4.1 Ziel und Umfang des Prozesses

Der Change Management-Prozess umfasst die Initiierung, die Planung und die Durchführung von Änderungen an Applikationen und der IT-Infrastruktur.

Ziel des Prozesses ist die autorisierte und nachvollziehbare Änderung von Applikationen und der IT-Infrastruktur mit dem Zweck, Anforderungen der Fachbereiche gerecht zu werden, Störungen zu beseitigen und Fehler zu vermeiden.

Änderungsanforderungen, die auch als Request for Change (RfC) bezeichnet werden, können dabei aus unterschiedlichen Gründen ausgelöst werden:

- Anforderungen aus den Fachbereichen, beispielsweise eine Änderung eines Geschäftsprozesses, die wiederum eine Änderung der darunter liegenden Applikationen und IT-Infrastruktur erforderlich macht,
- Installation oder Upgrades von Komponenten der IT-Infrastruktur,

- Vorfälle aus dem „Incident & Problem Management-Prozess", die eine Änderung zur Beseitigung einer Störung erforderlich machen,
- Veränderte oder neue regulatorische oder gesetzliche Anforderungen.

Wesentliche Herausforderungen sind dabei

- die Vollständigkeit des Prozesses, d. h. alle Änderungen an Applikationen und der IT-Infrastruktur, sollten über den beschriebenen Change Management-Prozess abgewickelt werden,
- die Auswirkungsanalyse, d. h. die Änderung hat keine unerwünschten Nebeneffekte und
- die Freigabe der Änderung durch den Auftraggeber mit anschließendem Transfer aus der Testumgebung in die Produktion.

Der Change Management-Prozess wird in der Regel mittels ticketbasierter Workflowsysteme implementiert. Dabei wird zu Beginn des Prozesses ein Ticket eröffnet (Request for Change), das dann im weiteren Verlauf „abgearbeitet" und mit Informationen gefüllt wird. Nach Fertigstellung der Änderung oder Ablehnung der Änderungsanforderung wird das Ticket geschlossen. Alle Aktivitäten innerhalb des Ticketsystems werden dokumentiert und mit Datum, Zeit sowie mit dem Namen desjenigen versehen, der die Aktivität durchgeführt hat. Somit ist auch im Nachhinein die Historie der Änderungen nachvollziehbar.

2.4.2 Kontroll- und Prozessziele

Die Kontrollziele des Change Management-Prozesses lassen sich aus der CObIT Domäne „Acquire and Implement" ableiten. In den dort beschriebenen Sub-Domänen „AI2, Acquire and Maintain Application Software", „AI6, Manage Changes" und „AI7, Install and Accredit Solutions and Changes" findet man dazu Detailinformationen. Zusammengefasst können diese Kontrollziele wie in Abbildung V-11 dargestellt werden.

In den nachfolgenden Abschnitten wird auf diese Kontrollziele verwiesen. Zudem werden in der Folgedarstellung auch die Controls dargestellt, die die oben genannten Kontrollziele erfüllen und somit insgesamt sicherstellen, dass der Prozess wie vorgegeben funktioniert.

Neben den Kontrollzielen gibt es Prozessziele, die es gleichermaßen zu erfüllen gilt:

- Verringerung der Anzahl der negativen Auswirkung von Änderungen auf funktionierende Bestandteile der IT-Infrastruktur,
- Minimierung der Fehler durch unvollständige oder fehlerhafte Änderungsanforderungen und
- Verringerung der Bearbeitungs- und Durchlaufzeiten von Änderungen.

Insgesamt geht es um eine Erhöhung der Qualität der IT-Leistungserbringung. Die verwendeten Standards und Best Practices bieten Metriken an, die die Erreichung dieser Prozessziele messen.

#	Kontrollziele	COBIT-Ref.
1	**Change Management Verfahren** • Ein formales Change Management Verfahren ist definiert und im Einsatz. Es ist sichergestellt, dass alle Änderungsanforderungen mittels der definierten Verfahren abgewickelt werden. • Ein Verfahren zur Behandlung von Notfalländerungen ist definiert und im Einsatz.	AI6.1 AI6.3
2	**Änderungsanforderungen (Request for Changes)** • Alle Änderungsanforderungen werden gemäß ihrer Auswirkung eingeschätzt und priorisiert. • Der Status der Änderungsanforderungen und Änderungen wird nachgehalten und überwacht.	AI6.2 AI6.4, AI7.11
3	**Implementierung** • Details der Implementierung werden in der Design-Spezifikation festgehalten. • Die Implementierung von ausreichenden Kontrollen innerhalb der Applikation ist sichergestellt. • Die Implementierung erfolgt in Anlehnung an die Design-Spezifikation unter Verwendung der unternehmensspezifischen Implementierungsrichtlinien und Programmierstandards.	AI2.2 AI2.3, AI2.4 AI2.7
4	**Tests** • Es ist eine Testumgebung vorhanden, in der die Änderungen ohne Auswirkung auf produktive Bereiche von Mitarbeitern getestet werden. • Alle Änderungen werden von einer unabhängigen Stelle dahingehend getestet, ob die Erwartungen des jeweiligen Auftraggebers auch erfüllt werden.	AI7.4 AI7.6
5	**Freigabe und Transport** • Vor der Autorisierung wird ein finaler Akzeptanz-Test vom Auftraggeber durchgeführt. • Für den Transport der Änderung in die Produktion ist ein formales Verfahren definiert. • Vor der Übergabe in die Produktion werden alle Änderungen autorisiert. • Sofern nötig: Paketierung der Änderungen im Rahmen eines formalen Release Managements.	AI7.7 AI7.8 AI6.2 AI7.9
6	**Dokumentation** • Nach Abschluss der Änderungstätigkeiten ist auch die relevante technische und Benutzer Dokumentation aktualisiert. • Die ordnungsgemäße Verwendung des Change Management Verfahrens überwacht.	AI6.5, AI7.12 AI6.5, AI7.12

Quelle: PwC
Abbildung V-11: *Kontrollziele des Change Management-Prozesses*

2.4.3 Rollenkonzept

Das Rollenkonzept ist in ITIL ausgiebig beschrieben. Auf Grund der feststehenden Nomenklatur der Begrifflichkeiten werden im Folgenden absichtlich die englischen Namen der Rollen beibehalten.

Rolle	Beschreibung
Change Advisory Board (CAB)	Eine Gruppe Personen, die fachkundigen Rat zum Change Management und zu der Durchführung von Änderungen geben kann. Das Gremium besteht normalerweise aus Teilnehmern von IT und den Fachbereichen.
CAB Emergency Committee (CAB/EC)	Eine kleinere Organisation als CAB mit der Entscheidungsbefugnis, Notfalländerungen mit verkürzten Wegen autorisieren zu dürfen.
Change Manager	Verantwortlicher für den „Lebenszyklus" der Änderungsanforderung bzw. der Änderung.
Change Builder	Entwickler, der für die Umsetzung der Änderungsanforderung und für die Entwicklertests verantwortlich ist.
Customer (Dateneigentümer, Auftraggeber)	Empfänger des Services, der üblicherweise aus dem Fachbereich kommt und für den fachlichen Inhalt sowie die Kosten der Änderung verantwortlich ist.

Quelle: PwC
Abbildung V-12: *Rollenkonzept des Change Management-Prozesses*

2.4.4 Prozessaktivitäten

Die Prozessaktivitäten basieren auf den ITIL-Prozessen „Change Management" und „Release Management". Die Verbindung dieser beiden Prozesse wurde auf Grund ihrer engen Verzahnung und aus Vereinfachungsgründen gewählt.

Der Prozess kann in vier Phasen (Initiierung, Implementierung, Freigabe und Transport sowie Nacharbeiten) unterteilt werden.

In der Initiierung wird die vom Auftraggeber (Customer) formulierte Änderungsanforderung entgegengenommen und in dem Workflowsystem als Ticket eröffnet. Es folgt die Kategorisierung der Anforderung. Dabei werden verschiedene Typen „reguläre Änderung", „Standardänderung" und „Notfalländerung" unterschieden. Üblicherweise werden diese Typen in weitere unternehmensspezifische Untertypen unterteilt (bspw. Änderung an Netzwerkkomponenten, Änderung an rechnungslegungsrelevanten Applikationen,...). Zu beachten ist dabei die unterschiedliche Bedeutung der einzelnen Typen:

- **Reguläre Änderung**
  Der normale Fall ist eine reguläre Änderung, die eine individuelle Behandlung derÄnde-

rungsanforderung zum Inhalt hat und den Prozess mit den vorgesehenen Genehmigungen und Prozessaktivitäten durchläuft.

- **Standardänderung**
Eine Änderung, die keine wesentliche Veränderung von Applikationen oder der IT-Infrastruktur zur Folge hat, häufig erforderlich ist und nach einem festgelegten Standard (bspw. einer Checkliste) durchgeführt wird. Die Folge ist ein verkürzter Genehmigungsweg und üblicherweise eine deutliche Reduzierung der Implementierungsphase. Wichtig ist dabei die Vordefinition der möglichen Standardänderungen in Form eines Kataloges, der in der Regel als Auswahlmöglichkeit in den verwendeten Workflowsystemen implementiert ist. Typische Beispiele einer Standardänderung sind der Tausch einer Hardware-Komponente oder die Einrichtung von Benutzern.

- **Notfalländerungen**
In Notfällen muss aus Zeitgründen ohne vorab durchlaufene Genehmigungsschritte reagiert werden. Teilweise können zur Erhaltung der IT-Services auch direkte Änderungen der produktiven Applikationen notwendig sein. Notfalländerungen führen also zu einer schnellen Änderung von produktiven Systemen, erfordern jedoch nachträgliche Genehmigungsschritte sowie nachträgliche Dokumentation.

Darüber hinaus werden während der Initiierung die für die Änderungsanforderung notwendigen Verantwortlichkeiten sowie die Priorisierung festgelegt.

In der Phase Implementierung wird in Abhängigkeit vom zuvor festgelegten Änderungstyp eine Auswirkungsanalyse durchgeführt. Bei Standardänderungen ist dies zumeist nicht notwendig; in Notfällen bleibt üblicherweise keine Zeit, eine ausgiebige und dokumentierte Auswirkungsanalyse vorab zu erstellen. Nach der zeitlichen Einplanung der Änderung und der gegebenenfalls notwendigen Autorisierung wird die Änderung im Entwicklungssystem umgesetzt und Tests unterzogen, unter anderem dem Akzeptanztest durch den Auftraggeber. Für Standard- und Notfalländerungen sind auch hier üblicherweise verkürzte Verfahren im Einsatz.

Nach der formalen Freigabe wird die Änderung in die produktive Umgebung transportiert. Hier ist zu beachten, dass lediglich dokumentierte und formal freigegebene Änderungen transportiert werden dürfen. Im Falle von Störungen wird gegebenenfalls auf einen Notfallplan (auch als Back-Out oder Fallback bezeichnet) zurückgegriffen.

Bei Notfalländerungen werden erst nachträglich Genehmigungs- und Dokumentationsschritte angestoßen. Ansonsten werden Nacharbeiten durchgeführt, die korrekte Dokumentation der Änderung im Ticketsystem überprüft und das Ticket geschlossen. Zusätzlich kann mittels zufällig ausgewählter Reviews durch eine unabhängige Person die Effektivität des Prozesses regelmäßig überprüft werden. Beispielsweise kann das Workflowsystem zufallsbedingt einen zuvor definierten Prozentsatz aller abgeschlossenen Änderungen in eine Review-Phase überführen, in der dann die korrekte Durchführung der einzelnen Prozessaktivitäten von einer unabhängigen Person beurteilt und berichtet wird.

2.4.5 Metriken

Mit Hilfe von in CObIT definierten Metriken kann die Performance des Prozesses gemessen werden. Dabei wurden folgende Indikatoren gewählt, die bei richtiger Anwendung ein gutes Bild über die Effizienz des Prozesses liefern können:

- Anzahl der Änderungsanforderungen und Änderungen
    - je Änderungstyp (beispielsweise Standardänderung, reguläre Änderung, Notfalländerung),
    - je Änderungskategorie,
    - je Geschäftsbereich oder -einheit,
    - im Vergleich zu Vorperioden.
- Verhältnis von
    - akzeptierten zu abgewiesenen Änderungsanforderungen,
    - Notfalländerungen zu sonstigen Änderungen,
    - Standardänderungen zu regulären Änderungen.
- Durchlaufzeit und Aufwand von Änderungen, dargestellt nach
    - Änderungen an bestimmten Applikationen,
    - Änderungen an bestimmten IT-Infrastrukturkomponenten.
- Darstellung von Ausnahmen
    - Anzahl der Änderungsanforderungen und Änderungen, die nicht nach dem definierten Verfahren abgewickelt wurden (bspw. nicht formal aufgezeichnet oder autorisiert),
    - Rückstand bei der Bearbeitung der Änderungsanforderungen,
    - Nacharbeiten an Applikationen oder IT-Infrastrukturkomponenten auf Grund fehlerhafter Änderungsspezifikationen.

Im Rahmen der Umsetzung eines Betriebsmodells sind unternehmensspezifische Schwellenwerte zu definieren, deren Überschreitung zu einer besonderen Berichterstattung beziehungsweise Eskalation führen. Im Fokus sollten dabei grundsätzlich die Prozessziele stehen, deren Erreichung mit den Metriken und Schwellenwerten gemessen werden soll.

Neben den hier genannten Metriken sind auch in diesem Fall die individuellen Ansprüche des Unternehmens an den Change Management-Prozess zu formulieren. Dabei steht das Unternehmen vor der Frage, wie viele KPI sinnvoll behandelt werden können und welche KPI für eine effektive Steuerung überhaupt notwendig sind. Eine allgemeingültige Regel dafür gibt es nicht; je nach Anforderungen an die Steuerung der IT sind unterschiedlich viele Metriken zu definieren.

2.4.6 Integration der ausgewählten Standards und Best Practices

Die zentrale Aufgabe besteht in der Integration der oben angeführten Elemente Kontroll- und Prozessziele, Controls, Rollen und Verantwortlichkeiten, Prozessaktivitäten und Metriken in einem Modell.

Nahezu alle Aktivitäten des Prozesses beinhalten Risiken, die die ordnungsgemäße Abarbeitung des Prozesses gefährden. Zu den betreffenden Aktivitäten wurden deshalb Controls modelliert, die die spezifischen Risiken bei richtiger Verwendung minimieren und zusätzlich dazu dienen, die Kontrollziele des Prozesses nachweislich zu erreichen. Ferner wurden prozessübergreifende Risiken identifiziert, die mittels übergreifender – also von Prozessaktivitäten unabhängigen – Controls abgedeckt werden.

Im Folgenden wird der Prozess mit den Prozessaktivitäten, den Verantwortlichkeiten und den zugehörigen Controls dargestellt. Auf Grund des Wiedererkennungswertes in ITIL wurden auch hier die Rollen und die Bezeichnungen der Aktivitäten auf Englisch belassen.

Zunächst werden generelle Prozessrisiken aufgeführt, die nicht einzelnen Prozessaktivitäten zugeordnet, aber durch Controls minimiert werden können:

Risiko	Control	Ref.
Ohne formalen Change Management Prozess können Änderungen produktiver Applikationen und der IT-Infrastruktur ohne Genehmigung, Tests und Dokumentation sowie ohne Information an den verantwortlichen Dateneigentümer durchgeführt werden.	• Änderungen aller Applikationen und aller Komponenten der IT-Infrastruktur (Datenbanken, Betriebssysteme, Netzwerke, Hardware) werden von einem formalen Change Management Prozess abgedeckt.	1
Werden Applikationen direkt in der produktiven Umgebung geändert ist fraglich, ob nur formal freigegebene und getestete Änderungen durchgeführt werden. Das wiederum kann Fehler der Applikationen oder Verfügbarkeitsprobleme zur Folge haben.	• Es gibt unterschiedliche Umgebungen für Entwicklung, Test / Qualitätssicherung und Produktion.	5
Ein Mitarbeiter kann ohne das Wissen eines anderen - bspw. des verantwortlichen Dateneigentümer - Änderungen produktiver Applikationen durchführen und somit manipulieren. Ferner sind die formale Genehmigung (Vier-Augen-Prinzip) sowie die Durchführung angemessener Tests (Selbsttest) in Frage zu stellen.	• Funktionentrennung sollte durch logischen Zugriff erzwungen werden, bspw. • Entwickler haben keinen Zugriff auf die Transportsysteme in die Produktion. • Entwickler haben keinen (Schreib-) Zugriff auf die Produktion. • Mitarbeiter der Fachbereiche haben keinen Zugriff auf Entwicklungswerkzeuge.	5

Quelle: PwC
Abbildung V-13: *Übergreifende Prozessrisiken*

Nachfolgend werden die einzelnen Phasen des Prozesses beschrieben und die den einzelnen Prozessaktivitäten innewohnenden Risiken und Controls dargestellt. Ferner gibt es eine Referenz zu den oben dargestellten Kontrollzielen (1-6), die es mittels Controls zu erfüllen gilt.

Die Initiierungsphase:

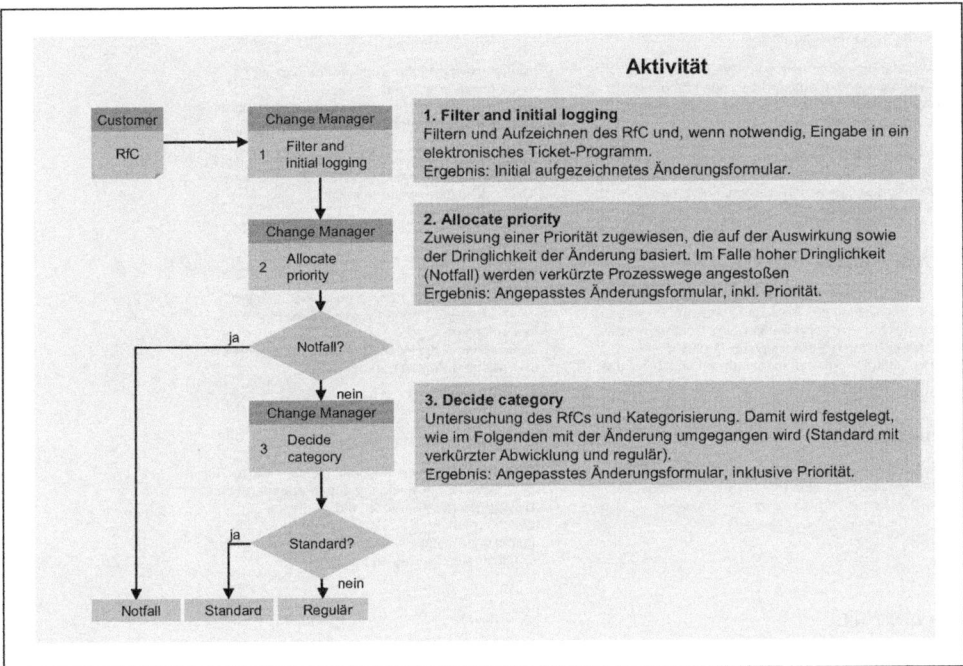

Quelle: PwC
Abbildung V-14: *CM – Initiierungsphase*

Zu den einzelnen Aktivitäten wurden Risiken identifiziert. Durch geeignete Controls werden diese minimiert:

1. Filter and initial logging		
Unvollständige oder nicht vom Dateneigentümer genehmigte Änderungsanforderungen führen dazu, dass Applikationen nicht mehr die geschäftlichen Anforderungen erfüllen.	• Eingabe der Änderungsanforderung in ein (elektronisches) Ticket. • Genehmigung der Änderungsanforderung durch den definierten Dateneigentümer.	2
Umfangreiche Entwicklungen oder Neueinführungen können über den Change Prozess nicht ausreichend kontrolliert und gesteuert werden. Folge sind Fehler bei der Implementierung.	• Umfangreiche Entwicklungen werden nach festen Regeln an den Prozess „System Development Life Cycle" (Projekte) weitergereicht.	2

2. Allocate priority		
Falscher Umgang mit der Priorität „Notfall" führt zu einer Verkürzung des Prozesses und zur Umgehung wesentlicher Prozessaktivitäten und Controls. Bspw. erhöht sich durch die lediglich im Nachhinein durchgeführten Auswirkungsanalysen und Tests das Risiko von Fehlern.	• Die Benutzung der Prioritäten ist klar definiert. • Die festgelegte Priorität wird im Ticket dokumentiert. • Insbesondere die Priorität „Notfall" wird gemäß den festgelegten Regeln benutzt.	1, 2

3. Decide category		
Die falsche Auswahl der Kategorie "Standard" bedeutet auch hier eine Verkürzung des Prozesses, u.a. die Umgehung von Tests und Freigaben.	• Die Benutzung der Kategorien ist klar definiert. Es gibt bspw. eine Katalog der Standardänderungen. • Die festgelegte Kategorie wird im Ticket dokumentiert. • Insbesondere die Priorität "Standard" wird gemäß den festgelegten Regeln benutzt.	2

Quelle: PwC
Abbildung V-15: *CM – Initiierungsphase, Risiken und Controls*

Regelbetrieb

Die Implementierung:

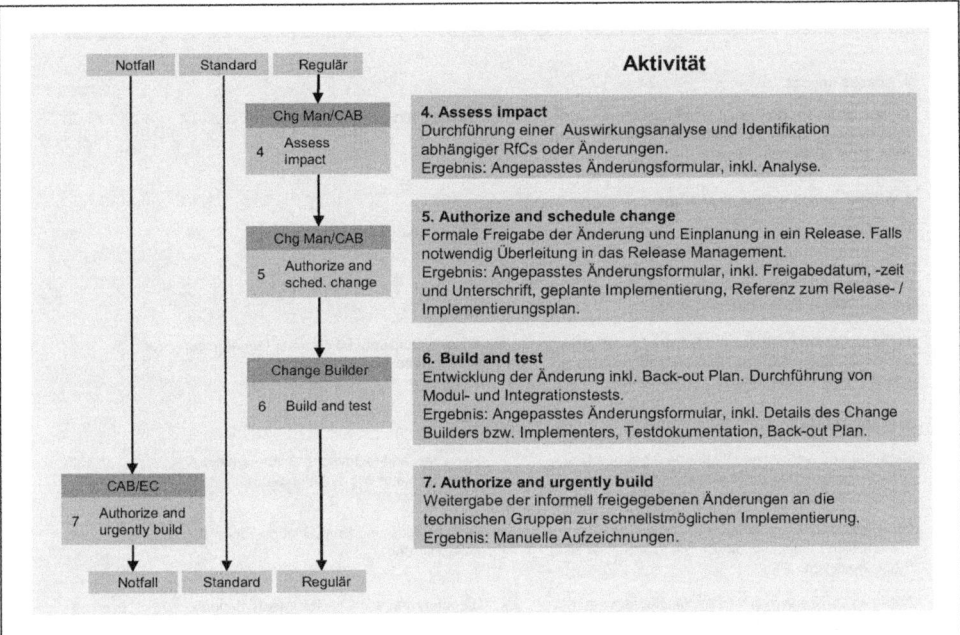

Quelle: PwC
Abbildung V-16: *CM – Implementierung*

Zu den einzelnen Aktivitäten wurden Risiken identifiziert. Durch geeignete Controls werden diese minimiert:

	Risiken	Controls	
4. Assess impact			
	Änderungen von komplexen IT-Infrastrukturen oder Applikationen haben unerwünschte Seiteneffekte auf nicht direkt betroffene Bereiche.	• Durchführung einer Auswirkungsanalyse.	2
5. Authorize and schedule change			
	Komplexe Änderungen beeinflussen sich gegenseitig und haben ohne geeignete Kommunikation unerwünschte Seiteneffekte zur Folge. Ein und dieselbe Person kann ohne Kontrolle durch eine weitere Person Änderungen initiieren.	• Autorisierung der Änderung von CAB.	2
	Fehlende Kostenkontrolle und Genehmigung durch den Auftraggeber führt zu Missverständnissen bzgl. des Umfanges und Charakter der Änderung.	• Kostenschätzung mit formaler Genehmigung des Auftraggebers	1
6. Build and test			
	Benutzer und technische IT-Mitarbeiter gehen falsch mit dem System um. Die Weiterentwicklung der Applikationen ist fraglich (Investitionsschutz).	• Benutzer- und technische Dokumentation • Trainingspläne und Schulungen	3,6
	Die Entwickler programmieren unstrukturiert und uneinheitlich („quick and dirty"). Die Wartbarkeit ist in Frage zu stellen.	• Programmier- und Entwicklungsstandards • Versionierung	3
	Auftreten von Fehlern in den Applikationen oder Verfügbarkeitsprobleme.	• Durchführung von Entwicklertests (Modul- und Integrationstests)	4
7. Authorize and urgently build			
	Komplexe Änderungen beeinflussen sich gegenseitig und haben ohne geeignete Kommunikation unerwünschte Seiteneffekte zur Folge. Ein und dieselbe Person kann ohne Kontrolle durch eine weitere Person Änderungen initiieren.	• Notfalländerungen werden von einem Mitglied des CAB/EC autorisiert	4

Quelle: PwC
Abbildung V-17: *CM – Implementierung, Risiken und Controls*

Freigabe und Test:

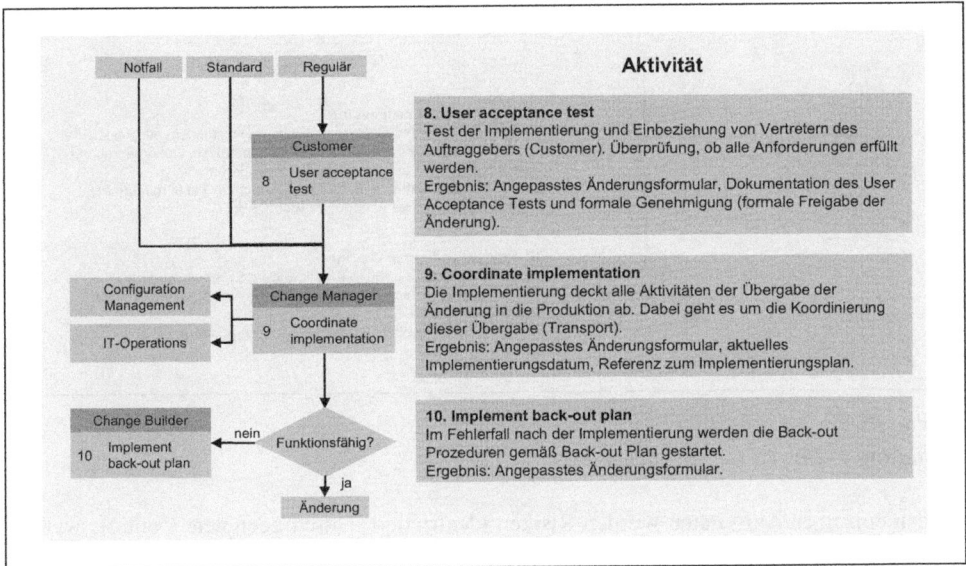

Quelle: PwC
Abbildung V-18: *CM – Freigabe und Test*

Zu den einzelnen Aktivitäten wurden Risiken identifiziert. Durch geeignete Controls werden diese minimiert:

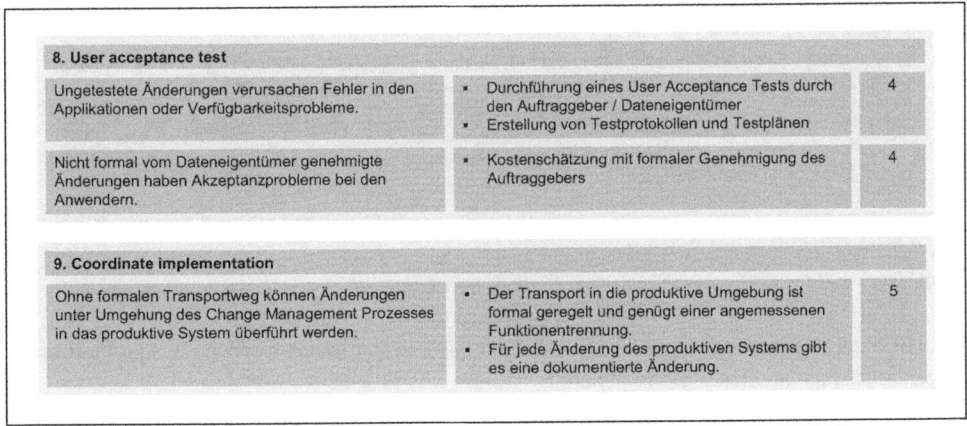

Quelle: PwC
Abbildung V-19: *CM – Freigabe und Test, Risiken und Controls*

Nacharbeiten:

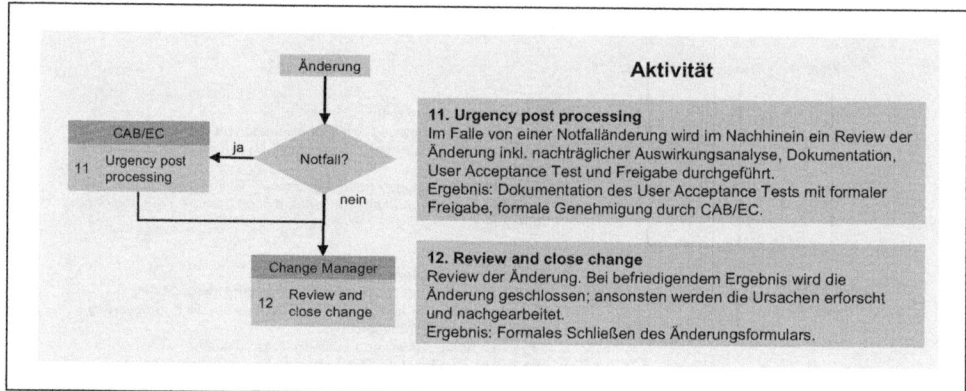

Quelle: PwC
Abbildung V-20: CM – Nacharbeiten

Zu den einzelnen Aktivitäten wurden Risiken identifiziert. Durch geeignete Controls werden diese minimiert:

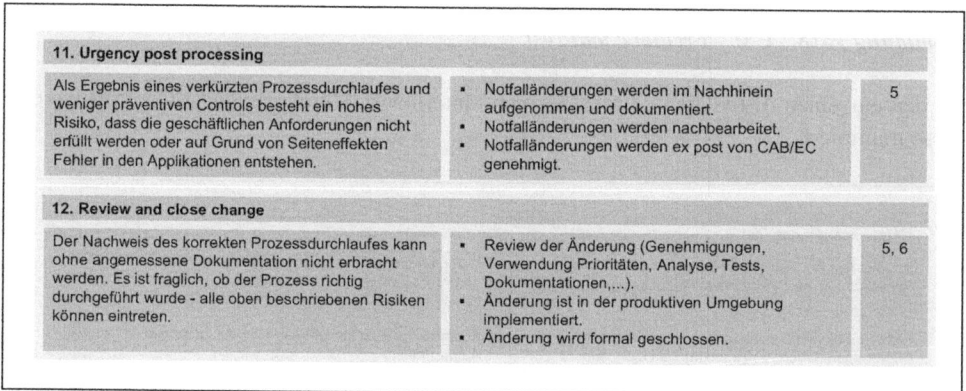

Quelle: PwC
Abbildung V-21: CM – Nacharbeiten, Risiken und Controls

Mit Hilfe der definierten Metriken können auch Risiken minimiert werden. Beispielhaft seien folgende Risiken an dieser Stelle genannt:

Risiko	Control / Metrik	Ref.
Änderungen, die nicht in einer angemessenen Zeit umgesetzt wurden, können dazu führen, dass die geschäftlichen Anforderungen zu einem Stichtag nicht erfüllt werden. Folge können schwerwiegende Fehler in produktiven Applikationen sein.	• Die Durchlaufzeiten der Änderungen (Initiierung, Implementierung, Freigabe und Test, Nacharbeiten) ist angemessen.	2
Auf Grund der Verkürzung des Prozesses bei Notfalländerungen besteht ein hohes Risiko, den geschäftlichen Anforderungen nicht zu genügen oder Fehler wegen unerkannter Seiteneffekte zu verursachen. Notfalländerungen sollten demnach nur in tatsächlichen Notfallsituationen durchgeführt werden.	• Die Anzahl der Notfalländerungen im Verhältnis der Grundgesamtheit der Änderungen ist nachvollziehbar.	1,2

Quelle: PwC
Abbildung V-22: *Prozessrisiken*

2.5 Fazit

Das Betriebsmodell einer IT-Organisation unter IT Governance-Aspekten sollte neben den operativen IT-Prozessen, Rollen und Verantwortlichkeiten auch Steuerungsmechanismen wie Controls und Metriken enthalten. Das Betriebsmodell sollte dabei die Stärken der verfügbaren Standards und Best Practices nutzen und so integrieren, dass zum einen die Compliance mit regulatorischen Anforderungen adressiert und zum anderen die Messung der Performance der IT und die Zielerreichung in Bezug auf die geschäftlichen Anforderungen sichergestellt ist. Ein solches Betriebsmodell zeichnet sich durch folgende Merkmale aus:

- Kombination einzelner international anerkannter Standards und Best Practices (ITIL, BS7799, CObIT)
- Integration der IT-Prozesse, der für die Compliance notwendigen Controls und der zur Messung der Performance und Zielerreichung benötigten Metriken in einem Modell
- Stärkung der operativen Seite der IT Governance.

Gelingt dem Unternehmen die Integration der vorgestellten steuernden Elemente in die operativen IT-Prozesse, kann sowohl die Effizienz als auch Compliance der produktiven IT ohne wesentlichen Mehraufwand gemessen werden. Anhand der Messergebnisse hat das Unternehmen deutlich mehr Transparenz über seine IT und die Möglichkeit, den kontinuierlichen Verbesserungsprozess anzustoßen. Damit kann die IT nachhaltig optimiert werden.

Aufgrund der Transparenz und der kontinuierlichen Verbesserung ist zu erwarten, dass sich die so geschaffene Prozesslandschaft auch mittel- und langfristig in der Balance zwischen den sich ständig ändernden Bedürfnissen der Kunden der IT und der Wirtschaftlichkeit befindet.

CIO-Checkbox:

1. Verschaffen Sie sich einen Überblick über Ihre operativen IT-Prozesse
   - Sind Ihre IT-Prozesse dokumentiert? Sind die wesentlichen IT-Prozesse berücksichtigt?
   - Folgen Ihre IT-Prozesse internationalen Standards oder Best Practices, bspw. ITIL?
   - Welche Workflow-Tools sind im Einsatz?

2. Harmonisieren Sie Ihre IT-Prozesse und ziehen Sie Synergien
   - Sind die IT-Prozesse harmonisiert? Oder sind die gleichen Prozesse in verschiedenen IT-Organisationen unterschiedlich ausgeprägt?
   - Wie messen Sie die Effizienz Ihrer IT-Prozesse? Welche Metriken - KPIs - sind definiert?
   - Welche Folgerungen ziehen Sie aus den KPIs? Wie verbessern Sie Ihre Prozesse?

3. Stellen Sie sicher, dass die IT-Prozesse auch tatsächlich gelebt werden
   - Sind in Ihren IT-Prozessen Controls integriert, mittels derer die Wirksamkeit der IT-Prozesse sichergestellt werden kann?
   - Wird regelmäßig überprüft, ob die Mitarbeiter die IT-Prozesse auch tatsächlich benutzen und vor allem richtig anwenden?
   - Verwenden Sie zentrale und verbindliche Workflow-Tools, in denen die IT-Prozesse implementiert sind?
   - Wie vermitteln Sie Ihren Mitarbeitern die IT-Prozesse und was der einzelne zu tun hat?

4. Verbessern Sie Ihre IT-Prozesse
   - Wird regelmäßig überprüft, ob die IT-Prozesse den Kundenanforderungen sowie den gesetzlichen Regelungen entsprechen?
   - Werden die IT-Prozesse daraufhin angepasst und verändert? Gibt es dafür eine zentrale Verantwortllichkeit?

3. Softwareunterstützung für die Steuerung der IT

3.1 Einleitung

Im vorangegangenen Kapitel ist beschrieben worden, wie durch ein Steuerungskonzept das nachhaltige Funktionieren eines IT Governance-Frameworks sichergestellt wird. Ein solches Steuerungskonzept kann in Software abgebildet werden, die den Zustand und die Entwicklung der IT mit allen relevanten Parametern umfassend und transparent darstellt. Sie liefert Daten für die Steuerung des Betriebs und das Treffen von Entscheidungen. In diesem Kontext ist in der jüngeren Vergangenheit in der einschlägigen Fachpresse häufig der Begriff des „ERP-Systems für die IT" verwendet worden. Damit sind Softwaresysteme gemeint, die für das IT-Management, für IT-Projekte und den IT-Betrieb als einheitliche, übergreifende Softwaresysteme eingesetzt werden. Man könnte auch von „Software zur transparenten Dokumentation und Unterstützung aller relevanten Prozesse und Sachverhalte innerhalb des IT Governance-Frameworks" sprechen. Die Praxis zeigt, dass solche ERP-Systeme für die IT nicht existieren. Es sind aber Gruppen von Lösungen vorhanden, die – entsprechend kombiniert – den Anforderungen an eine Software für die Steuerung der IT entsprechen. Gegenstand dieses Kapitels ist nicht, die einzelnen vorhandenen Tools zu besprechen und bewerten, sondern aufzuzeigen, wie diese grundsätzlich in ein IT Governace-Frameworks zur Steuerungsunterstützung eingebettet werden können.

Software zur Steuerung der IT muss stets drei Hauptfunktionen bedienen:

1. Die IT muss dokumentiert sein; das heißt, dass die Daten zur IT umfassend, vollständig und aktuell sein müssen.
2. Die Software soll die IT-Prozesse unterstützen. Die Ergebnisse müssen dokumentiert werden.
3. Eine transparente Darstellung der Daten und Prozesse für beziehungsweise über die jeweilige Ebene des IT Governance-Frameworks (Bereitstellung von Steuerungsinformationen) muss möglich sein.

Für die Ebenen des IT Governance-Frameworks führt eine Ausprägung dieser Funktionen zu unterschiedlichen Aufgaben und Regelungstiefen, die wiederum in Anforderungen an die einzusetzende Software übersetzt werden. Im Folgenden wird gezeigt, wie die Softwarelandschaft zur IT-Steuerung konzipiert werden kann. In der Praxis hat sich gezeigt, dass

- die Definition des IT Governance-Frameworks stets top down durchgeführt wird, während
- der Berichtsfluss stets bottom up erfolgt.

Die Unternehmensführung definiert die IT Governance. Das Management prägt diese durch Entscheidungen und die Definition detaillierterer Normen aus, entscheidet und macht Vorgaben für deren operative Umsetzung. Dazu gehört auch die Definition dessen, was aus der jeweils untergeordneten Ebene im Hinblick auf die Umsetzung und Einhaltung quasi im „Gegenstromverfahren" berichtet werden soll. Nachdem diese Rechte einmal – in der Regel auf der obersten Unternehmensebene – generisch festgelegt sind, besteht lediglich Berichtsbedarf darüber, ob die Entscheidungsrechte und die korrespondierenden Pflichten eingehalten werden. Folglich besteht auf der Ebene der IT Governance ein eigener Informations- und Steuerungsbedarf. Die Notwendigkeit für ein eigenes Berichts- und Steuerungssystem existiert nicht, da alle Informationen und Funktionen aus dem IT-Management geliefert werden. Auf der Ebene des IT-Betriebs liegt letztlich der feinste Granularitätsgrad an Dokumentations- und Steuerungsinformationen vor. Deshalb bedient sich das IT-Management der im IT-Betrieb generierten Informationen, die bei Bedarf durch Informationen aus eigenen Systemen angereichert werden.

3.2 Typisierung der Software zur Steuerung der IT

Da die Entwicklung von Software zur Steuerung der IT in den vergangenen Jahren sehr dynamisch war und es auch weiter bleiben wird, werden hier kurz Schwerpunkte skizziert:

- Die am weitesten verbreiteten Applikationen kommen aus dem Umfeld der klassischen Systemadministration und sind im Laufe der letzten Jahre um Funktionen angereichert worden, die ein Erzeugen einer transparenten Darstellung auch für das Management außerhalb der IT ermöglichen. Mit anderen Worten: Es sind mehr oder minder intelligente Berichtsysteme an die Systemmanagementtools gekoppelt worden. Häufig sind entsprechende Funktionen von den Herstellern dadurch „entwickelt" worden, dass ein Produkt eines kleineren Anbieters (samt Anbieter) aufgekauft und unter dem Namen des Systemmanagementproduktes zunächst vertrieben, zum Teil aber auch funktional integriert wurde.

- Aufgrund der stark gewachsen Bedeutung der IT für die Unternehmen und im Zusammenhang mir regulatorischen Anforderungen ist – relativ unabhängig von der Systemmanagementsoftware – eine Softwaregruppe entwickelt worden, die auf Managementreporting und auf die Unterstützung von Compliance-Strukturen (Dokumentation und Abdeckung von Prüfungsanforderungen beziehungsweise Prüfungsunterstützung) ausgerichtet ist.

Beide Typen von Software konvergieren. Betrachtet man die „IT Governance-Framework"-Tools, so bestehen Sie heute jeweils aus verschiedenen Modulen. Es ist fraglich, ob sich aus diesen Strömungen heraus ERP-Software für die IT entwickelt und durchsetzt. Dazu sind jeweiliger Ursprung und Einsatzbereich zu unterschiedlich. Eine solche Entwicklung ist aber auch nicht erforderlich, denn die vorhandenen Softwarelösungen lassen sich bereits heute in einer umfassenden, die IT-Steuerung unterstützenden Architektur zusammenführen.

Softwareunterstützung für die Steuerung der IT

Im operativen Bereich werden Systeme zur Steuerung des Betriebs und der Projekte eingesetzt. Die dort erzeugten Daten werden im Data Warehouse konsolidiert und für Steuerungs- und Entscheidungszwecke innerhalb des IT-Betriebs oder des IT-Managements aufbereitet. Sich aus der der Projektsituation und dem Betrieb ergebende Risiken werden über eine Risikomanagementsoftware abgebildet und gesteuert.

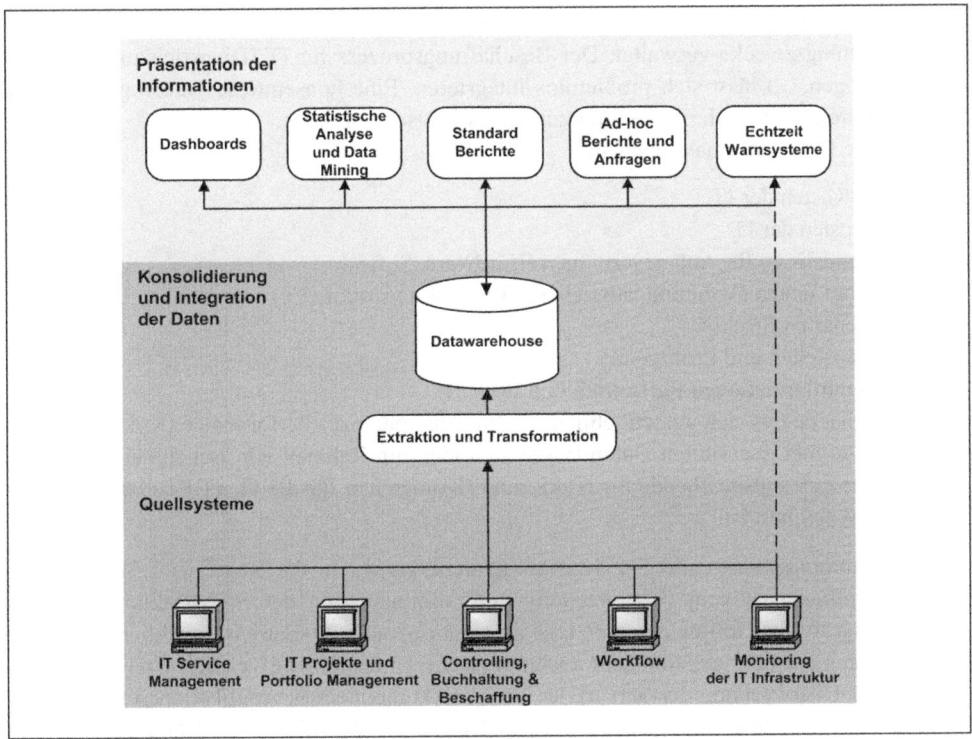

Quelle: PwC
Abbildung V-23: *Zusammenhang von Quellsystem und Informationsbedarf*

Strukturiert man die vorhandenen Lösungen, so gibt es 5 Einsatzbereiche, in denen Software – quasi als Quellsystem – für die Unterstützung der Steuerung eines IT Governance-Frameworks benötigt wird:

Rechnungswesen, Controlling und Beschaffung

- **Rechnungswesen, Controlling und Beschaffung:** Viele Unternehmen verfügen bereits über leistungsfähige Software für diese Aufgaben. In der Regel handelt es sich um klassische **ERP-Systeme** wie SAP. Hier können Budget und Ist-Kosten mit entsprechenden Reportingfunktionen sowohl für den klassischen Betrieb als auch für Projekte abgebildet werden. In dieser Software wird in der Regel auch das gesamte Anlagevermögen für Buchhaltungszwecke verwaltet. Der Beschaffungsprozess für IT (Dienstleistungen, Anlagevermögen, ...) lässt sich problemlos integrieren. Eine konsequente Nutzung für die IT schafft die erforderliche Transparenz in kaufmännischen Fragen.
Typische Detailinformationen sind:
    - Plan-Kosten der IT
    - Ist-Kosten der IT
    - Bestandslisten für Anlagevermögen (Hardware, Software)
    - Beschaffungen (Volumina ausstehend, Lieferantenstruktur ...)
    - Kostenarten-Struktur
    - Kostenstellen und Profitcenter
    - Kosteninformationen für Betrieb und Projekte.

    Hierbei handelt es sich ausschließlich um Informationen zur Performance (Kostenorientierung). Die hier generierten Daten lassen sich ideal im Rahmen von Benchmarks verwenden, falls eine entsprechende Strukturierung (Kontenplan für die IT, IT-Kostenstellen und Services) etabliert ist.

- **Systemmanagement- und Servicemanagementsystem:** In der Regel wird Software für das Systemmanagement (Überwachung und Administration der Infrastruktur und Software) und für die Hotline eingesetzt, so dass der operative IT-Betrieb einschließlich Servicemanagement über angemessene technologische Unterstützung verfügt. Hier wird Software zur Überwachung der Server, der Netzwerkkomponenten, Applikationen usw. eingesetzt. Wichtiges Instrument ist eine zentrale Datenbank über die vorhandene Hardware und Software mit den jeweiligen Entwicklungsstatus. Die vorhandenen Instrumente unterstützen meistens eine Abbildung beziehungsweise Implementierung von ITIL und CObIT. Im Fokus des Handelns steht der Status quo.
Typische Detailinformationen:
    - Aktueller Betriebszustand der Systeme
    - Verfügbarkeiten
    - Störungen (Ad hoc-Meldungen/Alarmsystem)
    - Anzahl der offen Calls bei einer Hotline/dem Service Desk
    - Call-Statistik
    - Angaben zu Logins mit Fehlversuchen
    - Statistiken zu erkannten und abgefangenen Viren
    - Anzahl der Client-PCs
    - Anzahl der installierten Softwarepakete
    - Uvm.

Neben Metriken in Form von quantitativen Informationen sind hier auch Informationen zur Compliance verfügbar.

- **Prozesse**: Insbesondere IT-Prozesse mit Genehmigungs- oder Überprüfungselementen, Veränderungsprozesse, Beschaffungsprozesse sollten über Workflows ausgeführt und damit auch gesteuert werden. Dies sichert nicht nur Geschwindigkeit und Transparenz, sondern hilft auch, dem Compliance-Gedanken Rechnung zu tragen und so die Effizienz in Prozessen zu sichern. Compliance und Performance sind in einer logischen Kette nicht immer deckungsgleich; umso wichtiger ist es, die Schnittmenge aus beiden Aspekten zu finden und möglichst groß zu gestalten, um Effizienz sicherstellen zu können. Hier gilt im Besonderen: Fehler und Risiken vermeiden spart Zeit und Geld.
  Typische Detailinformationen:
    – Wer hat für wen welche Berechtigung beauftragt?
    – Wer hat was freigegeben?
    – Bearbeitungsstatus eines Prozesses
    – Anzahl der Vorgänge
    – Dokumentation der Vorgänge
    – Usw.
  Hier gehen Informationen zur Performance einher mit der Sicherung der Compliance.

Diese Typen sind auf die Durchführung und Steuerung des Tagesbetriebs ausgerichtet. Die Palette reicht von mittlerweile durchaus etablierten Open Source-Tools bis hin zu professionellen, integrierten Systemmanagementlösungen. Das gilt für alle Ebenen und Elemente der IT-Infrastruktur (Applikationen, Betriebssystem, Hardware, Datensicherung und Netzwerk, ...) sowie für die IT-Sicherheit. Durch die Verbreitung eines businessorientierten Prozessgedankens, wie er zum Beispiel in ITIL vertreten wird, hat sich in den vergangenen Jahren der Blickwinkel auf die IT-Produktion verändert: Während Mitte der Neunziger noch ein einzelner Server betrachtet wurde, wird heute ein Service überwacht und gesteuert. Sämtliche Komponenten, die in die Bereitstellung des Services einfließen, werden quasi ganzheitlich gesehen. Damit hat sich auch die Anforderung an die Steuerungssystematik geändert. Aktuelle IT-Management-Systeme müssten stets aktuell über den Zustand des Services und dessen Entwicklung im Zeitablauf berichten und daher alle Komponenten integrieren. Der konsequente, kombinierte Einsatz der bisher beschriebenen Softwarelösungen ist die praxisnahe Antwort auf diese Anforderungen.

- **Projekt- und Portfoliomanagement, Ressourcemanagement**: IT ist durch Veränderung geprägt, vielleicht sogar definiert. Die meisten Änderungen von Prozessen und Organisationen innerhalb von Unternehmen werden in Form von Projekten durchgeführt. In der Regel ist die IT dabei immer beteiligt, ggf. führt sie eigene Projekte durch. Die Entwicklung des Unternehmens wird über Projekte gestaltet. Deshalb ist die Unterstützung des Projektlebenszyklus eine zentrale Komponente für die IT-Steuerung unter Governance-Gesichtspunkten. Die Summe der Projekte muss koordiniert abgearbeitet werden. Dabei muss ein entsprechendes Tool erlauben, die Realisierung des mit dem Projekt geplanten Nutzens schon innerhalb des Projektes zu verfolgen. An dieser Stelle fehlt es allerdings immer noch an hinreichender Unterstützung durch IT-Lösungen. Typische Detailinformationen:

- Status eines einzelnen Projektes
- Status der Meilensteine
- Ampelfunktion hinsichtlich Qualität, Zeit, Kosten
- Status des Projektportfolios
- Besondere Risiken im Rahmen von Projekten

Der Projektlebenszyklus beginnt mit dem Projektantrag. Die Idee für das Projekt wird beschrieben und bewertet. Dabei können neben den monetären auch qualitative Aspekte (z. B. Serviceverbesserung, kürzere Reaktionszeit) berücksichtigt werden – Kosten und Nutzen des Projektes sind so zu bewerten, dass später auch geprüft werden kann, ob diese Größen erreicht wurden. Entsprechend müssen in einer hier unterstützenden Software diese Sachverhalte abgebildet werden können. In der Regel wird aber nicht über jedes Projekt isoliert entschieden, vielmehr muss das gesamte Portfolio an Projekten (aktuell laufende und potenzielle Projekte) betrachtet werden. Dies ist notwendig, da für die verschiedenen Projekte knappe Ressourcen wie zum Beispiel Budgets, Entwickler und externe Experten benötigt werden. Genau in diesem Kontext ist ein effizientes Ressourcenmanagement vonnöten. Im Gegensatz zu Betriebssituationen, in denen die benötigten Ressourcen eher statischer Natur sind, erfordert die Steuerung der Ressourcen innerhalb einer Vielzahl von Projekten eine genaue Sicht auf die Verfügbarkeiten. Neben der Abbildung des Projektportfolios ist die Steuerung der Projekte von zentraler Bedeutung aus Sicht der IT Governance. Durch die Definition von Standardprojektplänen innerhalb eines Systems, die als Grundlage für neue Projekte genutzt werden können, wird eine Vergleichbarkeit des Projektvorgehens ermöglicht. Die Abbildung einer standardisierten, toolgestützten Projektmethodik, ist eine Möglichkeit, die Elemente des IT Governance-Frameworks zu etablieren. Hierdurch wird einerseits eine Vergleichbarkeit der Projekte erreicht. Andererseits wird aber auch eine Konsolidierung der Projektstatus auf Portfolio Ebene ermöglicht. So kann vergleichbar mit dem Leitstand in einem Flughafentower Status und Position der einzelnen Projekte an einer zentralen Stelle abgerufen werden. Durch die vollständige Abbildung des Projekt-Lebenszyklus in einem IT Governance-Tool kann sichergestellt werden, dass der wesentliche Treiber für Änderungen genau nach den in der IT Governance definierten Regeln genehmigt und durchgeführt wird. Defizite im Projektmanagement, die eher im methodischen Bereich und der konsequenten Nutzung von Methoden und Tools begründet sind, werden durch ein Softwaresystem allerdings eher selten behoben, es macht sie allenfalls transparenter!

- **Berichtssystem**: Während die ersten vier Typen der Sicht der IT-Produktion entsprechen, benötigt das IT-Management eine aggregierte Sicht auf die beschriebenen Aspekte, um Entscheidungen treffen zu können. Das ist ein klassisches Einsatzgebiet der Business Warehouse-Systeme. Sie können dazu dienen, die Daten aus den vier vorgenannten Gruppen aufzunehmen, zu konsolidieren und Stakeholderorientiert aufzubereiten.

Auf der Ebene des IT-Managements können die meisten Steuerungsinformationen aus der operativen Ebene gewonnen werden. Dabei sind zwei Typen von Fragen zu beantworten: Auf welcher Datenbasis sollen Entscheidungen getroffen werden? Arbeitet die IT effizient? Definierte Kennzahlen liefern entsprechenden Informationen. Ein Beispiel ist „Preis je GB Festplattenplatz p. a.". Hier werden Kosten auf die Ausbringungsmengen (GB) bezogen und damit das wertorientierte IT-Controlling mit der IT-Produktion zusammengeführt. Kennzahlen dieser Art sind im Übrigen für die IT-Steuerung und auch für Benchmarks deutlich besser geeignet als globale Kostenvergleiche à la „Kosten für das Speichersystem", da letztere überhaupt keinen Bezug haben zur Ausbringungsmenge der IT. Darstellungsformen sind typischerweise Dashboards oder Standardberichte. Es ist zwingend, dass Kennzahlen oder Metriken nicht nur einmalig, sondern periodisch berichtet werden, um die Entwicklung im Zeitablauf transparent darzustellen. Hier interessieren nicht mehr die einzelnen Services wie im IT-Betrieb, sondern aggregierte Werte, Durchschnittswerte und deren Entwicklung. Entsprechend ist für das IT-Management eine eigene Berichtsebene oder ein Berichtssystem hinreichend, in dem die vorhandenen Daten der vorgelagerten Systeme strukturiert zusammengefahren und berichtet werden können.

Betrachtet man diese fünf Kategorien, ist klar, dass es sich nicht um neue Software handelt, die es zur Unterstützung der IT-Steuerung braucht. Vielmehr ist eine konsequente Nutzung und Integration der beschriebenen Lösungen erforderlich. Allerdings bereitet die Integration in der Praxis meist Probleme: Die unterschiedlichen Softwarelösungen verwenden unterschiedliche Stammdatenstrukturen, die eine Zusammenführung der Informationen im einem Data Warehouse-System deutlich erschweren. Wenn man die Einführung beziehungsweise Verbesserung von Software im IT Governance-Framework plant, sollte das Stammdatenmanagement mit zur ersten Aufgabe und zentralem Aspekt der Bemühungen gemacht werden. Nur ein zentrales Stammdaten-Management erlaubt es, verschiedene Systeme strukturiert miteinander zu kombinieren.

3.3 Verknüpfung von Compliance und Performance

Die Anforderungen von Compliance und Performance scheinen an vielen Stellen im Widerspruch zueinander zu stehen. „Sicherheit kostet Performance". Zunächst einmal ist dies ein falscher Vergleich. Sicherheit kostet keine Performance; damit ist vielmehr die Vermeidung von Risiken gemeint, bei deren Eintritt ein Schaden für das Unternehmen entstünde. Unabhängig davon zeigt das folgende Beispiel, dass heute mit moderner IT sowohl Sicherheit und Compliance als auch Performance weitgehend synchronisiert werden können. Dies wird am Beispiel der Netzwerk- und Verzeichnisdienstberechtigung verdeutlicht:

Vorgang/ Sachverhalt	Compliance-Sicht: Controls	Performance-Sicht: Metriken
Zugang eines Mitarbeiters zu einem System ■ Vergabe des Accounts ■ Vorgabe und Mitteilung des Passworts	■ Wie wird die Einrichtung eines Mitarbeiter-Accounts initiiert? ■ Wer beauftragt dies? ■ Wie wird der Mitarbeiter über die Einrichtung informiert? Wie erhält er sein Passwort? ■ Wie ist sichergestellt, dass das Passwort bestimmten Konventionen genügt?	■ Wie wird die Einrichtung des Mitarbeiters schnellstmöglich abgewickelt? ■ Wie häufig kommen solche Vorgänge vor?
Mitarbeiter erhält Zugriff auf definierte Funktionen in diesem System	■ Gibt es einen Dateneigner? ■ Hat er eine Freigabe erteilt?	■ Wie wird die Beantragung und Freigabe der Berechtigungen schnellstmöglich abgewickelt? ■ Wie häufig kommen solche Vorgänge vor?
Ändern des Passwortes für das System (Mitarbeiter hat das Passwort vergessen)	■ Wie authentifiziert sich der Mitarbeiter? ■ Wie erhält er das neue Passwort? ■ Wie wird sichergestellt, dass es umgehend durch den Mitarbeiter geändert wird?	■ Wie wird die Einrichtung des Mitarbeiters schnellstmöglich abgewickelt? ■ Wie häufig kommen solche Vorgänge vor?
Jeweilige Messgröße	■ Vier-Augenprinzip ■ Einhaltung der Kompetenzen (Dateneigner)	■ Durchlaufzeit ■ Bearbeitungsschritte ■ Anzahl der Vorgänge

Quelle: PwC

Abbildung V-24: *Netzwerk-/Verzeichnisdienste (Performance und Compliance)*

Ein und derselbe Vorgang muss beim Prozessdesign stets aus den beiden Blickwinkeln Performance und Compliance betrachtet werden:

■ Aus Sicht der Compliance ist sicherzustellen, dass der Mitarbeiter seinen Account erhält, er auf die erforderlichen Daten zugreifen kann (und nicht auf andere) und kein Dritter unberechtigten Zugang über die vergebenen Berechtigungen erhält. Entsprechend ist ein Prozess aufzusetzen, der die Abläufe transparent macht, prüfbar ist und ein Vier-Augen-Prinzip – zum Beispiel bei der Genehmigung – berücksichtigt.
Motivation ist, Risiken durch falsche Authentifizierung oder Authentisierung zu minimieren.
Ziel ist, jeden einzelnen Vorgang korrekt durchzuführen, und dies auch kontrollierbar zu machen.

- Aus Sicht der Performance ist entscheidend, die genannten Vorgänge möglichst schnell und fehlerfrei abzuwickeln.
  Motivation ist, die Betriebskosten zu minimieren.
  Ziel ist, die Summe aller Vorgänge mit minimalem Aufwand durchzuführen.

Beide Aspekte lassen sich in einem einzigen Workflow-System realisieren, das Freigabestrategien enthält und alle Schritte dokumentiert. Über Freigabestrategien kann Compliance sichergestellt und durch das automatisierte Initiieren von Prozessschritten die Bearbeitung des Prozesses beschleunigt werden. Ist dieser Workflow noch mit der Software zur Administration der Netzwerk- und Verzeichnisdienste gekoppelt, wird dem Gedanken der Integration der einzelnen Softwarelösungen nutzbringend Rechnung getragen. Durch das Auswerten quantitativer Kenngrößen kann die Performance überwacht werden.

CIO-Checkbox:

1. Welche Systeme zur Steuerung der IT liegen vor? Sind die Leistungen und die Kosten der IT transparent?

2. Liegt eine über alle Ebenen durchgängige Berichtslogik vor?

3. Wie werden Projekte und IT-Betrieb miteinander abgestimmt?

4. Können ad hoc Zahlen/Berichte für einen Benchmark erstellt werden?

5. Sind die Stammdaten der IT (Hardware, Lizenzen) zentral gemanagt? Gibt es eine Art Master Data Management für die IT?

VI. Praxisbeispiele

1. IT Governance bei einem IT-Service-Provider im Konzernverbund

1.1 Kurzdarstellung des IT-Service-Providers

Bei dem Unternehmen handelt es sich um einen internen IT-Service-Provider, der Leistung an mehreren Standorten international erbringt. Wichtigstes Geschäftsfeld ist die Erbringung von IT-Dienstleistungen für die Gesellschaften im Konzern. Zu diesen Leistungen zählen:

- Festlegung und Entwicklung der IT-Strategie,
- Optimierung des IT-Einkaufes,
- Entwicklung von Anwendungssystemen,
- IT-Consulting und
- Betrieb von IT-Infrastrukturen (Netzwerke, Rechenzentren, ...).

Die Beziehung des Unternehmens als IT-Service-Provider zu den anderen Konzerngesellschaften stellt sich grob skizziert als eine „Demand-Supply-Organisation" dar. Dabei repräsentiert der IT-Service-Provider den „Supplier"; die anderen Konzerngesellschaften stellen als Kunden die so genannten „Demander" dar (vgl. Abbildung VI-1).

Art und Umfang der Dienstleistungserbringung ist grundsätzlich über Service Level Agreements (SLAs) geregelt. Insbesondere sind hier die gesellschaftsübergreifenden Prozesse

- Demand Management und
- Incident & Problem Management

zu nennen.

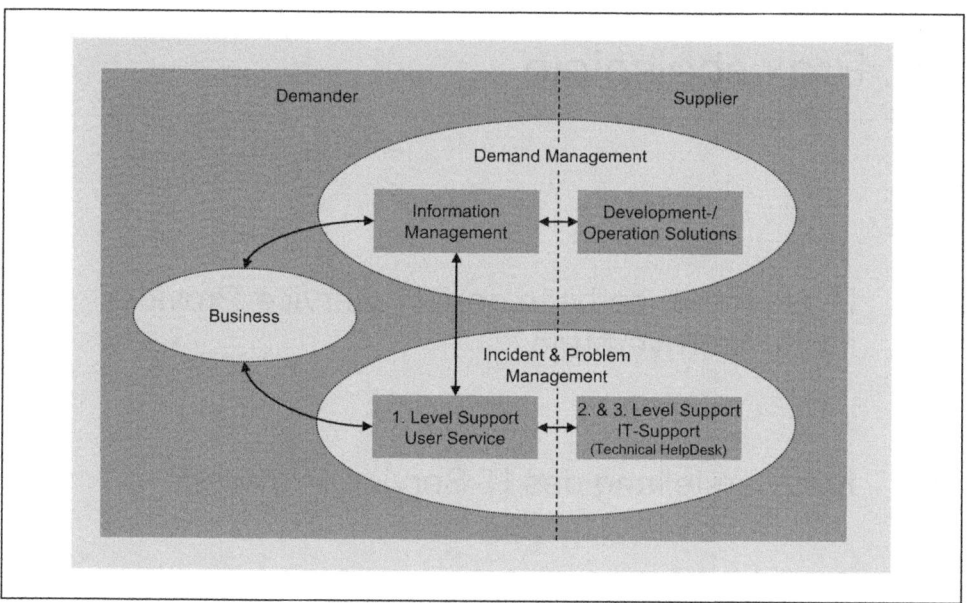

Quelle: PwC
Abbildung VI-1: *Demand-Supply-Organisation*

Beim Demand Management entwickelt beziehungsweise stellt der IT-Service-Provider Anwendungssysteme auf Anforderung (Demand) seiner Kunden bereit. Dabei enthält in dem Praxisbeispiel der Demand beziehungsweise das Übergabedokument an den IT-Service-Provider bereits eine vollständige funktionale Spezifikation. Der IT-Service-Provider ist somit im Wesentlichen für die technische Umsetzung und Inbetriebnahme der fachlichen Anforderung sowie für den Betrieb zuständig.

Innerhalb des Incident & Problem Managements hat der IT-Service-Provider in der Rolle des „Technischen Help Desks" die Aufgabe, den gewünschten Service innerhalb der in den SLAs vereinbarten Stufen zu gewährleisten. Dabei werden Problemlösungen für

- Desktop & Infrastructure,
- Systems Operations und
- Business Applications

erarbeitet.

Zahlen & Fakten

Zehn Konzerngesellschaften in 30 Ländern stellen jährlich ca. 10.000 Demands und ca. 180.000 Änderungsanforderungen an den IT-Service-Provider. Insgesamt bietet dieser um die

50 Produkte beziehungsweise IT-Services an, führt im Jahr ca. 125 produktbezogene Releases ein und ist für rund 120 IT-Projekte tätig. Zur Bewältigung dieses Umfanges beschäftigt der IT-Service-Provider eine große Anzahl von Lieferanten/Leistungserbringer (unter anderem „Offshore" und „Nearshore"-Aktivitäten).

Die Verantwortung für die IT liegt in Deutschland.

1.2 Projektziele

Warum ist nun IT Governance für den betrachteten IT-Service-Provider von Bedeutung?

Um in diesem komplexen Umfeld die Risiken handhaben und weiterhin wirtschaftlich arbeiten zu können, gilt es, die angebotenen IT-Services transparent darzustellen, mögliche Synergien zu nutzen und mit Hilfe geeigneter Steuerungsinstrumente kontinuierlich zu verbessern.

Der IT-Service-Provider hat aus diesem Grund das Projekt „IT Governance" ins Leben gerufen mit den Zielen,

- harmonisierte und definierte IT-Prozesse für das gesamte Unternehmen festzulegen,
- diese Prozesse mit Hilfe des Workflow-Systems „Mercury IT Governance Center" zur Anwendung zu bringen sowie
- die erstellten Prozesse von PricewaterhouseCoopers als einer unabhängigen Prüfungsgesellschaft auf Grundlage der Anforderungen des Sarbanes-Oxley Acts auf ihre Umsetzung und Wirksamkeit zu prüfen (gemäß SAS 70).

Mit der Einführung eines kontinuierlichen Verbesserungsprozesses wollte das Unternehmen die Zukunftsfähigkeit seiner IT-Prozesse nachhaltig sicherstellen. Dadurch sollte erreicht werden, dass sich die Prozesse auch zukünftig in der Balance zwischen den (Kunden-) Bedürfnissen und der Wirtschaftlichkeit befinden.

Als Resultat wird eine deutliche Verbesserung der Servicequalität – auch in Hinblick auf die Einhaltung internationaler Standards und Best Practices – angestrebt. Verbunden damit ist auch die Erhöhung der Kundenzufriedenheit.

1.3 Projektorganisation

Das Projekt wurde in die Teilprojekte

- Prozessdesign

- Umsetzung im Workflowsystem und
- Qualitätssicherung und Compliance

unterteilt.

Die Projektorganisation ist dabei folgendermaßen aufgebaut:

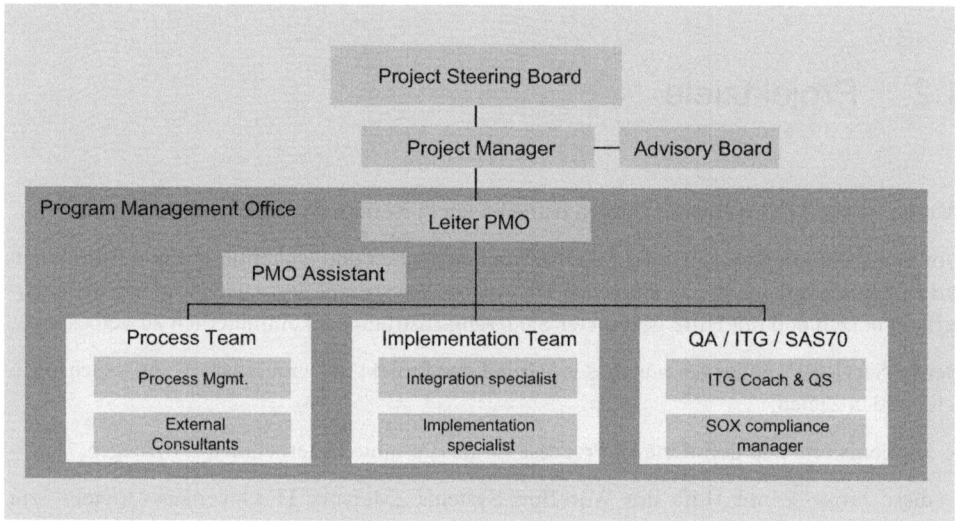

Quelle: Mandant
Abbildung VI-2: *Projektorganisation*

Im Projekt wird neben der Expertise zur Erstellung und zum Design der Prozesse (Process Team) und der Implementierung (Implementation Team) im Teilprojekt „QA / ITG / SAS70" Know-how zum Thema SOX Compliance und Durchführung einer Prüfung der Wirksamkeit der neu erstellten Prozesse gemäß SAS 70 durch PricewaterhouseCoopers zur Verfügung gestellt. Aus diesem Grund wurde ein so genannter „SOX Compliance Manager" im Projektteam etabliert, der Spezialistenwissen zu den Anforderungen an ein angemessenes Betriebsmodell in das Projekt einbringt sowie SOX-Compliance Themen adressiert.

1.4 Projektvorgehen

Das Projektvorgehen setzt sich aus verschiedenen Phasen zusammen, die sich wie in Abbildung VI-3 gezeigt darstellen.

IT Governance bei einem IT-Service-Provider im Konzernverbund

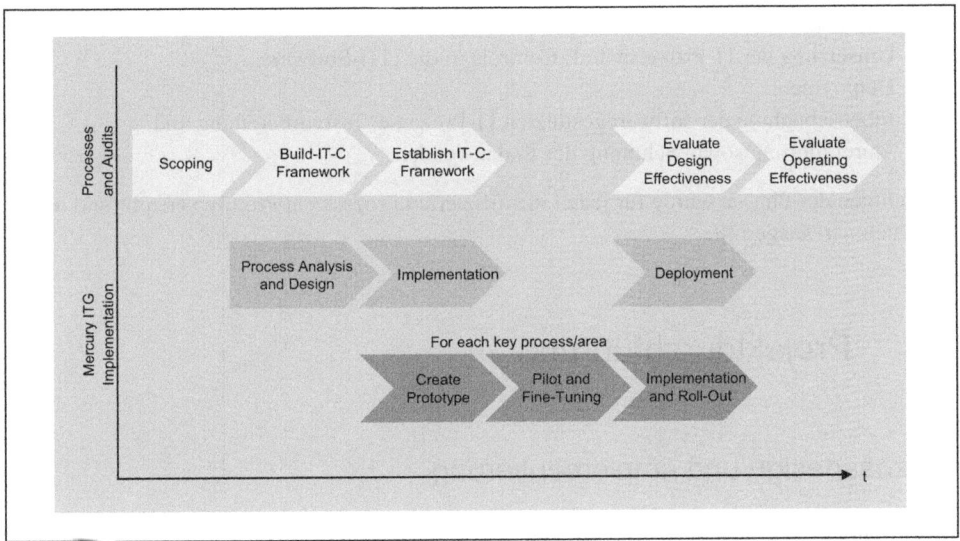

Quelle: Mandant
Abbildung VI-3: *Projektvorgehen*

Dabei wurde zunächst zwischen dem Workstream „Processes and Audits" und „Mercury ITG Implementation" unterschieden:

- Processes and Audits
  - Scoping:
    Identifizierung des Umfeldes, der Prozesse beziehungsweise Services und Verantwortlichkeiten hinsichtlich der IT,
  - Build IT-Control-Framework:
    Abgleich der IT-Prozesse mit den CObIT-Anforderungen sowie eine Ausarbeitung von Vorschlägen, wie die IT-Controls in die IT-Prozesse zu integrieren sind,
  - Establish IT-Control-Framework:
    Roll-Out des IT-Control-Frameworks an die einzelnen (IT-)Einheiten sowie die Umsetzung der IT-Prozesse und -Controls,
  - Evaluate Design Effectiveness:
    Prüfung der Angemessenheit der eingerichteten IT-Controls,
  - Evaluate Operating Effectiveness:
    Prüfung der Effektivität der eingerichteten IT-Controls und damit der Wirksamkeit der Prozesse.

- Mercury ITG Implementation
  - Process Analysis & Design:
    Analyse, Design und Vereinheitlichung der notwendigen IT-Prozesse,

- Implementation:
  Umsetzung der IT-Prozesse und -Controls in die ITG-Software,
- Deployment:
  Inbetriebnahme der softwaregestützten IT-Prozesse, Testvorbereitung und -durchführung sowie Schulung der Endanwender.

Im Rahmen der Phasen wurde für jeden identifizierten Prozess ein Prototyp erstellt und in das Unternehmen ausgerollt.

1.5 Projektdurchführung

Prozessdesign und -implementierung

Das Projekt startete mit einer Analyse der wichtigsten IT-Prozesse. Dabei war die Frage entscheidend, welche Dienstleistungen mittels welcher IT-Prozesse erbracht werden. Abhängig von der Wesentlichkeit und der Art des Prozesses sowie der Anzahl der beteiligten Personen wurde festgelegt, welche Prozesse in der Workflowsoftware realisiert werden. Darüber hinaus wurde der Umfang für den SAS 70 Report festgelegt; dieser umfasst im ersten Schritt die IT-Prozesse in der Verantwortung der deutschen Standorte des Unternehmens. Durch die starke Zentralisierung war damit annähernd das gesamte IT-Leistungsportfolio abgedeckt.

Die Prozesse wurden von der Prozesslandkarte bis hin zu einem Workflow-basierten Prozess gestaltet, abgestimmt und verbindlich dokumentiert. Bei den Prozessen, die weder harmonisiert noch wesentlich neu gestaltet werden mussten, war es ausreichend, die Prozessschnittstellen zu präzisieren und anzupassen. Grundlage für die qualitative inhaltliche Gestaltung der Prozessaktivitäten war ein stark an die Bedürfnisse des Unternehmens ausgerichteter Best-Practice, der entfernt auf ITIL basierte. Die Modellierung geeigneter prozessbezogener Kontrollziele sowie die Ausgestaltung der aktivitäts- und prozessbezogenen Controls basierte auf dem CObIT-Rahmenwerk.

Danach wurde mit Hilfe von Workshops eine vereinheitlichte, harmonisierte Prozesslandschaft definiert:

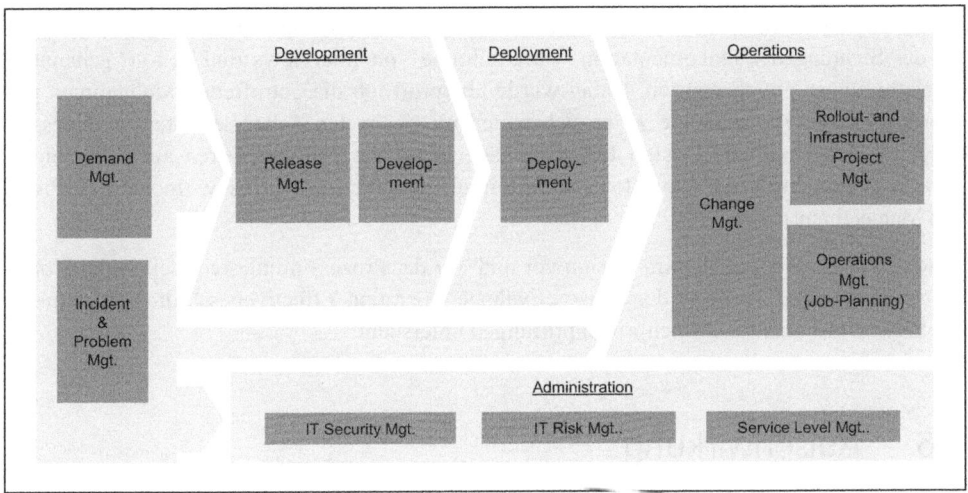

Quelle: PwC
Abbildung VI-4: *Prozesslandkarte*

Die sich anschließenden Implementierungsaktivitäten wurden sukzessive durchgeführt, um die aktuell erlangten Erkenntnisse zu verarbeiten. Zu den technischen Implementierungsaktivitäten gehörten unter anderem die Erstellung einer funktionalen und technischen Spezifikation je Prozess, die Umsetzung in die Workflowsoftware sowie die Konzeption eines geeigneten Rollen- und Berechtigungskonzeptes. Ein weiterer Schwerpunkt war neben den reinen Workflow-Komponenten das Design der aktivitätsbezogenen Controls in der Workflowsoftware.

Neben der Erstellung von notwendigen Arbeitsanweisungen und Verfahrensdokumentationen wurden dabei auch neue Kontrollfunktionen etabliert.

Die Deployment-Aktivitäten für die in der Workflowsoftware realisierten Prozesse umfasste unter anderem die Erstellung von Anwenderhandbüchern beziehungsweise -leitfäden, Schulung der Anwender sowie Vorbereitung und Durchführung der Testpläne. Weitere Tätigkeiten waren die Entgegennahme von Änderungswünschen und Fehlern, die Festlegung der einzelnen Releases sowie die Koordination der Inbetriebnahme der einzelnen Prozesse.

Insgesamt wurde besonderes Augenmerk auf die Information der Mitarbeiter und der Schaffung des Bewusstseins für die veränderten Abläufe gelegt. Hierzu wurden "organisatorische Change Management" Schulungen für Führungskräfte und Prozessschulungen für die abteilungsindividuelle Ausgestaltung durchgeführt.

Prüfung

Nach erfolgreicher Produktivsetzung wurden die einzelnen Prozesse auf die Angemessenheit hinsichtlich ihrer Kontrollziele bewertet. Die Beurteilung ergab sich aus den Ergebnissen, die bei der Sichtung der Dokumentation, Durchführung von Interviews und den so genannten „Walkthroughs" erzielt wurden. Dabei wurde überprüft, ob die getroffenen Maßnahmen geeignet sind, die Kontrollziele zu erreichen und ob sie in den Arbeitsabläufen angemessen integriert sind (Evaluate Design Effectiveness). Inhalt der Prüfung waren auch diejenigen Prozesse, die nicht in der Workflowsoftware implementiert wurden (bspw. Incident & Problem Management).

Lagen keine Schwachstellen im Design vor und war der Prozess mindestens seit sechs Monaten implementiert, wurde in der Phase „Evaluate Operating Effectiveness" die Wirksamkeit des Prozesses anhand von Stichprobenprüfungen untersucht.

1.6 Außenwirkung

Die Umstrukturierung beziehungsweise die Neudefinition der internen Abläufe des IT-Service-Providers hatte deutliche Auswirkungen auf die Kunden. Aufgrund der nun vorhandenen Transparenz der Abläufe sowie der klaren Darstellung der Verantwortlichkeiten musste vor allem das zwischen der Demand- und der Supply-Organisation vereinbarte Anforderungsdokument angepasst werden.

Dieser Sachverhalt ist nicht überraschend. Die Definition der Prozesse liefert unter anderem eine klare Vorstellung von den notwendigen zu verarbeitenden Informationen. Anders ausgedrückt gibt die nun detaillierte Prozessdokumentation Auskunft darüber, welcher konkrete „Input" in welcher Form vom Kunden erforderlich ist.

Darüber hinaus erfordert der Wechsel von einer individuellen Bearbeitung der Kundenanforderungen zu einer klar strukturierten und standardisierten Vorgehensweise nicht nur einen internen erzieherischen Aufwand. Auch der ähnlich gelagerte Aufwand gegenüber den Kunden ist – vor allem auch aus politischen Gründen – nicht leicht zu bewältigen.

An dieser Stelle sei darauf hingewiesen, dass die Etablierung von IT Governance im Unternehmen keine unternehmensinterne Angelegenheit darstellt. Je eher dabei deutlich wird, welche Schnittstellen zu externen Organisationen betroffen sind, umso mehr Zeit kann in den Umgewöhnungsprozess investiert werden.

1.7 Ausblick

Die Projektaktivitäten laufen derzeit noch. Insbesondere ist aus Prüfungssicht noch die Phase „Evaluate Operating Effectiveness" mit der Überprüfung der Wirksamkeit der Prozesse abzuschließen. Aus der Erfahrung heraus leiten sich aus den Prüfungsergebnissen oftmals Empfehlungen ab, die im Sinne des kontinuierlichen Verbesserungsprozesses die Prozesslandschaft auch in Zukunft verändern werden. Darüber hinaus werden im Projekt derzeit folgende Themen erarbeitet, bevor das Thema „IT Governance" vollständig in die Linienorganisation übernommen werden kann:

- Festlegung von Prozessverantwortlichen,
- Aufbau von Steuerungs- und Überwachungsstrukturen (Monitoring, Assessments, Reporting),
- Aufbau einer IT Governance Struktur sowie der Etablierung einer IT Governance Verantwortlichkeit.

Die im Folgenden genannten Themenschwerpunkte werden für das Unternehmen interessant, nachdem sich die Veränderungen innerhalb der Organisation eingespielt haben und die ersten Erfahrungswerte und Kennzahlen gesammelt wurden:

- Transparente Darstellung der Zielerreichung,
- Fortlaufende Optimierung und Erweiterung der Abläufe sowie
- Technische Integration an die vorhandene IT-Infrastruktur (Transportwesen, Werkzeuge für Planung, Test, Versionierung etc.).

1.8 Projekterfahrungen

Im Folgenden werden die Erfahrungen, die sich aus dem Projekt ergeben haben, diskutiert. Zunächst wurde IT Governance als Softwareeinführung verstanden – im Projektverlauf wurde deutlich, dass sich das gesamte Unternehmen durch die zunehmende Transparenz der Abläufe zu verändern hatte. Durch die schrittweise Einführung der IT-Prozesse konnte man die Organisation langsamer an die großen Veränderungen „gewöhnen". Im Bereich IT-Security identifizierte man im Verlauf des Projektes erheblichen Änderungsbedarf.

Softwareeinführung versus IT Governance

Das betrachtete Unternehmen ist ein IT-Service-Provider, der „Softwareentwicklung und -ausbringung" als Kerngeschäft betreibt. Insofern wurde das Projekt „IT Governance" zu Beginn vorrangig als „Einführung neuer Software" betrachtet, ein Bereich, der zu den Kernkompetenzen des Unternehmens zählt. IT Governance kann sinnvollerweise auf operativer Ebene toolgestützt eingeführt werden – insgesamt wird jedoch innerhalb einer Organisation und sogar über seine Grenzen hinaus wesentlich mehr bewegt und verändert.

IT Governance führt zu Veränderungen der Abläufe und der Verantwortlichkeiten innerhalb der Organisation. Verändern sich alte Zuständigkeiten und Verantwortlichkeiten von Personen, kommt es zwangsläufig zu Verunsicherungen innerhalb der Organisation. Wie erheblich diese sich äußern und ob sie positiv genutzt werden können, und vor allem wie stark dadurch der Projektablauf gestört wird, hängt vom Zeitpunkt und der Intensität der Information über das Projekt an die Betroffenen ab. Von vielen Beteiligten wurde das Thema im Projekt zunächst unterschätzt. Erst im Verlauf des Projektes wurde klar, welche Auswirkungen und welcher Nutzen mit der Einführung von IT Governance verbunden sind und welche taktischen und strategischen Faktoren eine Rolle spielen.

Step-by-Step-Strategie

Es gibt zwei Möglichkeiten IT Governance in einer Organisation zu etablieren: Die Step-by-Step-Strategie und die Big Bang Strategie. In dem vorgestellten Projekt wurde die Step-by-Step-Strategie eingesetzt mit folgenden Vorteilen:

- Es ist leichter abzuschätzen, wie viele Änderungen auf der Zeitachse einer Organisation zuzumuten sind, ohne sie zu überfordern.
- Die Erfolge sind relativ bald sichtbar. Durch die Einführung des ersten Prozesses in die Workflowsoftware wurden die Abläufe (grafisch) für alle Prozessbeteiligten sichtbar. Das erhöhte die Transparenz und Akzeptanz, zusätzlich regte es zu einer stärkeren Beteiligung an den noch offenen Gestaltungsmöglichkeiten an.
- Es bestand ein geringeres Entwicklungsrisiko, da zunächst ein Prozess mit geringer Komplexität ausgewählt wurde. So konnten die Erfahrungen berücksichtigt werden und auf die noch folgenden komplexeren Prozesse projiziert werden.

Die Nachteile lassen sich wie folgt zusammenfassen:

- Es bedarf einer laufenden Anpassung von Strukturen und Werkzeugen, vor allem am Anfang.
- Zu Beginn der Nutzung erreicht man keine vollständige Abdeckung der Prozesslandschaft. Das bedeutet Mehrarbeit für die Mitarbeiter, die die nachfolgenden Prozesse herkömmlich weiterverarbeiten müssen.

- Es ist abzusehen, dass noch weitere Releases bis zum Optimum notwendig sind.

IT-Sicherheit

Das Thema IT-Sicherheit wird mittlerweile von vielen Unternehmen angegangen, wird aber oftmals nicht konsequent für jede einzelne IT-Komponente umgesetzt. Im Rahmen des Projektes wurde auch der Security Management Prozess neu gestaltet, der auf einer seit mehreren Jahren vorliegenden gesellschaftspezifischen IT-Security-Policy basiert, die nun bis auf die Ebene der IT-Komponenten umgesetzt wird.

Um für die Prüfung gemäß SAS 70 einen frühzeitigen Eindruck von IT-Sicherheit zu gewinnen, wurden im Rahmen des Projektes so genannte Friendly-Audits in den Kernbereichen durchgeführt. Ziel der Friendly-Audits war einerseits, an ausgewählten IT-Komponenten den Umsetzungsgrad der IT-Security-Policy zu ermitteln, und andererseits die Prüfungssituation für das Unternehmen zu simulieren. Die folgenden Sachverhalte kamen dabei ans Licht:

- Die Mitarbeiter hatten die Anforderungen der IT-Security-Policy unterschiedlich interpretiert,
- der Umsetzungsgrad der geforderten Regelungen variierte sehr stark,
- das Sicherheitsbewusstsein war nicht einheitlich ausgeprägt. Neben einem fehlenden Verständnis bzgl. des Umgangs mit Sicherheitsrisiken und der Einschätzung, welchen Sicherheitsrisiken zwingend zu begegnen ist, kamen insbesondere auch Fragen zur Aufteilung der Verantwortung zwischen IT-Dienstleister und Kunden hoch.

Deutlich wurde, dass der bisherige IT-Security-Prozess nicht vollumfänglich wirksam war. Da nahezu jede IT-Komponente vom Security-Prozess – sei es direkt oder indirekt – betroffen ist, wurde die Chance ergriffen, die Transparenz durch IT Governance zu erhöhen, um das Thema schnell auf einen zertifizierungstauglichen Weg zu bringen.

1.9 Fazit

Das Ziel, IT Governance-Strukturen zu schaffen und das Unternehmen steuerbar zu machen, wird auf der Ebene der operativen IT-Prozesse (IT-Betrieb) begonnen. In einem nächsten Schritt wird die strategische Ausgestaltung der IT Governance in Form weiterer Verantwortlichkeiten und dem Aufbau der über dem IT-Betrieb stehenden IT Governance Strukturen eingerichtet. Die aus dem Workflow-System gelieferten Ergebnisse der IT-Prozesse werden nun genutzt, die Abläufe kontinuierlich weiter zu verbessern.

Das Projekt ist somit ein gutes Beispiel, IT Governance mittels eines „Bottom-up-Approaches" einzuführen. Dieses Vorgehen hat im Gegensatz zu einem „Top-down-

Approach" den Vorteil, dass nicht vor Beginn der operativen Tätigkeiten das Thema zu starken politischen Diskussionen ausgesetzt wird. Nachteilig ist, dass die steuernde Ebene (IT Governance-Struktur) jetzt auf den erstellten IT-Prozessen und Steuerungsmechanismen aufgebaut wird und diese dann gegebenenfalls im Nachhinein angepasst werden müssen.

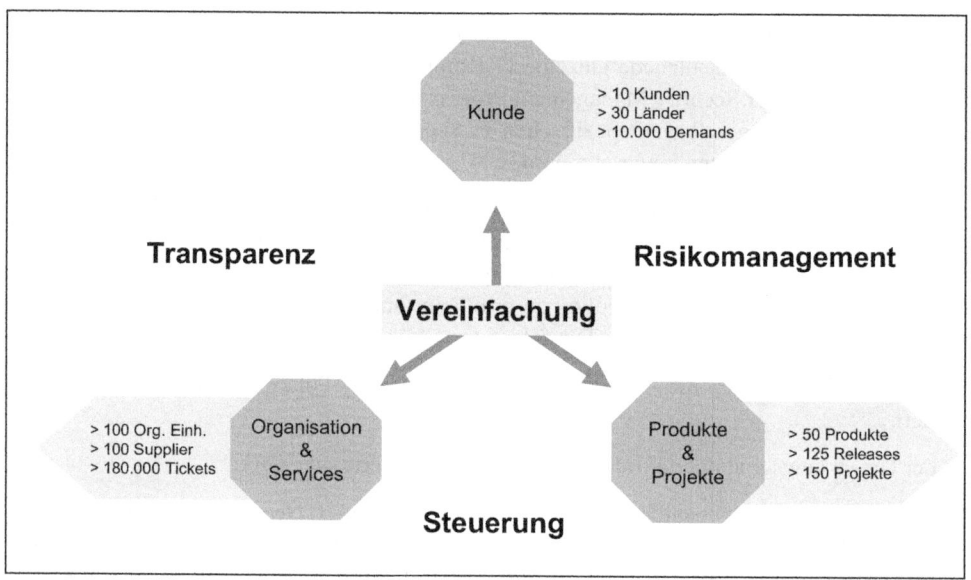

Quelle: PwC
Abbildung VI-5: *Nutzen*

Neben der Transparenz und Harmonisierung der IT-Prozesse und der Möglichkeit, deren Effizienz zu überwachen, hat das Unternehmen ferner den Nachweis der Compliance mit internationalen Best Practices und Rahmenwerken sowie den Anforderungen des Sarbanes-Oxley Acts erbracht. Damit ist zusätzlich eine deutliche Verbesserung der Qualität der angebotenen IT-Services zu verzeichnen.

Vor allem die Nachhaltigkeit und die Zukunftsorientierung der implementierten Prozesse seien an dieser Stelle hervorgehoben:

- Zum einen hat man mit dem Projekt eine "State-of-the-Art"-Prozesslandschaft geschaffen, die aktuellen Ansprüchen genügt, und

- zum anderen ist wegen der geschaffenen Transparenz und des kontinuierlichen Verbesserungsprozesses zu erwarten, dass sich die Prozesslandschaft auch in Zukunft in der Balance zwischen den sich ständig ändernden Bedürfnissen und der Wirtschaftlichkeit befindet.

Der Einsatz eines zentralen Workflow-Tools und der angewendete "Bottom-up-Approach" untermauern den innovativen Ansatz, welcher dem Unternehmen eine Vorreiterrolle im Vergleich zu ähnlichen Unternehmen einräumt.

2. Aufbau einer zentralen Betriebsorganisation

Das folgende Praxisbeispiel beschreibt den Aufbau einer globalen Service Organisation für das Rechnungswesen eines internationalen Konzerns. Dabei wurde im ersten Schritt die Governance (Organisationsstrukturen und Entscheidungsregeln) definiert. Hieraus leiteten sich anschließend die Entscheidungsfelder und Prozesse für das Management ab.

Basierend auf den zuvor erarbeiteten Ergebnissen wurde eine Optimierung der bestehenden Prozesse durch den Einsatz eines IT Governance-Tools erreicht. Durch den Tooleinsatz sollte sichergestellt werden, dass die definierten Entscheidungsregeln und Kompetenzaufteilungen eingehalten werden. Außerdem werden eine bessere Steuerung der Prozesse und ein verbessertes Reporting ermöglicht.

2.1 Prozesse und Strukturen

Mit einer IT Governance werden die Regeln zur Entscheidung und die Organisationsstrukturen in einem Unternehmen definiert. Ein IT Governance-Tool bietet die Möglichkeit die strikte Einhaltung der gesetzten Regeln und Strukturen der Prozesse abzubilden. Die Motivation, ein solches Tool einzuführen, muss nicht direkt aus der IT kommen. Vielmehr kann es eine Anforderung aus dem Business heraus sein, dass eine solche Applikation zur Stärkung der fachlichen Governance gegenüber der IT eingesetzt wird.

Grundlage für das Praxisbeispiel ist ein internationaler Konzern, der im Rahmen eines zentralen Projektes alle Prozesse im Rechnungswesen weltweit harmonisiert und standardisiert. Das gesetzte Ziel des Projektes ist es, dass alle Buchhalter innerhalb des Konzerns eine einheitliche Sprache sprechen und die Transparenz und Vergleichbarkeit der Ergebnisse erhöht werden. Neben den Prozessen im Rechnungswesen werden auch die entsprechenden Datenstrukturen (z. B. der Kontenplan) und die Systemlandschaft standardisiert.

Im Rahmen der fachlichen und systemseitigen Vereinheitlichung wurde auch die Governance für den Betrieb des standardisierten Rechnungswesens definiert. Hauptbestandteil der Organisationsstruktur ist die zentrale Betriebsorganisation: Demand & Support Organisation (DSO). Die DSO ist der Service-Dienstleister gegenüber dem Business (Finanz- und Rechnungswesen der Vertriebslinien und Querschnittsgesellschaften sowie dem Rechnungswesenabteilung der Holding) hinsichtlich des standardisierten Rechnungswesens.

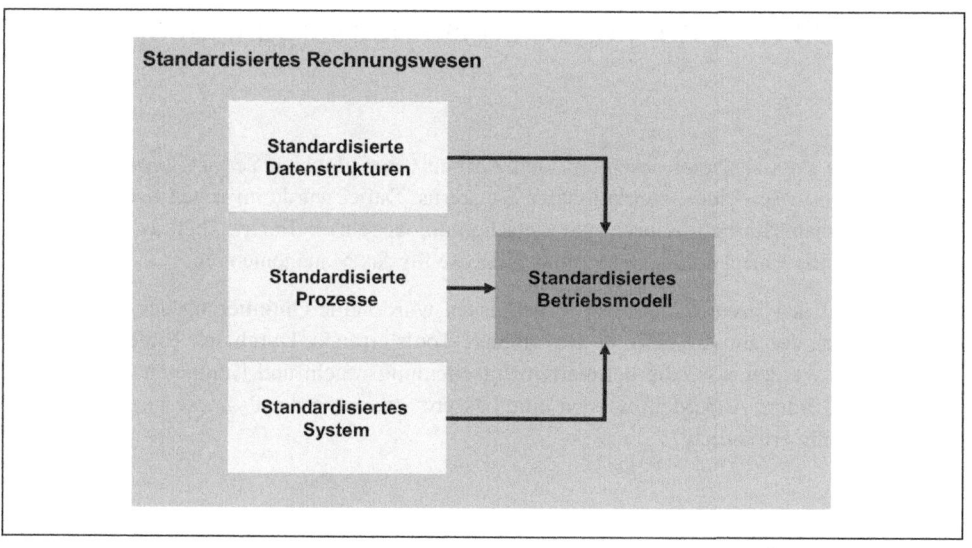

Quelle: PwC
Abbildung VI-6: *Bestandteile des standardisierten Rechnungswesens*

Die Ziele, welche die DSO erreichen soll sind:

- *Einen* generellen Verantwortlichen zu bestimmen, der für die fortlaufende Entwicklung und Optimierung des Rechnungswesenstandards innerhalb des gesamten Konzerns zuständig ist
- den Fortbestand und die Stabilität einer global standardisierten Methodik im Rechnungswesen zu gewährleisten
- Unternehmenskompetenzen in einer (Support-)Organisation, als Service für alle Konzerntöchter zu bündeln
- die Integration von Kompetenzen und Geschäftsanforderungen der Vertriebslinien mit dem Ziel, sowohl Konzern- als auch lokale Interessen zu wahren
- standardisierte Konzeptionen für den Aufbau von neuen Landesgesellschaften bereitzustellen (Expansionsrollout)

Ein zentraler Aspekt bei der Etablierung der DSO ist die klare Definition von Entscheidungsregeln und Organisationsstrukturen, im Rahmen des Anforderungs- und Änderungsmanagements. Dadurch wird sichergestellt, dass die DSO Änderungen am Standard bedingt sowohl durch Fehler als auch basierend auf Anforderungen, die weitere Verbesserung und zukünftige Entwicklung des Standards und den Betrieb des standardisierten Rechnungswesen hauptverantwortlich steuert und sicherstellt.

Ein weiterer wichtiger Aspekt, der zur Zielerreichung beiträgt, ist das Partnering der DSO, denn die DSO muss innerhalb des Konzerns verschiedene Partnerschaften eingehen. Der

Aufbau einer zentralen Betriebsorganisation

zentralen Management Einheit in der DSO (reale DSO), die als zentraler Ansprechpartner und Servicegeber für die Holding gilt, stehen im Rahmen der virtuellen DSO Partner und Serviceprovider zu Seite, die einen weltweiten Service möglich machen.

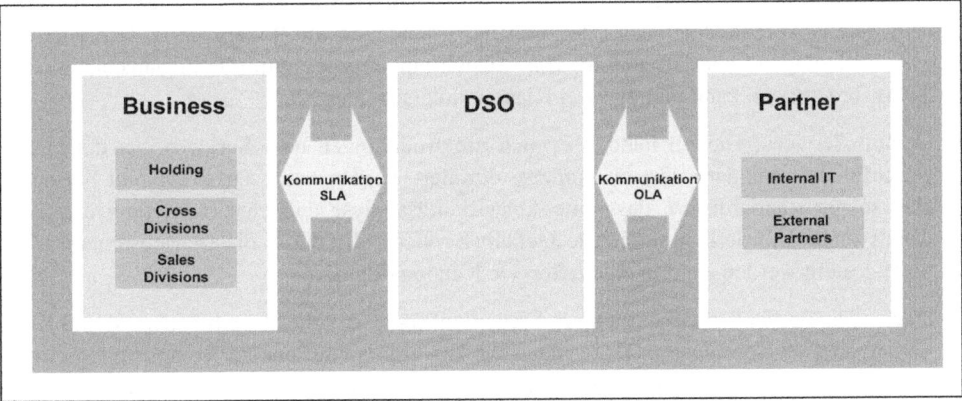

Quelle: PwC
Abbildung VI-7: *Partnering der DSO*

Die Organisationsstruktur der realen DSO wird so aufgesetzt, dass die Partnerschaften sowohl mit dem Business als auch mit den Partnern effizient und strukturiert aufgebaut werden können und so ebenfalls zur Zielerreichung beitragen.

Die dritte Hauptaufgabe der DSO ist die Kommunikation. Dies betrifft zum einen die Kommunikation mit den Anwendern, als auch mit den Key Usern, die die fachliche Betreuung in den Landesgesellschaften übernehmen.

Um die beschriebenen Hauptaufgaben erfolgreich ausführen zu können, sollten die im Folgenden beschriebenen Faktoren beachtet werden:

- Die richtige Einstellung der Mitarbeiter der Demand & Support Organisation (Service-Orientierung)
- Ermächtigung der DSO, die Anforderungs-, Änderungs- und Service Delivery Prozesse im Rahmen des CTA effizient durchführen zu können
- Kommunikation, Strategie und Tools
- Kooperation mit lokalen Key-Usern in den Landesgesellschaften
- Public Information im Intranet
- Configuration Management und Dokumentation (für aussagekräftige Auswirkungsanalysen [Impact Analysis] und Planung)
- Konzernweite Akzeptanz der DSO als Partner für das Finanz- und Rechnungswesen

- Service Partner (z. B. interne IT) müssen in die Lage versetzt werden, die Operational Level Agreements (OLAs) zu erfüllen.

Einer der Kernprozesse der DSO ist also das Anforderungs- und Änderungsmanagement im Bezug auf die Rechnungswesenprozesse und das eingesetzte Rechnungswesensystem zu steuern. Die Governance der DSO definiert dabei eindeutig die Regeln (z. B. Priorisierung von Anforderungen, Klassifizierung von Auswirkungen) des Anforderungsmanagements. Diese Anforderungen kann man in zwei Klassen unterscheiden:

- Default Services: Hierbei handelt es sich um Änderungen oder Services, bei denen die Durchführung standardisiert und präzise definiert werden kann. Diese Default Services, sind soweit standardisiert, dass eine Auswirkungsanalyse und eine Bewertung des Aufwands nicht erforderlich sind. Alle Default Services, die durch die Betriebsorganisation bereitgestellt werden, sind in einem Service Katalog definiert.

- Demands: Hierbei handelt es sich um Freitextanfragen, die zuerst nach Aufwand und Risiko bewertet werden müssen. Dazu muss die Auswirkung auf andere Komponenten ermittelt werden und das Vorgehen zur Umsetzung des Demands definiert werden. Ausgangspunkt eines solchen Demands können Änderungen von Rechnungslegungsstandards (z. B. IFRS, US-GAAP), aber auch legale Änderungen in einem der betroffenen Länder sein. Es kann sich aber auch durchaus um eine Initiative zur Verbesserung der Arbeitsabläufe und Prozesse handeln.

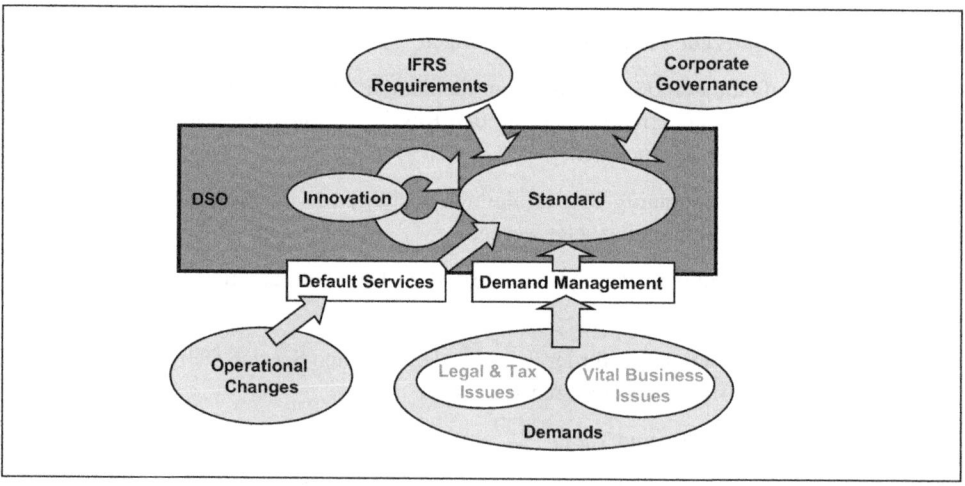

Quelle: PwC
Abbildung VI-8: *Weiterentwicklung des Standards*

Um sicherstellen zu können, dass die Governance im Rahmen des Anforderungsmanagements eingehalten wird, wurde ein IT Governance-Tool für die DSO etabliert. Mit Hilfe des Tools sollte die Operation des Anforderungs- und Änderungsmanagements unterstützt werden.

Durch die zentrale Erfassung aller Änderungsanfragen (sowohl Default Services als auch Demands) an einer Stelle wird dabei sichergestellt, dass alle Anfragen gemäß den definierten Prozessen bearbeitet werden. Dies wird durch eine Workflow Unterstützung des End-to-End Prozesses (Von der Antragstellung bis hin zur Abnahme im Produktivsystem) erreicht. Das IT Governance-Tool wird nach dem abgeschlossenen Rollout für die Anwender in über 30 Ländern der zentrale Anlaufpunkt für Änderungsanfragen sein.

Durch die Etablierung des Governance Tools können die folgenden Ziele erreicht werden:

- Monitoring der Service Level Agreements (SLA): Die Betriebsorganisation hat mit ihren Kunden SLAs vereinbart. Das heißt, die Durchlaufzeiten für die einzelnen Default Service-Prozesse sind definiert. Durch das IT Governance-Tool wird es möglich, die Durchlaufzeiten zu messen.

- Dokumentation aller Anfragen und ihrer Bearbeitung und des aktuellen Status: Die Prozesse müssen End-to-End in dem IT Governance-Tool abgebildet werden. So kann sichergestellt werden, dass von dem initialen Schritt der Beantragung bis hin zum finalen Schritt der Abnahme jede Freigabe und jeder Schritt der Umsetzung nachvollziehbar dokumentiert ist.

- Die Prozesse bilden eine Datenbasis für das Reporting der DSO. Die Daten, die das IT Governance-Tool bereitstellt, sind eine zentrale Grundlage des Reportings der DSO. Dies umfasst zum einen das interne Reporting zur Steuerung der Organisation und zur Verbesserung der Servicequalität. Aber auch das externe Reporting an die Kunden und Servicenehmer nutzt die Daten, die das IT Governance-Tool bereitstellt: Welche Services wurden wie häufig in welchen Ländern nachgefragt etc.?

2.2 Digitalisierung des Service-Katalogs

Der erste Schritt bei der Einführung des IT Governance-Tools war die Automatisierung und Digitalisierung des Service Katalogs der DSO. Dieser Service-Katalog umfasst zu Beginn des Projektes 108 Services. Es war aber auch davon auszugehen, dass sich die Zahl der angebotenen Services noch erhöhen kann. Die Prozesse mussten so flexibel implementiert werden, dass eine Änderung im Verlauf der einzelnen Freigabe und Umsetzungsschritte schnell umgesetzt werden kann. Die Workflows müssen auch problemlos auf die unterschiedlichen Organisationsstrukturen der Länder übertragen werden können.

Um diese Anforderungen an die Applikation zu erreichen und um die Prozesse zu dem Zieltermin zu automatisieren, wurde folgendes Vorgehen gewählt:

Die Prozesse wurden in fünf Standard-Phasen eingeteilt, die die Grundlage für einen Generalworkflow bilden:

- Approval: Initialisierung der Anfrage und ein- oder mehrstufiger Freigabeprozess
- Dispatch: Zuordnung des Umsetzungsprozesses
- Execution: Unterscheidung in release-relevante Implementierungen und je nach Service ist es möglich eine primäre und eine sekundäre Klasse auszuwählen. So kann für einen Service definiert werden, dass es sich primär um einen releaserelevanten Service handelt, der aber in bestimmten Konstellationen operativ implementiert werden kann.
- Acceptance: Produktivsetzung bis hin zur finalen Abnahme durch den Anwender.

Für jede der beschriebenen Phasen wurden dann die möglichen Varianten ermittelt. So gibt es in der Acceptance-Phase die folgenden Varianten:

- Einstufige, nur lokale Freigabe
- Einstufige, nur zentrale Freigabe
- Zweistufige Freigabe (lokale und dezentrale Freigabe)

Nachdem für alle Phasen die unterschiedlichen Ausprägungen ermittelt wurden, wurden die möglichen End-to-End-Prozesse definiert. Diese End-to-End-Prozesse bestehen aus den entsprechenden Modulen für jede der ausgewählten Phasen.

In dem nächsten Schritt muss jeder Service, der in dem Service Katalog definiert ist, mit einem der definierten End-to-End Prozesse verknüpft werden und die Service-spezifischen Felder wurden diesem Workflow zugeordnet.

Durch den modularen Aufbau der Konzeption und Implementierung ist eine einfache Erweiterung weiterer Services gegeben. So lange keine neuen Modulklassen benötigt werden, kann diese Erweiterung durch eine einfache Konfiguration erreicht werden. Änderungen in einem der Module betreffen sofort für alle Workflows, die dieses Modul nutzen. Diese beiden Aspekte erleichtern maßgeblich die Wartbarkeit und Pflege des Systems.

Neben dem modularen Aufbau der Workflows war der Aufbau des Berechtigungskonzeptes von zentraler Bedeutung. Das Berechtigungskonzept muss so aufgebaut sein, dass es flexibel erweiterbar ist und eine Abbildung der Konzernstruktur ermöglicht. Dazu wurden die Informationen Land und Konzerntochter in die Berechtigungssteuerung eingebunden. Basierend auf diesen Informationen wird ermittelt, wer für die lokale Freigabe zuständig ist.

Aufbau einer zentralen Betriebsorganisation

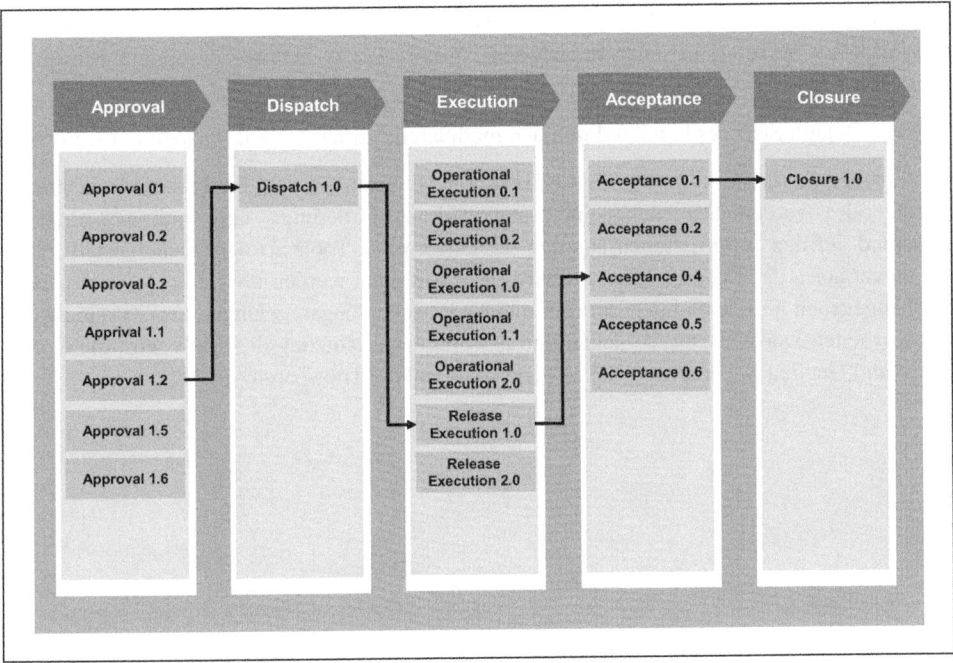

Quelle: PwC
Abbildung VI-9: *Prozessphasen der DSO*

Durch die Automatisierung und Digitalisierung der Default Service Prozesse werden die folgenden Aspekte verbessert:

- Die Transparenz in den Prozessen wird erhöht. Zum einen wird transparent, wer wann welchen Default Service beantragt hat. Auch der komplette Genehmigungsprozess und die Umsetzung des Services wird nachvollziehbar in dem System dokumentiert. Auch Änderungen/Korrekturen, die im Laufe des Prozesses an Feldern vorgenommen werden, sind in dem Audit-Trail dokumentiert.
- Derjenige, der eine Anfrage gestellt hat, hat jederzeit die Möglichkeit, den Status seiner Anfrage einzusehen.
- Die Betriebsorganisation ist in der Lage, die Performance der Prozesse zu messen und ihren Kunden gegenüber zu dokumentieren.
- Die Qualität der Service Anfragen und die Vollständigkeit dieser kann durch Pflichtfelder und Auswahlboxen erhöht werden.

- Der modulare Aufwand erhöht die Wartbarkeit des Systems, da Änderungen nicht bin 108 Workflows, sondern in einer reduzierten Anzahl von Workflows durchgeführt werden müssen.

- Neue Default Services können durch den modularen Aufbau schnell hinzugefügt werden.

Das Finance Governance Tool ist somit das führende System, in dem die Prozesse vollständig durchgeführt werden. Das Management steuert die Anforderungs- und Änderungsprozesse basierend auf den Informationen aus dem IT Governance-Tool. So wird sichergestellt, dass die Governance der DSO eingehalten wird: Alle Anfragen werden über das IT Governance-Tool abgegeben und gemäß den dort definierten Entscheidungsregelungen und Zuständigkeiten bearbeitet. Durch dieses Vorgehen und der optimalen Nutzung des Tools wird die Kontiniutät und Qualität in den Prozessen sichergestellt und die Transparenz erhöht.

3. IT Governance @ PwC

PricewaterhouseCoopers als führende Prüfungs- und Beratungsgesellschaft unterstützt durch moderne Informationstechnologie sowohl die Abwicklung der internen Abläufe als auch die Mitarbeiter bei der Leistungserbringung für den Mandanten. Die Mandanten erhalten die Dienstleistungen aus drei unterschiedlichen Bereichen von PwC, den sogenannten „Lines of Service": Assurance, Tax und Advisory. Klassische Querschnittsfunktionen wie HR, Finance und Facility Management, aber auch spezifische Funktionen wie Risk Management und Report Services vervollständigen das Spektrum, aus dem sich Anforderungen an die IT ergeben.

Obwohl alle PwC-Dienstleistungen allein durch die Expertise, Qualifikation und Kooperation der Mitarbeiter erbracht werden, sind deren Anforderungen an IT keineswegs gleichartig. Saisonale Schwankungen in der Nachfrage von IT-Services, das Nebeneinander von hochgradig mobilen und rein stationär tätigen Mitarbeitern, die vollkommen unterschiedliche Durchdringung der Leistungsprozesse mit Anwendungssystemen sind Beispiele dafür, welch widersprüchlichen Erwartungen die IT-Abteilung von PwC erfüllen muss. Hinzu kommt noch eine Besonderheit, die sich aus der partnerschaftlichen Organisation von PwC ergibt. Partner von PwC sind Anteilseigner am Unternehmen und tragen als solche individuell operative Verantwortung für wirtschaftlichen Erfolg und Personal im Rahmen ihres unmittelbaren Wirkungsbereichs. Gleichwohl ist das Unternehmen über Lines of Services und Business Units übergreifend strukturiert, wobei diese Strukturen sogar international verknüpft sind. Zusätzlich gibt es vorwiegend im Backoffice unternehmensweite Zentralfunktionen.

Nimmt man alle Faktoren zusammen, ergibt sich ein komplexes System aus fachlichen Anforderungen, individuellen Erwartungen und technischen Randbedingungen für die IT, die vom CIO der PwC zu beachten sind. Gemeinsam und mit Unterstützung des COO als Mitglied des Vorstands wurde deshalb bereits Anfang 2004 der Grundstein für die heute etablierte IT Governance bei PwC gelegt. IT Governance besteht – in Übereinstimmung mit dem in diesem Buch entwickelten Verständnis – aus Organisationsstrukturen, Richtlinien und Regelungen, Gremien sowie klar definierten Entscheidungs- und Berichtswegen. Diese Mechanismen dienen dazu, mit Hilfe der IT die Geschäftsziele und Marktposition von PwC zu unterstützen, die der IT innewohnenden Risiken angemessen zu beachten und die Ressourcen verantwortungsvoll einzusetzen. Der nachfolgende Beitrag schildert ausgewählte Elemente der IT Governance bei PwC, wobei Entscheidungswege für Belange des Service Managements und die Zusammensetzung des Projektportfolios den inhaltlichen Schwerpunkt bilden.

3.1 Grundlegende Entscheidungen zur IT bei PwC

Die Ausrichtung einer jeden IT-Abteilung auf die Ziele des Unternehmens setzt voraus, dass das Verhältnis von Auftraggeber und Leistungserbringer klar definiert und allgemein anerkannt ist. In partnerschaftlich organisierten Unternehmen wie PwC war die Entscheidung, wer gegenüber der IT-Abteilung den Auftraggeber darstellt, angesichts der komplexen Struktur nicht unmittelbar und einfach zu beantworten. Da ITS als IFirmS wesentlich an der Budgeteinhaltung gemessen wird, ist das Spannungsfeld für den CIO zwischen flexibler und möglichst individueller Service-Erbringung einerseits und forciertem Kostenmanagement durch möglichst weitgehende Standardisierung andererseits vorgegeben.

Für PwC war es deshalb vor allem anderen erforderlich, die aus dem IT-Service Management bekannte Unterscheidung zwischen „Kunde" und „Anwender" umzusetzen. Durch die Verabschiedung der Leitlinie „Kunde ist der Vorstand von PwC" wurde eine wesentliche Rahmenbedingung gesetzt, ohne die eine IT Governance nicht realisierbar gewesen wäre. Praktisch bedeutet diese Entscheidung, dass die Lines of Service und die IFirmS zwar weiterhin Stakeholder aus Sicht von ITS sind, aber deren Beteiligung und vor allem ihre Einflussnahme auf ITS nun geregelt, kanalisiert und in bestimmten Themen sogar weitgehend reglementiert ist.

Es folgten weitere Entscheidungen, die zentrale Elemente der IT Governance von PwC sind und vom CIO und COO auch gegen Widerstände vertreten werden:

- IT-Strategie als Maßstab und Richtschnur für mittel- und langfristige Vorhaben
- IT-Aktivitäten werden nur bei erkennbarem Mehrwert für PwC als Ganzes ausgeführt
- IT-Services werden konsequent vereinheitlicht und/oder ihre Erbringung vereinfacht

So wichtig und wegweisend diese strategischen Entscheidungen sind, sie müssen auf die Organisation von ITS, die Entscheidungswege innerhalb von ITS und im Verhältnis zu den Stakeholdern sowie für den IT-Regelbetrieb als auch die Projekte heruntergebrochen werden. Die nachfolgenden Abschnitte zeigen, wie dies nach und nach erfolgt ist und welcher Stand heute erreicht und in der täglichen Praxis gelebt wird.

3.2 Aufbauorganisation der IT-Abteilung von PwC

Innerhalb der PwC-Organisation gehört die IT-Abteilung zu den sogenannten „Internal Firm Services" (IFirmS), die im Gegensatz zu den Lines of Service nicht als Profit Center, sondern als Cost Center betrieben werden. Die dem Wesen nach unterstützende Funktion von IT kommt auch in der Bezeichnung der IT-Abteilung als „IT Services" (ITS) zum Ausdruck. Die aktuelle Aufbauorganisation von ITS ergibt sich aus folgendem Organigramm:

IT Governance @ PwC

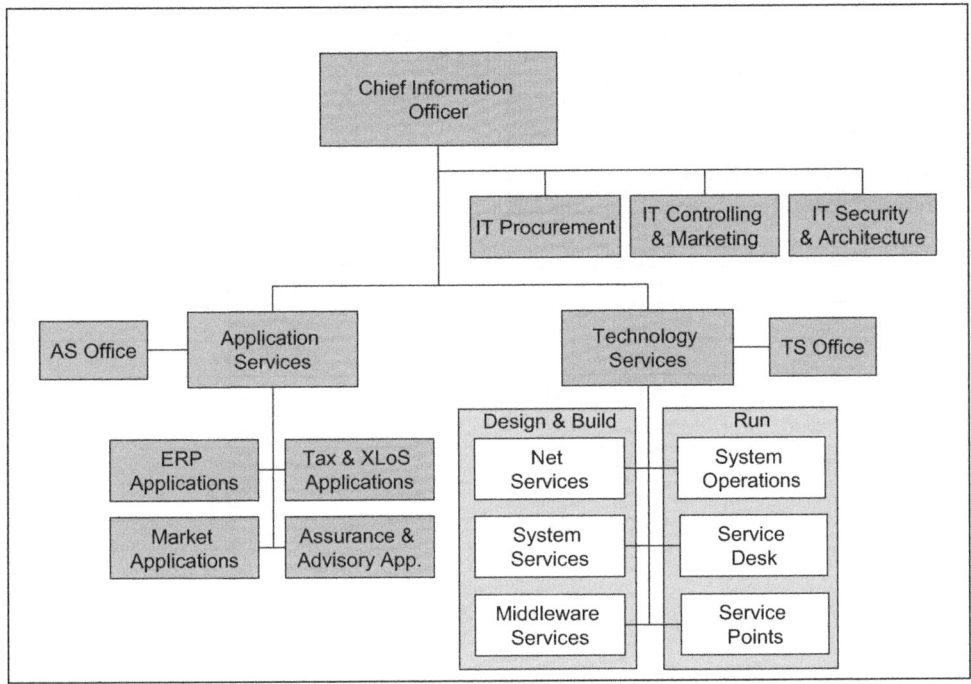

Quelle: PwC
Abbildung VI-10: *IT-Organisation bei PwC*

Gut zu erkennen ist die Dreiteilung in Stabsfunktionen (Procurement, Controlling & Marketing, Security & Architecture), applikationsnahe und technologienahe Services. Letztere verdienen besondere Beachtung, da hier eine recht neue Organisationsform gewählt wurde, die den Lifecycle von technischer Infrastruktur und zugehörigen Services anhand der Phasen Design, Build und Run widerspiegelt. Die Organisationsform ist eine direkte Folge aus der strategischen Entscheidung, IT-Service zu vereinheitlichen und aus einer Hand anzubieten.

3.3 IT Governance Arrangements Matrix

Ebenso wichtig wie eine angemessene Organisationsform sind für die IT Governance klare Regelungen darüber, welche Gremien für die einzelnen Entscheidungsfelder innerhalb von IT genutzt werden. In Anlehnung an eine Systematik von Gartner lässt sich diese Struktur so darstellen:

	IT Principles (Leitlinien)		IT Architecture & Roadmap		Business Application Needs & Services		IT Investment	
	Input	Decision	Input	Decision	Input	Decision	Input	Decision
LoS & IFirmS	IT Council ITBMG IFirm Leader		IT Council ITBMG IFirm Leader		IT Council ITBMG IFirm Leader	ITBMG COO	IT Council ITBMG IFirm Leader	
ITS	ITS OL-Runde		ITS OL-Runde	CIO AB	ITS OL-Runde		ITS OL-Runde	
CLT AA	COO	CLT AA COO	COO		COO			CLT AA COO

☐ Input rights   ☐ Decision rights

Entscheidungsgremium		Regelmäßige Termine
CLT AA	Vorstand PwC	alle 2 Wochen
ITBMG	COO, CIO, IT Vorstände, IT Partner	alle 6 Monate
IT Council	IT Partner & CIO	alle 2-3 Monate
IFirm-Leader	IFirm-Leader & COO, CIO	alle 4 Wochen
ITS OL-Runde	ITS Officeleiter & CIO	alle 4 Wochen
PES	Projektevaluierungssitzung	alle 4 Wochen
AB	ITS - Architecture Board	alle 4 Wochen

Quelle: PwC
Abbildung VI-11: *IT Governance Arrangements Matrix*

Die Entscheidungsfelder (IT Principles, IT-Architecture & Roadmap, Business Application Needs & Service, IT-Investment) spiegeln die wesentlichen Themen wider, in denen die strategische Weichenstellung für die IT erfolgt. Je Entscheidungsfeld gibt es genau ein Gremium mit Entscheidungsbefugnis und ein oder mehrere Gremien, die maßgeblichen Input leisten oder die Entscheidung vorbereiten. Für PwC sind die Gremien für den Input:

- LoS & IFirmS (ausgewählte Repräsentaten von Assurance, Tax und Advisory)
- ITS (insbesondere dort die Leiter der Bereiche)
- CLT AA als Board (vertreten durch den COO)

Die Gremien mit Entscheidungsbefugnis (und, das sei hier erwähnt: Entscheidungsverpflichtung) sind in drei von vier Fällen mit Personen außerhalb von ITS besetzt, so für IT-Principles, Business Application Needs & Services und IT-Investment. Lediglich für IT-Architecture & Roadmap rekrutiert sich der Kreis der Entscheider allein aus ITS.

3.4 Die IT Governance für den Regelbetrieb

Den Rahmen für die IT Governance im Regelbetrieb geben Leitlinien der IT-Strategie, in denen Grundsätze für Entscheidungen des Tagesgeschäftes aufgeführt sind. Beispielhaft seien hier genannt:

- Berücksichtigung von ITIL bei den Regelbetriebsprozessen
- Beachtung der 80:20 Regel
- Nutzung von Standardsoftware in allen „Backoffice-Bereichen" möglichst ohne PwC-spezifische Anpassungen (insbesondere SAP)
- Kein generelles Outsourcing, sondern nur Outtasking, sofern die Wirtschaftlichkeit dies gebietet und keine entgegenstehenden regulatorischen Regelungen bestehen

Ebenfalls aus der IT-Strategie abgeleitet wurden Regelungen, die den operativen Bereichen von ITS als Richtschnur für ansonsten weitgehend eigenständiges Handeln dienen:

a) Organisation/Kommunikation/Infoquellen/Vorlagen

b) Richtlinien/Genehmigungen/Policies

   1. Allgemeine IT-Regelungen (z. B. Gesamtbetriebsvereinbarung EDV, IT-Richtlinie für PwC-Mitarbeiter, Matrix über einzuholende Genehmigungen)
   2. IT-Security Policies
   3. IT-Procurement Policies
   4. IT-Controlling Policies
   5. HR-Training Policies
   6. System Policies
   7. Development Policies
   8. Project Policies

c) IT-Management Reporting

Neben diesen eher allgemein gehaltenen Regelungen werden von den IT-Gruppenleitern, also dem Middle-Management des Bereiches, die mit den Vertretern der Line of Service vereinbarten Service Level Agreements je Service, gewährleistet und gemanagt. Als Gremien für die Absprache/Vereinbarung von Service Level Agreements, die Weiterentwicklung der Services haben sich einerseits das IT-Council – in dem die LoS-Vertreter, CIO und tagesordnungsabhängig sonstige IT-Verantwortliche anwesend sind – und das IT-interne Architecture Board (bestehend aus allen von Standards/Services/Changes etc. betroffenen IT-Bereichen) bewährt.

In diesen Gremien werden alle bedeutenden Fragen des Regelbetriebes behandelt. Über die Kosten der Services wird jährlich im Rahmen der Budgetierung entschieden (Unternehmensplanung).

3.5 Die IT Governance für Projekte

Als Projekte werden alle Vorhaben bezeichnet, die über einen PwC-weit einheitlichen Prozess der Anmeldung, Genehmigung, Budgetierung und Ausführung abgewickelt werden und einmalig notwendig, zeitlich begrenzte und eindeutig additive Arbeiten zum Regelbetrieb darstellen. Die Governance-Strukturen für Projekte beruhen auf der Grundüberlegung, dass nur Projekte, die

- strategiekonform und/oder
- einen Business Case aufweisen und/oder
- aus gesetzlichen, technischen oder sonstigen Gründen zwingend notwendig sind

durchgeführt werden sollen. Aus diesen – für jeden Einzelfall zu prüfenden Kriterien – leitet sich auch eine Kategorisierung der Projekte ab.

- Muss 1: Geschäftsbetrieb ist gefährdet, falls Projekt nicht durchgeführt wird
- Muss 2: Gesetzliche oder vertragliche Anforderungen sind nicht erfüllt und dies führt zu signifikanten Nachteilen
- Muss 3: Strategische Anforderung
- Kann 1: Wirtschaftlicher Vorteil/Nichtdurchführung führt zu erheblichen Kosten
- Kann 2: Projekt erfüllt internationale Anforderungen
- Kann 3: Sonstiger Nutzen des Projektes (Qualität etc.)

Ein Nebeneffekt dieser Kategorisierung ist die Priorisierung. IT-Projekte (und Projektideen) werden grundsätzlich im Rahmen der üblichen Unternehmensbudgetierung (bzw. Kostenstellenbudgetierung) in die Planungsprozesse des Unternehmens eingebunden. Darüber hinaus werden einmal monatlich Sitzungstermine angeboten, in denen der ITS gemeinsam mit den Lines of Service noch nicht diskutierte Projektideen und konkrete Projektanforderungen bespricht.

IT Governance @ PwC

Abbildung VI-11 zeigt die unterschiedlichen Gremien und Entscheidungswege.

		Zeithorizont		
		kurzfristig/ monatlich	Zwölf bis 18 Monate	Bis drei Jahre
Quelle / Gremien	**IT Strategie**			CIO/COO - Vorlage Entscheidung: Vorstand
	Finanzbuget (Unternehmensplanung)		Besprechung/Diskussion der geplanten LoS/ IFirmS-Projekte COO - Vorlage Entscheidung: Vorstand	
	Projektevaluierungsrunde	Einzelvorlagen LoS/IFirmS Entscheidung: CIO/COO		

Quelle: PwC
Abbildung VI-12:   *Gremien und Entscheidungswege bei PwC*

In der Entscheidungsvorlage für Projekte (Projektbeschreibung) werden in der Regel folgende Aspekte dargestellt:

- Ausgangssituation
- Aufgabenstellung im Projekt
- Projektdefinition
    - Projektumfang
    - Auswirkung auf bestehende Prozesse und Organisationsstrukturen
    - Voraussetzungen für den Projekterfolg
    - Projektrisiken bei Beauftragung
    - Abhängigkeiten
- Projektkalkulation
    - Kapitalwertberechnung
    - Abrechnung interner Projekte
- Geplanter Projektverlauf und Ergebnisse
- Projektorganisation und Verantwortlichkeiten

- Rollen und Verantwortlichkeiten
- Projektorganisation

- Kommunikation und Berichterstattung

- Anmerkung Corporate Controlling

- Anlagen

Mit der Genehmigung der Projekte werden diese in eine verbindliche Roadmap eingestellt. Einer der Erfolge dieser Projektportfolio Governance ist der Stopp der „Projektinflation" bei weitgehender Beibehaltung der Flexibilität und Offenheit für gute Projektideen. Die Vertreter der Line of Service sehen die Notwendigkeit der Priorisierung und nutzen bei Bedarf die Projektevaluierungsrunde.

Abschließend sei angemerkt, dass im Rahmen der Projekte Projektmethodiken (Zielgerichtetes Projektmanagemet, „7 keys to success") angewandt werden, die zusammen mit einer Steuerung durch Projektlenkungsausschüsse den Implementierungserfolg der Projekte begleitend sicherstellen.

3.6 Fazit

Nach drei Jahren gelebter IT Governance bei PwC zeichnen sich erste Erfahrungen ab, die – übertragen auf andere Unternehmen – durchaus den Charakter von Erfolgsfaktoren haben:

- Alle Beteiligten verhalten sich entsprechend der vereinbarten Regeln, wobei das Top Management auf die Einhaltung der Regeln achtet.

- Das IT-Management trägt ohne Einschränkung die Verantwortung für Kern-IT-Entscheidungen und darf die Verantwortung dafür nicht in Fachbereiche delegieren oder hoffen, dass von dort angemessene Weisungen oder inhaltlich belastbare Entscheidungen kommen.

- Bürokratie muss generell vermieden werden und Administration darf nur so weit gehen, wie sie den Sinn und Zweck der IT Governance nicht konterkariert.

- IT Governance in all ihren Elementen ist regelmäßig auf Wirksamkeit zu überprüfen.

- Das Top Management des Unternehmens muss IT-Entscheidungen mit fundamentalem Charakter oder langfristiger Auswirkung selbst treffen oder zumindest in angemessener Weise beteiligt sein.

Jetzt schon erkennbar ist auch, dass IT Governance ein kontinuierlicher Prozess ist, der fortgeschrieben werden muss, um wirksam zu bleiben.

Fazit & Ausblick

Als Grundlage unseres Verständnisses von IT als integralem Bestandteil eines Unternehmens wurde das IT Governance-Framework vorgestellt, das im engeren Sinn drei Ebenen umfasst:

- Auf der Ebene der Unternehmensführung konstituiert sich die eigentliche IT Governance, die nicht nur den Handlungsrahmen vorgibt, der Entscheidungsrechte, Organisationsform sowie Rollen und Verantwortlichkeiten beinhaltet. Hier erfolgt auch eine weitere Ausgestaltung in den Domänen Strategic Alignment, Value Delivery Ressource Management, Risk Management und Performance Measurement.
- Die zweite Ebene bildet das IT-Management. Hier sind IT-spezifische Entscheidungen zu treffen und Vorgaben für die IT-Produktion festzulegen. Dies erfolgt durch Festlegung der Größen und Mechanismen, mit denen die Umsetzung überwacht und gesteuert wird.
- Die dritte Ebene bildet die IT-Produktion. Dies ist nicht nur der tägliche Regelbetrieb, sondern auch die Gesamtheit aller Umsetzungsprojekte (Projektportfolio). Auf dieser operativen Ebene werden die bekannten Standards und Rahmenwerke implementiert. Von hier aus erfolgt auch der Rücklauf der Steuerungsinformationen, mit denen der Regelkreis geschlossen wird.

Eine wirklich ganzheitliche Betrachtung darf sich jedoch nicht nur auf die IT beschränken. Vielmehr muss das Unternehmen als Ganzes, ja selbst das Umfeld, in dem das Unternehmen agiert, als impuls- und bestimmungsgebend für IT Governance berücksichtigt werden. Hierdurch wird das Framework im weiteren Sinne komplettiert. Auf diese Aspekte wurde allerdings angesichts der Vielzahl verfügbarer Literatur nur kurz eingegangen. Daraus sollte jedoch nicht der Schluss gezogen werden, dass eine Vernachlässigung problemlos möglich ist. Letzten Endes bedeutet dieser Aspekt, dass der CIO als Mitglied der Unternehmensführung zu sehen ist und so zu agieren hat.

In der Literatur sowie in Fachgremien wurde bislang eine Vielzahl von Einzelaspekten der IT Governance beleuchtet und diskutiert. Als Folge davon finden sich eine Reihe relevanter Gesetze, Standards, Rahmenwerke und Best Practices, die wir vorgestellt haben. So wichtig und nützlich diese auch sind: Um zu einer angemessenen IT Governance zu kommen, ist es notwendig, die jeweilige Relevanz im konkreten Fall in gesamtheitlichem Kontext, wie es unser Framework anstrebt, zu beurteilen und dann in angemessener Ausprägung zu implementieren.

Hier wird auch eine große Problematik in der IT Governance deutlich: Die skizzierte Aufgabe ist ganz und gar nicht mechanisch zu lösen. Es existieren keine einfachen Regeln, die - wenn man nur sorgfältig genug die Parameter evaluiert hat – mehr oder weniger genau festlegen, wie denn für ein gegebenes Unternehmen unter Zuhilfenahme der verfügbaren Standards die IT Governance aussehen sollte. Jeder Teilschritt in diesem Prozess erfordert sogenanntes „Business Judgement", das heißt im geschäftlichen wie auch im IT-fachlichen Sinn eine professionelle Beurteilung und entsprechende Entscheidungen und Aktivitäten.

Ein Blick auf die aktuelle Situation in den Unternehmen bestätigt, dass vielerorts noch eine Reihe von Aufgaben zu erledigen sind. Obwohl die Bedeutung von IT Governance zunehmend gesehen wird, finden wir in der Ausprägung der entsprechenden Merkmale deutliche Unterschiede. Die Gründe hierfür sind vielgestaltig. So sind beispielsweise unzureichende Fähigkeiten hinsichtlich Kommunikation und Change Management sicherlich ernstzunehmende Punkte, auf die aber im Rahmen dieses Buchs nicht näher eingegangen werden konnte. Die ausführlich beschriebenen Umsetzungsaspekte der IT-Prinzipen sowie (nach Transformation der Domänen) der Entscheidungsfelder leisten aber wesentliche Beiträge zum besseren Verständnis für IT Governance.

Die zweite Hälfte dieses Buches widmet sich der Problemstellung, wie denn eine Umsetzung bzw. Implementierung einer angemessenen IT Governance erfolgen kann. Wir verwenden hier ganz bewusst den Begriff „angemessen" statt „gut" oder sogar „optimal", denn wenn es unter anderem die Aufgabe der IT Governance ist, die IT als Enabler für positive Geschäftsentwicklung und somit wertbeitragend zu managen, dann bemisst sich die Bewertung an geschäftlichen Rahmenvorgaben. Da diese aber von jedem Unternehmen individuell festzulegen sind, sollten auch keine absoluten Werturteile (schlecht, gut, optimal) benutzt werden. Auch hinsichtlich der Umsetzung ist festzustellen, dass es keinen einfachen Königsweg gibt, IT Governance in der Praxis umzusetzen, jedoch wurden mit dem vorliegenden Buch die Vorgehensweisen und Wege aufgezeigt, mit denen das Ziel erreicht werden kann.

Was kann man für die Zukunft erwarten? Welche Entwicklungen lassen sich absehen? Es ist nicht einfach, den Propheten spielen zu wollen, denn die Möglichkeiten, die uns die Zukunft bietet, sind vielfältiger Art. Gleichwohl lassen sich mit relativ guter Verlässlichkeit einige Prognosen auf drei Ebenen treffen:

- Im Bereich der Standards und Rahmenwerke wird es Weiterentwicklungen geben, die heute schon teilweise absehbar sind. So wird die kommende Version 3 von ITIL ein Lebenszyklusmodell aufweisen. Es ist kaum anzunehmen, dass dies revolutionäre Änderungen hinsichtlich der IT Governance nach sich zieht, immerhin will das Rahmenwerk Best Practice aufzeigen, die sich aber nicht von heute auf morgen vollständig neu darstellt. ITIL 3 ist daher eher in dem Sinn zu verstehen, dass es eine bessere und vollständigere Beschreibung der Best Practice liefert. Auch CObIT wird sich weiterentwickeln. Die Version 4 enthält zum ersten Mal Überlegungen und Ausführungen zur IT Governance, die aber noch sehr spärlich ausgeprägt sind. Es ist zu erwarten, dass dieser Aspekt in weiteren Versionen an Umfang gewinnen wird. Seit einiger Zeit führen ISACA und itSMF auf verschiedenen Ebenen Diskussionen, um ihre Sichten auf die IT zu harmonisieren. Erste Auswirkungen konnten bereits in CObIT 4 verzeichnet werden. Dieser Prozess wird weitergehen. Es ist zu hoffen, das damit auch eine einheitliche und harmonisierte Sicht, wie sie unser IT Governance-Framework mit dem Regelkreis (s. Abbildung I-4) bietet, entsteht und allgemein angenommen wird.

- Auf einer zweiten Ebene ist zu fragen, welche technologischen Entwicklungen Einfluss auf IT Governance haben können. Mit einiger Verlässlichkeit lässt sich dies bei drei Entwicklungen absehen: zunehmende und umfassende Vernetzung, Virtualisierung und Service-orientierte Architektur (SOA).

Die Verfügbarkeit des Internets mit hohen und gleichzeitig kostengünstigen Bandbreiten ist in vielen westlichen Industriestaaten bereits weitgehend gegeben, befindet sich aber gerade in sich entwickelnden Ländern, die für international operierende Konzerne von großer Bedeutung sind, noch in der Aufschwungphase. Die allgemeine Verfügbarkeit globaler Netze macht das Leben des CIO gleichzeitig sowohl schwerer als auch leichter: Es wird komplizierter, weil komplex vernetzte IT-Strukturen schwerer zu managen sind. Die Aufgabe kann aber auch Vereinfachung bedeuten, weil damit zentrale IT-Lösungen für dezentrale Unternehmensstrukturen ermöglicht werden. Es wird also immer mehr darauf ankommen, in einem dynamischen und komplexen Umfeld klare und handhabbare Strukturen zu schaffen.

Virtualisierung birgt jenseits aller unmittelbaren technischen Vorteile auch in geschäftlicher Sicht Chancen, IT Governance besser zu implementieren. Durch die Abstraktionsmöglichkeit lassen sich Anwendungen gleichartiger managen. Dies bewirkt größere Standardisierung und Prozessvereinfachungen mit positiven Auswirkungen auf alle Entscheidungsfelder des IT-Managements.

Unter dem Schlagwort von Service-orientierter Architektur werden heute sowohl technische Softwarearchitekturen als auch Organisationsstrukturen einer IT verstanden. Während Erstere sehr stark durch Technologieanbieter entwickelt und propagiert werden, sind Letztere insbesondere hinsichtlich der Implikationen für IT Governance sehr viel weniger verstanden und entwickelt. Zudem muss sich langfristig noch der geschäftliche Mehrwert beweisen, wird doch hierdurch zwar die Leistungsfähigkeit und Flexibilität der IT gesteigert, jedoch erkauft man sich dies mit einer deutlich erhöhten technischen und organisatorischen Komplexität. Es ist jedoch absehbar, dass die Entwicklungen in den nächsten Jahren in dieser Richtung vorangetrieben werden.

- Als Letztes ist zu prüfen, welche Fortschritte hinsichtlich des Verständnisses für IT Governance insgesamt und im Zusammenwirken aller Bestandteile erzielt werden können. Die Definition und Ausgestaltung einer angemessenen IT Governance ist, wie bereits ausgeführt kein mechanistisch durchführbarer Prozess und wird auch in Zukunft weit entfernt davon bleiben. Gleichwohl gibt es Teilbereiche, deren Ableitung und Zusammenwirken noch besser verstanden werden sollten und somit Gegenstand wissenschaftlicher Untersuchungen sein werden. Beispielhaft seien hier die Domänen Strategic Alignment und Value Delivery genannt: Obwohl in beiden Domänen bereits eine Vielzahl von Erfahrungen vorliegen, wurden diese in der Vergangenheit überwiegend isoliert und nicht im Gesamtkontext der IT Governance gemacht. Wissensfortschritte hier werden auch in Standards und

Rahmenwerke einfließen. Zudem sind neuere Entwicklungen wie Service-orientierte Architekturen in den Prinzipien und Domänen der IT Governance zu integrieren.

Dieses Buch will das komplexe Feld der IT Governance mit Hilfe unseres Frameworks ganzheitlich darstellen und strukturieren. Damit soll ein Leitfaden für die Umsetzung sowohl für die Einbettung in das Unternehmen und sein Umfeld als auch bei der Strukturierung der IT an die Hand gegeben werden. Aus den angesprochenen erwarteten Entwicklungen wird klar, dass auch dieses Framework kein statisches Konstrukt sein kann. Es muss und wird sich im Laufe der Zeit weiterentwickeln.

Friedrich Nietzsche wird der Satz zugeschrieben: „Viele sind hartnäckig in Bezug auf den einmal eingeschlagenen Weg, wenige in Bezug auf das Ziel." In diesem Sinn ist dieses Buch ein Vorschlag zum Ausbau eines Weges hin zu einer guten IT Governance.

Literaturverzeichnis

- [AICPA-SAS 70] Service Organizations: Applying SAS No. 70, as amended. American Institute of Certified Public Accountants, Inc. 2004.

- [Andr00] Andresen, Jan: A framework for measuring IT innovation benefits. ITcon, Nr. 5, 2000, S. 57-72.

- [BDI05] Corporate Governance in Deutschland; Publikation von BDI und PwC, Berlin November 2005

- [BeHe05] Berbner, Rainer; Heckmann, Oliver;: Eine Dienstgüte unterstützender Webservice-Architektur für flexible Geschäftsprozesse. In Wirtschaftsinformatik 47, 2005.

- [Bitt06] Bitterli, Peter R.: Praxishandbuch COBIT. IT-Prozesse steuern, bewerten und verbessern. Symposion Publishing; Auflage: 1 (Oktober 2006).

- [BoVe06] van Bon, Jan; van der Veen, Annelies: Foundations in IT Service Management basierend auf ITIL. Van Haren Publishing. The NEtherlands, 2006.

- [BöKr04] Böhmann, Tilo; Krcmar, Helmut: Grundlagen und Entwicklungstrends im IT-Servicemanagement. In: HMD, Nr. 237, 2004.

- [BrBo05] Brand, Koen; Boonen, Harry: IT Governance based on CObIT – A pocket Guide. Van Haren Publishing, The Netherlands, 2005.

- [CaWa05] Calder, Alan; Watkins, Steve: IT Governance – A Manager's Guide to Data Security and BS 7799/ISO 17799. Kogan Page, London, United Kingdom, 2005.

- [ChID99] Chengalur-Smith, InduShobha; Duchessi, Peter: The initiation and adoption of client-server technology in organizations, in: Information & Management, Bd. 35 Nr. 2, 1999, S. 77-88.

- [COSO94] COSO-Report: Internal Control – Integrated Framework. Committee of Sponsoring Organizations of the Treadway Commision, 1994.

- [DaKa00] Davern, Michael; Kauffman, Robert: Discovering Potential and Realizing Value from Information Technology Investments. In: Journal of Management Information Systems, Nr. 16:4 2000.

- [Dami05] Damianides, Marios: Sarbanes-Oxley and IT Governance: New Guidance on IT Control and Compliance, in: Information Systems Management, Bd. 22 Nr. 1, 2005, S. 77-85.

- [DiSc04] Dietrich, Lothar; Schirra, Wolfgang: IT im Unternehmen – Leistungssteigerung bei sinkenden Budgets – Erfolgsbeispiele aus der Praxis. Springer Verlag, Berlin 2004.

- [Gold98] Goldberg, Aaron (1998): Centralized IT is back and hitting full stride, in: PC Week, Bd. 15 Nr. 29, S. 67.

- [Grem00] Van Grembergen, Wim: The balanced scorecard and IT governance, In: Information Systems Control Journal (previously IS Audit & Control Journal) (2000), S. 40-43.

- [GrSH03] Van Grembergen, Wim; Saull, Ronald; De Haes, Steven: Linking the IT Balanced Scorecard to the Business Objectives at a Major Canadian Financial Group, IN: Journal of the Information Technology Case and Applications (2003), S. 23-45.

- [GSMG04] Gallegos, Frederick; Senft, Sandra; Manson, Daniel P.; Gonzales, Carol: Information Technology Control and Audit. Second Edition, Auerbach Publications, Boca Raton, USA, 2004.

- [Gart06] Dallas, Susan; Roberts, John P.: Assessing the Effectiveness of IT Governance: Gartner Research February 2006

- [HeMi05] Heschl, Jimmy; Middlehoff, Dirk: IT Governance – Modelle zur Umsetzung und Prüfung. Books on Demand GmbH, Norderstedt, 2005.

- [HeVe93] Henderson, John C.; Venkatraman, N.: Strategic Alignment – Leveraging information technology for transforming organizations. In: IBM Systems Journal, Volume 38, 1993.

- [IDW PS 260] Das interne Kontrollsystem im Rahmen der Abschlussprüfung (IDW PS 260, Stand 02.07.01). In: IDW (Hrsg.): IDW-Prüfungsstandards, IDW Stellungnahmen zur Rechnungslegung, IDW Standards, Stand: 10. Ergänzungslieferung, September 2003, Düsseldorf, 2003.

- [ISA 315] IFAC (Hrsg.): Understanding the Entity and Its Environment and Assessing the Risk of Material Misstatement

- [ISA 330] IFAC (Hrsg.): The Auditor's Procedure in Response to Assessed Risks.

- [ISACA] Information Systems Audit and Control Association, Computer Associates and PricewaterhouseCoopers: IT Governance in Practice Insights from leading CIO's, 2006.

- [ISO 17799] International Organisation for Standardization.

- [itSMF02] Information Technology Service Management Forum Deutschland (itSMF): IT Services Management – Eine Einführung. Van Haren Publishing, The Netherlands, 2002.

- [ITGI00] IT Governance Institute: CObIT – Governance, Control and Audit for Information and Relate Technology, 2000.

- [ITGI03a] IT Governance Institute (Hrsg.): Board Briefing on IT Governance. http://www.itgi.org, 2nd Edition, 2003.

- [ITGI03b] IT Governance Institute: A high-level overview of the CObIT principles, framework and products, 2003.
- [ITGI04] IT Governance Institute (Hrsg.): IT Governance Global Status Report, Rolling Meadows, IL, USA, 2004.
- [ITGI05] IT Governance Institute (Hrsg.): Aligning CObIT, ITIL and ISO 17799 für Business Benefit: Management Summary. The IT Governance Institute (ITGI) / The Office for Government Commerce (OGC), 2005.
- [ITGI06a] IT Governance Institute (Hrsg.): CObIT 4.0 – Control Objectives, Management Guideline, Maturity Models. IT Governance Institute (ITGI), Rolling Meadows, IL, USA, 2006.
- [ITGI06b] IT Governance Institute: Enterprise Value – Governance of it investments – The ValIT Framework. http://www.itgi.org, 2006, S. 9, Abruf am 13.07.2006 14:12.
- [ITGI06c] IT Governance Institute (Hrsg.): IT Governance Global Status Report – 2006, Rolling Meadows, IL, USA, 2006.
- [Joua05] Jouanne-Dietrich, Holger; Industrialisierung des IT-Sourcing, HMD, Heft 245, Oktober 2005
- [KaNo92] Kaplan, Robert; Norton, David: The balanced scorecard – measures that drive performance. In: Harvard Business Review, 1992, S. 71-79.
- [KiMa05] W. Chan Kim, Renee Maurborgne, Blue Ocean Strategy, Harvard Business School Press, 2005
- [Lain00] Lainhart IV, John W.: CObIT: A Methodology for Managing and Controlling Information and Information Technology Risks and Vulnerabilities, in: Journal of Information Systems, Supplement, Bd. 14 Nr. 1, 2000, S. 21-25.
- [Land04] Lander, Guy P.: What is Sarbanes-Oxley. McGraw-Hill, 2004.
- [Lutc03] Lutchen, Mark D.: Managing IT as a Business – A Survival Guide for CEOs, John Wiley & Sons, 2003
- [Mark04] Markus, Lynne: Technochange management – Using IT to drive organizational change. In: Journal of information technology, Nr. 19, 2004.
- [Menz04] Menzies, Christof (Hrsg.): Sarbanes-Oxley Act – Professionelles Management interner Kontrollen. Schäfer-Poeschel Verlag Stuttgart, 2004.
- [Menz06] Menzies, Christof (Hrsg.): Sarbanes-Oxley und Corporate Compliance – Nachhaltigkeit, Optimierung, Integration. Schäffer-Poeschel Verlag Stuttgart, 2006.
- [ncc06] ncc: ITIL-Foundation Training, 2006.

- [NiWZ05] Niazi, Mahmood; Wilson, David; Zowghi, Didar: A maturity model for the implementation of software process improvement: an empirical study, in: Journal of Systems & Software, Bd. 74 Nr. 2, 2005, S. 155-172.

- [Pete03] Peterson, Ryan: Information Strategies and Tactics for Information Technology Gov-ernance. In: Van Grembergen, Wim (Hrsg.): Strategies for Information Technology Governance. PA: Idea Group Publishing, Hershey 2003.

- [Pete04] Peterson, Ryan: Crafting Information Technology Governance, in: Information Systems Management, Bd. 21 Nr. 4, 2004

- [PoMi85] Porter, Michael E.; Millar, Victor A..: How information gives you competitive advantage. In: Harvard Business Review, July-August, 1985.

- [Port80] Michael Porter, Competitive Strategy, Free Press, 1980

- [Port99] Porter, Michael E.: Wettbewerbsstrategie. 10 Auflage, Campus Fachbuch, Frankfurt 1999.

- [Red05] Redenius, Jens: Im Mittelpunkt steht die Wertschöpfung. In: IT Management, Ausgabe 03/2005, S. 1-5.

- [Regi05] Regierungskommission: Deutscher Corporate Governace Kodex. http://www.corporate-governance-code.de/, 2005, Abruf am 13.07.2006 13:14.

- [Robe02] John P. Roberts: The Elusive Business Value of IT. Gartner, August 2002.

- [SaZm99] Sambamurthy, V.; Zmud, Robert W.: Arrangements for Information Technology Governance: A Theory of Multiple Contingencies. in MIS Quarterly, Juni 1999, Bd. 23 Nr. 2, 1999, S. 261-290.

- [VaDG04b] van Grembergen, W.; De Haes, Steven; Guldentops, Eric: Structures, Processes and Relational Mechanisms for IT Governance. In: Van Grembergen, Wim (Hrsg.): S. Strategies for Information Technology Governance. Idea Group, London, 2004.

- [Venk97] Venkatraman, N.: Beyond Outsourcing: Managing IT Resources as a Value Center, in: Sloan Management Review, Bd. 38 Nr. 3, 1997, S. 51-64.

- [Webe99] Weber, Jürgen: Einführung in das Controlling, 8.Auflage, Stuttgart, 1999.

- [Weil02] Weill, Peter: Don´t just lead, govern: Implementing effective IT Governance. MIT-Sloan, 2002.

- [WeRo04] Weill, Peter; Ross, Jeanne W.: IT Governance – How Top Performers Manage IT Decision Rights for Superior Results. Boston, Massachusetts, 2004.

- [WeSB02] Weill, Peter; Subramani, Mani; Broadbent, Marianne: IT infrastructure for strategic agility. MITSloan, 2002.

- [YoMi05] Young, Colleen M.; Mingay, Simon: IS Process Improvement – Making Sense of Available Models. Gartner, 2005.

Stichwortverzeichnis

8. EU-Richtlinie 42

Abschlussprüferrichtlinie 42
Accountability 38
Availability Management 92

Benchmarking 205
BS 15000 66, 210
BS 7799 64, 229
Business Case 191, 286
Capacity Management 92

Change Management 91
CObIT 26, 77, 81, 117, 229
Code of Conduct 40
Compliance 58, 200, 257
Configuration Management 91
Controls 57, 202, 213, 235
Corporate Governance 41
Corporate Governance Erklärung 42
COSO 68, 74

Dashboards 207
Deutscher Corporate Governance Kodex 40

Einklangsprüfung 42
Entscheidungsfelder 164
Entscheidungsrechte 45

Fairness 40
Finance Management 92

Geschäftsmodell 28

Incident Management 90
Informationsmanagement 29
Investition und Priorisierung 186, 188
ISACA 26, 102
ISO 17799 210, 229
ISO 20000 66
ISO 27001:2005 64
ISO/IEC 17799:2005 64
IT Control Objective 79
IT Governance 25, 29
IT Governance Institute 26
IT Governance-Prinzipien 129, 131, 153
IT-Business Management 55, 171
ITGI 77, 81, 102
ITIL 90, 93, 94, 117, 229, 285
IT-Infrastruktur 178
IT-Management 29, 55
IT-Organisation 178
IT-Produktion 29, 58
IT-Service Management 66, 85, 184
IT-Services 90, 93
IT-Sicherheit 271
itSMF 85
IT-Strategie 174

Key goal indicators 80
Key performance indicators 81

Management-Sicht 160
Metriken 57, 80, 202, 235

organisatorische Grundordnung 131
Outsourcing 214

PCAOB 67
Performance 58, 80, 200, 257
Performance Management 81, 160
Performance Measurement 50, 54, 84, 102, 126
Priorisierung 192
Problem Management 91
Projektportfolio 193, 222
PS 260 73
PS 330 67, 69

Reifegrad 80, 107
Reifegradmodelle 96
Release Management 91
Reports 209
Resource Management 50, 52, 81, 84, 102, 126, 160
Responsibility 38
Risk Management 50, 53, 81, 84, 102, 126, 160

Sarbanes-Oxley Act 42, 67, 263
SAS 70 67, 69, 210, 263
Security Management 92
Service Delivery 92
Service-Desk 91
Service Level Management 92
Service Support 90
Sicherheit 173, 180
Sourcing 173, 179
SOX Section 302 67
SOX Section 404 68
Strategic Alignment 49, 50, 81, 83, 102, 126, 160
Transparency 39

Unternehmensführung 28
Unternehmensumwelt 28
ValIT-Framework 51

Value Delivery 49, 50, 81, 83, 102, 126, 160

Die Autoren

Autorenteam

Dr. Markus Böhm

begann nach dem Studium der Informatik an der Universität Erlangen-Nürnberg und anschließender Promotion auf dem Gebiet Workflow-Management an der TU Dresden 1999 bei PwC, um dort zunächst das Knowledge Management für PwC mit aufzubauen. Danach folgten weitere Beratungsprojekte zu Knowledge Management, E-Learning und Change Management im In- und Ausland. 2003 übernahm er die deutschlandweite Leitung des Enduser-Supports im IT-Bereich von PwC, unter anderem mit der Einführung ITIL-konformer Prozesse für Incident, Problem, Change und Asset Management. Ende 2005 wechselte Dr. Böhm als Senior Manager zurück in das Beratungs- und Prüfungsgeschäft von PwC. Er vertritt dort die Themen IT Governance, IT Risk Management Frameworks und Internal Controls.

Thomas Burges

ist Senior Manager und Prokurist bei PricewaterhouseCoopers in Essen, im Bereich Advisory und beschäftigt sich mit Fragestellungen rund um IT-Effectiveness. Neben der Koordination der IT-Effectiveness-Themen in Deutschland berät er Unternehmensführungen bei der Steuerung der IT und deren Ausrichtung an den Unternehmensbedürfnissen. Zuvor leitete Thomas Burges mehrere Jahre den Bereich IT-Operations eines mittelständischen Konzernunternehmens. Schwerpunkt seiner Tätigkeiten dort waren Themen wie Definition der Infrastrukturstrategie, Cost & Value Management, Betriebsoptimierung durch Standardisierung und Konsolidierung, Sourcing sowie externes und internes Leistungs- und Vertragsmanagement einschließlich der Entwicklung und Verhandlung von SLAs.

Jörg Busch

ist Senior Manager und Prokurist bei PricewaterhouseCoopers in München. Neben einer kaufmännischen Ausbildung und einem Informatikstudium hat sich Jörg Busch praktische Erfahrungen in einem Produktionsbetrieb, einem Rechenzentrum und seit 1996 als Berater bei PwC Deutschland angeeignet. Schwerpunkte seiner Tätigkeit bei PricewaterhouseCoopers sind neue Einkaufsstrategien und lokale/globale Verlagerungen durch effizientes Sourcing, die Neueinführung und Optimierung von Strukturen durch Organisations-, Prozess- und Systemberatung sowie Wirtschaftlichkeitsbetrachtungen und Kostenreduktionsprojekte.
Herr Busch greift auf langjährige nationale und internationale Projekterfahrung zurück, ist für München der Ansprechpartner in dem Bereich Advisory/Performance Improvement und vertritt für PwC Deutschland das Thema IT-Outsourcing.

Dr. Martin Fröhlich

ist Partner im Bereich Process Assurance der Wirtschaftsprüfungsgesellschaft PricewaterhouseCoopers in Düsseldorf. Nach dem Studium der Betriebswirtschaftslehre und der Promotion im Fach Wirtschaftsprüfung an der Universität Münster trat Dr. Martin Fröhlich 1989 in die Treuarbeit Unternehmensberatung ein, einem Vorgängerunternehmen der jetzigen PwC. Besondere Schwerpunkte seiner Arbeit sind die Prüfung von Rechenzentren, die Prüfung und Zertifizierung von Software sowie projektbegleitende Prüfungen und Beratungen bei der Einführung von Standardsoftware in Industrieunternehmen, Versicherungen und Banken. Derzeit verantwortet Dr. Martin Fröhlich als Partner die Bereiche IT-Prüfungen für Finanzdienstleister und betreut Prüfungs- und Beratungsprojekte rund um das Thema IT Governance.

Dr. Kurt Glasner

arbeitete nach Studium und Promotion in experimenteller Kernphysik an der Ruhr-Universität Bochum mehrere Jahre im Bereich der Standardsoftwareentwicklung in der Prozessleittechnik. Es folgten langjährige Beratungstätigkeiten für Unternehmen verschiedenster Branchen im gesamten Bereich der IT-Effektivität. Ein weiterer, langjähriger Schwerpunkt seiner Arbeit ist das Thema Programm- und Projektmanagement, wo Dr. Glasner die Methodik des Zielgerichteten Projektmanagements (ZGPM) innerhalb PwC und extern bei Kunden eingeführt und weiterentwickelt hat. Seit 1997 ist Dr. Glasner Partner bei PricewaterhouseCoopers. Er leitet heute innerhalb von Advisory den Bereich Performance Improvement. Schwerpunkt von Performance Improvement ist die Beratung und Unterstützung der Kunden bei der nachhaltigen Verbesserung von Finanz-, IT-, Management-, und Kontrollprozessen und -systemen genauso wie die Analyse von Kernprozessen oder das Management von Kundenprojekten.

Volker Jaenisch

startete nach dem Studium der Informatik seine Laufbahn Anfang der neunziger Jahre als Unternehmensberater im Bereich Informationstechnologie. Dem folgte eine fünfjährige Prüfungstätigkeit im Umfeld der IT-Revision. Seit 2000 ist Volker Jaenisch bei PricewaterhouseCoopers verantwortlich für den Bereich „technologische Risiken" in der Region West. Herr Jaenisch verfügt über eine mehrjährige Erfahrung in der Durchführung von IT Governance und Sarbanes-Oxley-Readiness-Projekten mit dem Schwerpunkt IT-Prozesse und Controls sowie der Prüfung der sich daraus ergebenden Anforderungen. Er ist Spezialist für die Gestaltung von IT-Prozessen und die Umsetzung angemessener IT-Controls und hat mehr als zehnjährige Erfahrung im Hinblick auf das Management von komplexen IT- und Organisationsprojekten.

Marcus Messerschmidt

studierte in Münster Volkswirtschaftslehre und Wirtschaftsinformatik. Nach dem Studium führte ihn sein Weg zur damaligen Coopers& Lybrand Unternehmensberatung, bei der er schwerpunktmäßig Projekte zunächst in der Systemausauswahl und später im Systemeinführungsumfeld leitete. Im Jahr 2000 wechselte er konzernintern zur Muttergesellschaft, um den Bereich System&Technologie federführend aufzubauen. Seit Anfang 2006 verantwortet Herr Messerschmidt als verantwortlicher Partner den Bereich Performance Improvement – IT Effectiveness. Kernspektrum von IT Effektiveness ist die Optimierung von IT-Organisationen sowohl in strategischer und operativer als auch in prozessualer und systemtechnischer Hinsicht. IT Governance ist dabei eins der zentralen Themen.

Ralph Noll

studierte zunächst Wirtschaftswissenschaften mit finanzwirtschaftlichen Vertiefungen. Zugleich baute er seine Kompetenzen im Bereich der Informationstechnologie im Rahmen seiner selbstständigen Tätigkeit als IT-Berater von mittelständischen Unternehmen und Handwerksbetrieben aus. Seit 1997 ist er im Bereich der Unternehmensberatung bei PricewaterhouseCoopers tätig und beschäftigt sich insbesondere mit der Steigerung des Unternehmenswertes durch den Einsatz von IT. Heute ist er Certified Information Systems Auditor (CISA). Als Senior Manager und Prokurist koordiniert er die die IT-Effectiveness-Themen bei PwC Deutschland und ist verantwortlicher Ansprechpartner für die Fragestellungen rund um das IT-Strategic Alignment und im Bereich des Portfolio- und Projektmanagements. Auf europäischer Ebene koordiniert er alle PwC-Aktivitäten rund um das Beratungsangebot des IT-Projektmanagements.

Karsten Wilop

begann nach dem Studium der Wirtschaftsinformatik als Mitarbeiter der IT-Revision bei PricewaterhouseCoopers. Als Manager und Prokurist ist er seit 2004 zuständig für die Einführung und Analyse von IT-Prozessen und IT-Controls bei Mandanten im Bereich Financial Services. Er ist Experte für Auswirkungen nationaler und internationaler regulatorischer Anforderungen auf die Informationstechnologie (z. B. Sarbanes-Oxley Act (SOX), Mindest-anforderungen an das Risikomanagement). Herr Wilop verfügt über mehrjährige Projekterfahrungen in verschiedenen IT-Projekten im Bereich Prüfung und prüfungsnaher Beratung. Als Projektleiter ist er zurzeit unter anderem  verantwortlich für die Prüfung von IT-Controls in SOX-Projekten, für die Einführung von IT-Prozessen und IT-Controls bei IT-Dienstleistern sowie für die Prüfung von komplexen Rechenzentren im Rahmen von IT-Service-Assurance-Aufträgen.

Weitere Autoren

Dietrich Bickelmann

arbeitet seit 1996 als Unternehmensberater für Pricewaterhouse Coopers und deren Vorgängergesellschaften. Nach dem Studium der Wirtschaftsmathematik an der Universität Kaiserslautern begann seine berufliche Laufbahn als Systemanalyst und Entwickler für verteilte Systeme bei einer großen deutschen Bank. Später wechselte er in den IT-Beratungsbereich eines Technologiekonzerns. Seine heutigen fachlichen Schwerpunkte erstrecken sich von der Prozess-Optimierung bis zur Auswahl und Implementierung geeigneter IT-Systeme im öffentlichen Bereich. Seit dem Bestehen des CISA Examens beschäftigt sich Herr Bickelmann auch mit IT Governance-Domänen wie IT-Value Management und Compliance.

Kristin Deutsch

war nach dem Studium der Mathematik an der Ruhr-Universität Bochum mehrere Jahre als IT-Security-Spezialistin für Unternehmen verschiedenster Branchen extern tätig. Seit September 2002 arbeitet Kristin Deutsch bei PricewaterhouseCoopers und ist im Bereich Process Assurance verantwortlich für das Vorantreiben und die Weiterentwicklung der Themen „ITIL" und „CObIT" in praxiserprobten Vorgehensmodellen. Sie betreut schwerpunktmäßig IT-Service-Provider und unterstützt diese als ITIL Service Managerin bei der Analyse und Optimierung von IT-Prozessen sowie bei der Einhaltung von gesetzlichen Anforderungen.

Philipp Emslander

Nach dem Studium der Wirtschaftsinformatik an der Westfälischen-Wilhelms-Universität in Münster begann Philipp Emslander im Januar 2002 seine Tätigkeit als Berater bei PwC.

Die Projekte konzentrieren sich im Wesentlichen auf das Thema des IT Portfolio Managements und der Dokumentation von Business Informationen. Im Bereich des IT Portfolio Managements steht der effiziente Einsatz von Prozessen, Methoden und Tools, die sich mit der Planung, Messung, Steuerung und Optimierung beschäftigen, im Vordergrund. In diesem Kontext wird das zukünftige Applikations-, Infrastruktur-, Service- und Projektportfolio des Unternehmens betrachtet. Die Projekte reichen von der initialen Definition eines priorisierten Projektportfolios bis hin zur Entwicklung einer mehrjährigen Roadmap zur kontinuierlichen Verbesserung des organisatorischen Reifegrades.

Siegfried Filla

studierte in Aachen Betriebswirtschaftslehre sowie in Duisburg Unternehmensprüfung/Controlling und Wirtschaftsinformatik. Nach langjähriger Industrietätigkeit ist er seit 1987 in der PricewaterhouseCoopers AG bzw. deren Vorgängergesellschaften im Bereich Process Assurance tätig und leitet hier als verantwortlicher Partner die Entwicklung und den Vertrieb von Dienstleistungen zum Thema „Internal Controls". Dabei stehen sowohl Lösungen zur Erfüllung regulatorischer Compliance Anforderungen, wie z. B. Corporate Governance, Sarbanes-Oxley Act, J-SOX und EU-Richtlinien im Vordergrund als auch die Wirksamkeit und Wirtschaftlichkeit interner Kontrollsysteme. Als Engagement Partner großer Internal Controls und IT-Governance-Projekte verfügt er über eine umfangreiche System- und Prozess-Expertise. Siegfried Filla ist darüber hinaus innerhalb der PwC Eurofirms für die Marktthemenentwicklung der Serviceline „Systems & Process Assurance" zuständig und leitet innerhalb der deutschsprachigen SAP-Anwendergruppe (DSAG) die Arbeitsgruppe „GRC/ Sarbanes-Oxley Act", die sich mit der Umsetzung von Governance, Risk Management und Compliance Anforderungen innerhalb der SAP-Anwendungssoftware beschäftigt.

Rainer Heck

sammelte nach dem Studium der Wirtschaftswissenschaften an der Universität Hohenheim als Berater und Consulting-Leiter in IT-Unternehmen sowie bei Service Providern Erfahrung. Dort hat er erfolgreich Beratungsprojekte mit den Schwerpunkten in Aufbau und Optimierung von IT-Organisationen sowie Sourcing von IT-Leistungen durchgeführt. Seine Tätigkeiten umfassten Optimierung durch Standardisierung, Konsolidierung, Einführung von Service Management, Sourcing inklusive Leistungs- und Vertragsmanagement sowie Steuerungsfunktionen. Rainer Heck ist heute bei der PricewaterhouseCoopers AG als Manager und Prokurist im Bereich Advisory, Performance Improvement tätig. Er hat dort eine aktive Rolle bei der Mitgestaltung des Themas IT-Governance übernommen. Rainer Heck engagiert sich im itSMF Deutschland e.V. und leitet den Arbeitskreis „Operational Service Management" seit dessen Gründung.

Bernard Lehning

begann nach dem Studium der Wirtschaftswissenschaft an der Ruhr-Universität Bochum im Mai 2002 seine Arbeit bei Pricewaterhouse Coopers als Berater. Neben der Durchführung von Projekten im Bereich der ERP-Softwareauswahl und -implementierung konzentriert sich der zertifizierte IT-Service Manager insbesondere auf die Planung und Durchführung von Reorganisationsprojekten mit dem Schwerpunkt Service Management und Shared Services. Hierbei stehen sowohl IT als auch finanzwirtschaftliche Fragestellungen im Vordergrund seiner Arbeit. Herr Lehning verfügt über mehrjährige Projekterfahrung und ist anerkannter Experte, insbesondere wenn es um Fragen der Optimierung von Prozessen oder der Reorganisation von IT-Services geht.

Burkhard Schütte

ist Partner und Chief Information Officer der Pricewaterhouse Coopers AG. Er ist seit 1987 bei PricewaterhouseCoopers in den Bereichen Assurance, Corporate Finance und IT-Services tätig. Seit Mitte 2002 leitet er den internen IT Bereich bei PwC. In den letzten Jahren hat PwC moderne, standardisierte Arbeitsplattformen für Berater und Prüfer implementiert (u. a. automatische Softwareverteilung, Multifunktionsgeräte, UMTS und dVPN Anbindung), SAP Systeme für das Engagement Management, CRM, Finance, HR nebst entsprechender BWs eingeführt und in ein Unternehmensportal investiert. Herr Schütte ist Wirtschaftsprüfer und Steuerberater und verfügt über Expertise in den Bereichen Prüfung von Unternehmen (HGB/US-GAAP), Due Dilligence, Bewertung von Unternehmen, Einführung von Rechnungslegungssystemen und internen Controllingsystemen sowie im IT-Management (u. a. Portfolio-Management, ITIL, IT-Strategie). Er ist Mitglied des Eurofirm IT-Executive Teams von PwC.

Managementwissen: kompetent, kritisch, kreativ

Besser führen mit Humor

Mit Humor erträgt sich vieles leichter. Wie man mit Humor besser führt, zeigt Gerhard Schwarz in dieser spannenden und aufschlussreichen Lektüre. Ein echtes Lesevergnügen.

Gerhard Schwarz
Führen mit Humor
Ein gruppendynamisches
Erfolgskonzept
2007. 216 S. Geb.
EUR 29,90
ISBN 978-3-409-12732-5

Die 25 wichtigsten Bücher zum Thema "Unternehmensführung" !

Das "Summasummarum des Management" bringt 25 der wichtigsten Werke der "Managementliteratur" auf den Punkt. Das Buch skizziert die Inhalte, fixiert die Kerngedanken und bietet dem Leser damit eine Abkürzung zu den essentiellen Prinzipien des Managements in der heutigen Zeit.

Cornelius Boersch |
Rainer Elschen (Hrsg.)
**Das Summa Summarum
des Management**
Die 25 wichtigsten Werke für
Strategie, Führung und Veränderung
2007. 280 S. Geb.
EUR 37,90
ISBN 978-3-8349-0519-2

Ohne Manieren keine Karriere

Der Bestseller jetzt in der 5. Auflage - aktualisiert und mit vielen nützlichen Ergänzungen, u. a. für Global Players, zur internationalen Anrede und zum neuen Business-Dress-Code. Besonders nützlich ist die übersichtliche Gestaltung der zahlreichen Regeln und Tipps. Kompetent und kurzweilig geschrieben - ein echtes Lesevergnügen.

Rosemarie Wrede-Grischkat
Manieren und Karriere
Internationale Verhaltensregeln
für Führungskräfte
5., überarb. Aufl. 2006. 414 S.
Geb. EUR 49,90
ISBN 978-3-8349-0113-2

Änderungen vorbehalten. Stand: Januar 2007.
Erhältlich im Buchhandel oder beim Verlag.
Gabler Verlag . Abraham-Lincoln-Str. 46 . 65189 Wiesbaden . www.gabler.de

Mitarbeiter erfolgreich führen

Der Kern erfolgreicher Führungspraxis

Dieses Buch schildert sehr anschaulich die wirklich grundlegenden Erfolgsbausteine der Führungsaufgabe. Besonders innovativ sind Einblicke in die Methode des Management-Profilings.

Michael Alznauer
Evolutionäre Führung
Der Kern erfolgreicher Führungspraxis – ein Management-Profiling-Ansatz
2006. 264 S.
Geb. EUR 37,90
ISBN 978-3-8349-0182-8

Führungsposition erfolgreich meistern

Christian Stöwe und Nicole Seifert geben erprobte Empfehlungen und Tipps für alle brennenden Fragen, die dem ehemaligen Kollegen als neuer Führungskraft im Alltag begegnen.

Christian Stöwe | Lara Keromosemito
Vom Kollegen zum Vorgesetzten
Wie Sie sich als Führungskraft erfolgreich positionieren
2007. Ca. 208 S.
Br. ca. EUR 34,90
ISBN 978-3-8349-0199-6

Worauf es beim Führen wirklich ankommt

Was zeichnet gute Führung aus? Welche Führungsansätze sind wichtig und praxisnah? Daniel F. Pinnow, Geschäftsführer der renommierten Akademie für Führungskräfte, zeigt in diesem Kompendium, worauf es wirklich ankommt.

Daniel F. Pinnow
Führen
Worauf es wirklich ankommt
2007. 324 S.
Geb. EUR 39,90
ISBN 978-3-8349-0331-0

Änderungen vorbehalten. Stand: Januar 2007.
Erhältlich im Buchhandel oder beim Verlag.

Gabler Verlag · Abraham-Lincoln-Str. 46 · 65189 Wiesbaden · www.gabler.de

CPI Antony Rowe
Eastbourne, UK
January 18, 2019